高职高专土建类专业教材

安装工程预算

何丽琴　张晓敏　李君宏　主编
杨　晶　王平辉　主审

中国建筑工业出版社

图书在版编目（CIP）数据

安装工程预算/何丽琴等主编. —北京：中国建筑工业出版社，2015.1（2022.3重印）
（高职高专土建类专业教材）
ISBN 978-7-112-17576-5

Ⅰ.①安… Ⅱ.①何… Ⅲ.①建筑安装-建筑预算定额 Ⅳ.①TU723.3

中国版本图书馆 CIP 数据核字（2014）第 282376 号

本书主要介绍了定额计价模式下安装工程预算的编制。全书分为三大部分内容，第一部分为教材第1章 安装工程预算定额概述，主要从应用的角度讲解安装工程预算的主要编制依据——安装工程预算定额概述；第二部分为教材第2章 安装工程施工图预算概述，主要从总体的角度讲解安装工程预算的费用组成及编制方法；第三部分为教材第3章至第9章，以安装工程预算的主要环节——工程量计算为展开点，从建筑物所配套的各类主要安装工程的角度，分别讲解了室内给水排水工程，消防工程，采暖工程，通风空调工程，室内电气照明工程，建筑防雷接地工程，刷油、防腐蚀、绝热工程七种安装工程的工程量计算。

本书内容组织精炼、顺序合理、重点突出、图文并茂，既可作为职业教育类的工程造价专业、工程管理专业、建筑经济管理等专业所开设的安装预算类课程的教学用书，亦可供在职工程造价管理人员培训或安装工程预算初学者自学使用，还可作为大专院校工程造价专业试用教材。

责任编辑：范业庶
责任设计：董建平
责任校对：李欣慰　陈晶晶

高职高专土建类专业教材
安装工程预算
何丽琴　张晓敏　李君宏　主编
杨　晶　王平辉　主审

*

中国建筑工业出版社出版、发行（北京西郊百万庄）
各地新华书店、建筑书店经销
北京红光制版公司制版
北京建筑工业印刷厂印刷

*

开本：787×1092毫米　1/16　印张：14¼　字数：353千字
2015年2月第一版　2022年3月第五次印刷
定价：**35.00**元
ISBN 978-7-112-17576-5
（26785）

前　言

安装工程预算类课程是工程造价专业等相关专业的必修课程乃至核心课程，课程学习目的是能合理准确确定安装工程的工程造价。本书立足于建筑物为实现其基本使用功能所配套的各类主要安装工程，主要讲解了定额计价模式下安装工程预算的编制。

本书分为三大部分内容，其中第一部分为教材第1章安装工程预算定额概述，主要从应用的角度讲解安装工程预算的主要编制依据——安装工程预算定额；第二部分为教材第2章安装工程施工图预算概述，主要从总体的角度讲解安装工程预算的费用组成及编制方法；第三部分为教材第3章至第9章，以安装工程预算的主要环节——工程量计算为展开点，从建筑物所配套的各类主要安装工程的角度分别讲解了室内给水排水工程，消防工程，采暖工程，通风空调工程，室内电气照明工程，建筑防雷接地工程，刷油、防腐蚀、绝热工程七种安装工程的工程量计算。

本书内容组织精炼、顺序合理、重点突出、图文并茂，符合学习者学习安装工程预算的认知规律。各章内容中以理论知识讲解为主，配有相应实例讲解，方便学生将理论与实践操作相结合。本书中安装工程费用计算部分内容主要以甘肃省现行《建筑安装工程费用定额》（2013版）为依据编写，工程量计算规则部分内容主要以甘肃省现行《安装工程预算定额》（2013版）为依据编写，突出了预算的地区性特点和预算定额的时效性特点。此外，本书在讲解重点知识之一——工程量计算规则时采用逐项讲解的方式，便于学生学习和掌握。

本书既可作为职业教育类的工程造价专业、工程管理专业、建筑经济管理等专业所开设的安装预算类课程的教学用书，亦可供在职工程造价管理人员培训或安装工程预算初学者自学使用，还可作为本科院校工程造价专业试用教材。

本书由甘肃建筑职业技术学院何丽琴、张晓敏、李君宏编写。何丽琴编写第1～4章，并对全书进行了统稿工作，张晓敏编写第5章、第6章、第9章，李君宏编写第7章、第8章。

我国工程造价的理论和实践正处于发展时期，新的方法和内容还会不断出现，加之编者水平有限，书中难免有不足之处，恳请广大师生和读者批评指正。

目　录

第1章　安装工程预算定额概述 ……… 1

1.1　安装工程预算定额简介 ………… 1

1.2　安装工程预算定额基价 ………… 6

1.3　安装工程预算定额系数 ………… 7

第2章　安装工程施工图预算概述 … 14

2.1　安装工程费用计算 …………… 14

2.2　安装工程施工图预算编制 …… 24

第3章　室内给水排水工程工程量计算 ………………………… 29

3.1　室内给水排水工程基本知识 … 29

3.2　室内给水排水工程识图………… 38

3.3　室内给水排水工程工程量计算方法 ……………………… 52

3.4　室内给水排水工程工程量计算实例 ……………………… 69

第4章　消防工程工程量计算 ……… 74

4.1　消防工程基本知识 …………… 74

4.2　消防工程识图 ………………… 81

4.3　消防工程工程量计算方法……… 86

4.4　消防工程工程量计算实例……… 90

第5章　采暖工程工程量计算 ……… 96

5.1　采暖工程基本知识 …………… 96

5.2　采暖工程识图 ……………… 103

5.3　采暖工程工程量计算方法 …… 111

5.4　采暖工程工程量计算实例 …… 121

第6章　通风空调工程工程量计算 …… 127

6.1　通风空调工程基本知识 ……… 127

6.2　通风空调工程识图 …………… 133

6.3　通风空调工程工程量计算方法 ……………………………… 138

6.4　通风空调工程工程量计算实例 … 151

第7章　室内电气照明工程工程量计算 ……………………………… 154

7.1　室内电气照明工程基本知识 … 154

7.2　室内电气照明工程识图 ……… 162

7.3　室内电气照明工程工程量计算方法 ……………………………… 170

7.4　室内电气照明工程工程量计算实例 ……………………………… 187

第8章　建筑防雷接地工程工程量计算 ……………………………… 191

8.1　建筑防雷接地工程基本知识 … 191

8.2　建筑防雷接地工程识图 ……… 198

8.3　建筑防雷接地工程工程量计算方法 ……………………………… 200

8.4　建筑防雷接地工程工程量计算实例 ……………………………… 204

第9章　刷油、防腐蚀、绝热工程工程量计算 ……………………… 206

9.1　刷油、防腐蚀、绝热工程基本知识 ……………………………… 206

9.2　刷油、防腐蚀、绝热工程工程量计算方法 ……………………… 209

9.3　刷油、防腐蚀、绝热工程工程量计算实例 ……………………… 218

参考文献 ……………………………… 221

第1章　安装工程预算定额概述

1.1　安装工程预算定额简介

1.1.1　安装工程预算定额概念

安装工程预算定额是指在正常合理的施工条件下，完成一定计量单位的安装工程中的分部分项工程所必需消耗的人工、材料和施工机械台班的数量标准。如表1-1所示，数字“1.971”代表的含义为螺纹连接方式安装10m长*DN*40镀锌钢管所必需消耗二类工1.971工日。

安装工程预算定额项目表示例（摘自2013《甘肃省安装工程预算定额》）

镀锌钢管（螺纹连接）　　　　表1-1

工作内容：留堵洞眼、切管、套丝、调直、栽钩卡、管道及管件安装、水压试验。

计量单位：10m

定额编号			4-1	4-2	4-3	4-4	4-5	4-6
项目名称			公称直径（mm以内）					
			15	20	25	32	40	50
名称		单位	数量					
人工	二类工	工日	1.377	1.377	1.655	1.655	1.971	2.016
	三类工	工日	0.153	0.153	0.184	0.184	0.219	0.224
	合计	工日	1.530	1.530	1.839	1.839	2.190	2.190
材料	镀锌钢管	m	(10.200)	(10.200)	(10.200)	(10.200)	(10.200)	(10.200)
	室内镀锌钢管接头零件*DN*15	个	16.370	—	—	—	—	—
	室内镀锌钢管接头零件*DN*20	个	—	11.520	—	—	—	—
	室内镀锌钢管接头零件*DN*25	个	—	—	9.780	—	—	—
	室内镀锌钢管接头零件*DN*32	个	—	—	—	8.030	—	—
	室内镀锌钢管接头零件*DN*40	个	—	—	—	—	7.160	—
	室内镀锌钢管接头零件*DN*50	个	—	—	—	—	—	6.510
	钢锯条	根	3.790	3.410	2.550	2.410	2.670	1.330
	尼龙砂轮片ϕ400	片	—	—	0.050	0.050	0.050	0.050
	机油（综合）	kg	0.230	0.170	0.170	0.160	0.170	0、200
	铅油	kg	0.140	0.120	0.130	0.120	0.140	0.140
	线麻	kg	0.014	0.012	0.013	0.012	0.014	0.014
	管子托钩*DN*15	个	1.460	—	—	—	—	—

续表

定额编号			4-1	4-2	4-3	4-4	4-5	4-6
项目名称			公称直径（mm以内）					
			15	20	25	32	40	50
名称		单位	数量					
材料	管子托钩 DN20	个	—	1.440	—	—	—	—
	管子托钩 DN25	个	—	—	1.160	1.160	—	—
	管卡子（单立管）DN25	个	1.640	1.290	2.060	—	—	—
	管卡子（单立管）DN32	个	—	—	—	2.060	—	—
	普通硅酸盐水泥 32.5 级	kg	1.340	3.710	4.200	4.500	—	—
	砂子	m^3	0.010	0.010	0.010	0.010	—	—
	镀锌钢丝 8～12#	kg	0.140	0.390	0.440	0.150	0.010	0.040
	破布	kg	0.100	0.100	0.100	0.100	0.220	0.250
	水	t	0.050	0.060	0.080	0.090	0.130	0.160
机械	管子切断机直径 150（mm）	台班	—	—	0.020	0.020	0.020	0.060
	管子切断套丝机直径 159（mm）	台班	—	—	0.030	0.030	0.030	0.080

安装工程预算定额中的计量单位通常为扩大计量单位，如“10m”、“100m”、“10片”等，此外，运用自然计量单位较多，如“套”、“组”、“台”等。安装工程中的分部分项工程一般是指组成安装工程的最小工程单位，这个工程单位称为工程“子目”或“细目”，它是组成预算定额的最基本的工程项目单位体，将子目及子目内容按工程结构或生产规律排列起来，加上文字说明和编号，印制成册，即形成定额手册。安装工程预算定额手册是由国家主管机关或授权单位组织编制，并审批发行的，就实质来说，是工程建设中一项重要的技术经济法规。

1.1.2 安装工程预算定额作用

（1）安装工程预算定额是对设计方案进行技术经济评价，对新结构、新材料进行技术经济分析的依据。

（2）安装工程预算定额是在招标投标过程中确定招标控制价和投标报价的重要依据。

（3）安装工程预算定额是编制施工图预算，确定工程预算造价的依据。

（4）安装工程预算定额是施工企业编制人工、材料、机械台班需要量计划，统计完成工程量，考核工程成本，实行经济核算的依据。

（5）安装工程预算定额是进行工程决算和竣工决算的依据。

（6）安装工程预算定额是编制地区单位估价表、概算定额和概算指标的基础资料。

1.1.3 《全国统一安装工程预算定额》简介

《全国统一安装工程预算定额》（GYD 201—2000）是在原国家计委（1986年版）的“统一定额”的基础上由国家建设部组织修订的一套较完整、较适用的标准定额，是综合全国工程建设的生产技术和施工组织的一般情况拟定的，该定额于2000年3月17日起陆续发布实施，共分13册：

第一册　机械设备安装工程

第二册　电气设备安装工程
第三册　热力设备安装工程
第四册　炉窑砌筑工程
第五册　静置设备与工艺金属结构制作安装工程
第六册　工业管道工程
第七册　消防及安全防范设备安装工程
第八册　给排水、采暖、燃气工程
第九册　通风空调工程
第十册　自动化控制仪表安装工程
第十一册　刷油、防腐蚀、绝热工程
第十二册　通信设备及线路工程
第十三册　建筑智能化系统设备安装工程

1.1.4 《甘肃省安装工程预算定额》介绍

1.《甘肃省安装工程预算定额》组成及适用范围

由于各地区不同的气候条件、物质技术条件、地方资源条件和运输条件，各地区参照全国统一定额，拟定地区定额，并在规定的地区执行。如甘肃省当前执行的安装工程预算定额为 2013 年颁发的《甘肃省安装工程预算定额》(DBJD 25－47－2013)，共分十一册，包括：

第一册　机械设备安装工程。适用于新建、扩建项目的机械设备安装工程。本定额若用于旧设备拆除时，拆除定额按相应安装项目定额人工的 50%、材料的 10%、机械的 50%计取。

第二册　电气设备安装工程。适用于工业与民用新建、扩建工程中 10kV 以下变配电设备及线路安装工程、动力电气设备及照明器具、防雷及接地装置安装、配管配线、电梯电气装置、电气调整试验等安装工程。

第三册　工业管道安装工程。适用于新建、扩建工程中厂区范围内的车间、装置、站、罐区及相互之间各种生产用介质输送管道，且设计压力不大于 42MPa 的工业管道；厂区第一个连接点以内的生产用（包括生产与生活共用）给水、排水、蒸汽、煤气的输送管道的安装工程。本定额不适用于核能装置的专用管道、矿井专用管道、长距离输送管道。

第四册　给水排水、采暖、消防、燃气管道及器具安装工程。适用于工业与民用新建、扩建项目中生活用给水、排水、采暖、燃气管道以及附件配件安装，小型容器制作安装，消防管道及附属器具安装。

第五册　静置设备与工艺金属结构制作安装工程。适用于新建、扩建工程中的容器、塔器、热交换器、反应器、电解槽、电除雾器、金属油罐、气柜、球形罐、烟囱、烟道、火炬、排气筒、工艺金属结构等制作安装工程。

第六册　通风空调安装工程。适用于工业与民用建筑的新建、扩建项目中的通风、空调工程。

第七册　自动化控制仪表安装工程。适用于新建、扩建项目中的工业自动化控制装置及仪表的安装调试工程。

第八册　火灾自动报警及建筑智能化系统设备安装工程。适用于民用建筑新建和扩建项目中的火灾自动报警系统和智能化系统设备的安装调试工程，其中火灾自动报警系统安装也适用于工业建筑新建、扩建工程项目。

第九册　热力设备安装工程。适用于新建、扩建项目中25MW以下汽轮发电机组、130t/h以下锅炉及配套附属设备的安装工程。

第十册　炉窑砌筑工程。适用于新建、扩建项目中各种工业炉窑耐火与隔热耐火砌体工程（其中蒸汽锅炉只限于蒸发量每小时在75t以内的中、小型蒸汽锅炉工程），不定型耐火材料内衬工程和炉内金具件制作安装工程。

第十一册　刷油、防腐蚀、绝热工程。适用于工业与民用建筑新建、扩建项目中的设备、管道、金属结构等的刷油、防腐蚀、绝热工程。

2.《甘肃省安装工程预算定额》总说明

（1）《甘肃省安装工程消耗量定额》（以下简称“本定额”）是完成规定计量单位分项工程的人工、材料、施工机械台班的消耗量标准，是编制全省安装工程地区基价、编审施工图预算、招标控制价、投标报价和签订施工合同价款，办理竣工结算，调解工程造价纠纷及办理工程造价鉴定的依据。

（2）本定额是依据现行有关国家及甘肃省的产品标准、设计规范、施工及验收规范、技术操作规程、质量评定标准和安全操作规程及标准图集编制的，以及有代表性的工程设计、施工资料和其他资料编制的。

（3）本定额是按目前省内大多数施工企业采用的施工方法、机械化装备程度、合理的工期、施工工艺和劳动组织条件制定的，除各章另有说明外，均不得因上述因素有差异而对定额进行调整或换算。

（4）本定额按下列正常的施工条件进行编制的：

1）设备、材料、成品、半成品、构件完整无损，符合质量标准和设计要求，附有合格证书和试验记录。

2）安装工程和土建工程之间的交叉作业正常。

3）安装地点、建筑物、设备基础、预留孔洞等均符合安装要求。

4）水、电供应均满足安装工程正常使用。

5）正常的气候、地理条件和施工环境。

（5）人工工日消耗量的确定：

本定额中的人工按工种类别划分为一类工、二类工、三类工，内容包括基本用工、超运距用工、辅助用工和人工幅度差。其中一类工包括：钳工、焊工、起重工、调试工、铆工、筑炉工、衬里工等；二类工包括：电工、仪表工、管工、通风工、探伤工、油漆工、保温工、防腐工、其他技工等；三类工：普通工。

（6）材料消耗量的确定：

1）本定额中的材料消耗量包括直接消耗在安装工程工作内容中的主要材料、辅助材料和零星材料等，并计入了相应损耗，其内容和范围包括：从工地仓库、现场集中堆放地点或现场加工地点到操作或安装地点的运输损耗、施工操作损耗、施工现场堆放损耗。

2）凡定额内带“（　　）”号的材料均为未计价材料。安装工程预算定额中的未计价材料可理解为主材，包括消耗量定额中在材料数量栏带“（　）”号的材料和定额说明或附注中指出的未计价材料两类。

3）用量很少，对基价影响很小的零星材料合并为其他材料费，计入材料费内。

4）主要材料损耗率见各册附录。

（7）施工机械台班消耗量的确定：

1）本定额的机械台班消耗量定额是按正常合理的机械配备和大多数施工企业的机械化装备程度综合取定的。

2）凡单位价值在 2000 元以内，使用年限在两年以内的不构成固定资产的工具用具等的费用未计入本定额，均包括在我省建筑安装工程费用定额中。

（8）施工仪器仪表台班消耗量的确定：

1）本定额的施工仪器仪表消耗量是按大多数施工企业的现场校验仪器仪表配备情况综合取定的，实际与定额不符时，除各章另有说明者外，均不作调整。

2）凡单位价值在 2000 元以内，使用年限在两年以内的不构成固定资产的施工仪器仪表等的费用未计入本定额，均包括在我省建筑安装工程费用定额中。

（9）关于水平和垂直运输。

1）设备：包括自安装现场指定堆放地点运至安装地点的水平和垂直运输。

2）材料、成品、半成品：包括自施工单位现场仓库和现场指定堆放地点运至安装地点的水平和垂直运输。

3）垂直运输基准面：室内以室内地平面为基准面，室外以安装现场地平面为基准面。

（10）本定额种注有“×××以内”或“×××以下”者均包括“×××”本身，“×××以外”或“×××以上”者，则不包括“×××”本身。

（11）本说明未尽事宜，详见各册和各章说明。

3. 各册定额内容组成

每册定额均由总说明、册说明、目录、章说明、定额项目表、附注和附录组成。

（1）总说明：各册定额的总说明是完全一样的，主要说明“统一定额”的作用、编制依据、各种消耗量的确定，对垂直及水平运输的说明以及其他有关说明。

（2）册说明。册说明是对本册定额共同性问题所作的综合说明与有关规定，包括：①本册定额的适用范围；②定额的编制依据；③本册定额包括的工作内容和不包括的工作内容；④有关费用（如脚手架搭拆费、高层建筑增加费、操作高度超高费等）的计取；⑤本册定额在使用中应注意的事项和有关问题的说明等。

（3）目录。目录为查找、检索定额项目提供方便。

（4）章说明。主要是对本章定额共同性问题所作的说明与有关规定，内容有：①分部工程定额包括的主要工作内容和不包括的工作内容；②使用定额的一些基本规定和有关问题的说明，例如界限划分、适用范围等；③工程量计算规则。

（5）定额项目表。定额项目表是每册定额的重要内容，它将安装工程基本构成要素有机组列，并按章编号，以便检索应用。如表 1-1 安装工程预算定额项目表示例所示，其包括的内容有：①工作内容，对完成该分项工程所需工序作了详细说明，一般列在项目表的左上角表头；②计量单位，该分项工程工程量计量单位，一般位于项目表的左上角表头；③定额编号，两级编码，第一级为册序号，第二级为子目序号；④消耗量指标，完成一个计量单位的分项工程所需人工、材料、机械台班消耗的种类、消耗量单位和数量标准（实物量），材料消耗量栏中带“（ ）”号的材料为未计价材料。这部分为定额项目表核心内容。

（6）附注。在项目表的下方，解释一些定额说明中未尽的问题，在此处经常会补充指出定额子目中的未计价材料。

（7）附录。主要提供一些有关资料，例如主要材料损耗率等。

1.2 安装工程预算定额基价

1.2.1 安装工程预算定额基价概念

安装工程定额基价，又称安装工程分项工程预算单价。是完成规定计量单位分项工程所需消耗的人工费、材料费、机械费的总和。即定额基价（预算单价）＝人工费＋材料费＋机械费

如表 1-2 所示，其中数字“140.60”代表的含义为螺纹连接方式安装 10m 长 *DN*40 镀锌钢管所需人工费、材料费（不含主材费）、机械费合计为 140.60 元（以兰州市为例）。

安装工程定额基价表（局部）示例（摘自 2013《甘肃省安装工程预算定额地区基价》）

表 1-2

<table>
<tr><th>定额编号</th><th>定额项目</th><th>单 位</th><th colspan="2">价格（元）</th><th>兰州</th></tr>
<tr><td rowspan="4">4-1</td><td rowspan="4">镀锌钢管（螺纹连接）
公称直径（mm 以内）15</td><td rowspan="4">10m</td><td colspan="2">基价</td><td>140.60</td></tr>
<tr><td rowspan="3">其
中</td><td>人工费</td><td>97.46</td></tr>
<tr><td>材料费</td><td>43.14</td></tr>
<tr><td>机械费</td><td>0.00</td></tr>
</table>

需要特别指出的是，安装工程定额基价中的材料费没有包括未计价材料费，即主材费。如表 1-2 安装工程定额基价表（局部）示例所示，结合表 1-1 安装工程预算定额项目表示例，其中数字“43.14”代表的含义是螺纹连接方式安装 10m 长 *DN*15 镀锌钢管所需主材费之外的材料费为 43.14 元（以兰州市为例）。

1.2.2 安装工程预算定额基价的形成原理

安装工程预算定额基价是将相应预算定额中规定的人工、材料及施工机械台班的消耗量指标，对应乘以当时当地的人工工日单价、材料预算价格和施工机械台班单价，计算出以货币形式表示的完成规定计量单位分项工程的所需消耗的人工费、材料费（不包括未计价材料费）、机械费，并进行汇总得到的单位分项工程产品价格。即基价表的编制过程就是把预算定额中的“三量”与“三价”分别结合起来，得出“三费”，即人工费、材料费、机械费，“三费”之和构成该分项工程的“基价”，用公式表示是：

基价中的人工费＝∑(定额人工消耗量×人工工日单价)

基价中的材料费＝∑(定额材料消耗量(不包括未计价材料)×材料预算单价)

基价中的施工机械费＝∑(定额施工机械台班消耗量×机械台班单价)

分项工程基价＝人工费＋材料费＋机械费

由以上可知，基价表中项目与定额中项目具有对应关系，且由于各地区资源单价水平有较大差异，因此基价表分地区编制，具有地区性较强的特点。

1.2.3　安装工程预算定额基价应用

在定额计价模式下，安装工程定额基价是安装工程预算中量（工程量）转化为费用（人、材、机费）的重要纽带。由于安装工程基价不含未计价材料费（主材费）的这个特点，在应用安装工程预算定额基价计算分项工程人工费、材料费、机械费过程中，重点和难点即为安装工程未计价材料费（主材费）的计算。安装工程预算定额中的未计价材料（主材），包括消耗量定额中在材料数量栏带“（　）”的材料和定额说明或附注中指出的未计价材料两类。未计价材料费（主材费）计算方法如下：

未计价材料费(主材费)＝未计价材料(主材)消耗量×当时当地材料市场单价

其中未计价材料（主材）消耗量的计算方法为：

（1）消耗量定额中在材料数量栏带“（　）”的材料，其消耗量＝分项工程工程量×定额材料消耗量指标（即带“（　）”的数字），或其消耗量＝分项工程工程量×（1＋损耗率），如管道安装、卫生器具安装等分项工程属于此种。

（2）定额说明或附注中指出的未计价材料，其消耗量＝分项工程工程量×（1＋损耗率），这种方法将根据图纸算得的工程量理解为净用量，如电缆敷设等分项工程属于此种。

【例 1-1】　假设根据图纸算得某安装工程中的 *DN*15 镀锌钢管的工程量为 26.4m，并已知下列条件：

1. 对应定额基价表中该项目的定额基价表如表 1-2 所示；
2. 对应消耗量定额中的主材（*DN*15 镀锌钢管）的消耗量为 10.200m（每 10m）；
3. 对应定额附表中的 *DN*15 镀锌钢管的损耗率为 2%；
4. *DN*15 镀锌钢管市场价为 6.20 元/m。

试计算该项目的人工费、材料费和机械费。

解： 1. 人工费＝工程量×基价人工费＝(26.4/10)×97.46＝257.29 元

2. 材料费＝工程量×基价材料费＋未计价材料费(主材费)
　　＝(26.4/10)×43.14＋未计价材料费(主材费)

其中，未计价材料费(主材费)计算有以下两种方法：

方法一：主材费＝(26.4/10)×10.2×6.20＝166.95 元

方法二：主材费＝26.4×(1＋2%)×6.20＝166.95 元

因此，材料费＝工程量×基价材料费＋主材费
　　＝(26.4/10)×43.14＋主材费
　　＝(26.4/10)×43.14＋166.95 元
　　＝280.84 元

3. 机械费＝工程量×基价机械费＝(26.4/10)×0.00＝0.00 元

1.3　安装工程预算定额系数

1.3.1　安装工程预算中定额系数的作用

定额系数是定额的重要组成部分，引入定额系数是为了使预算定额简明实用，便于操作。安装工程预算中要通过定额系数计算一些费用，这也是安装工程施工图预算造价计算的特点之一。

1.3.2　安装工程预算中定额系数的种类

安装工程预算中系数分为子目系数和综合系数两种。

1. 子目系数

（1）子目系数的解释。

子目系数是最基本的系数，根据子目系数计算的费用构成分部分项工程费，并且是综合系数（费用）的计算基础。这些系数和计取方法分别列在各定额册的册说明中，但所列系数和要求均不相同，不能混用。

（2）常见子目系数的种类：

1）各册定额章说明中的调整系数；

2）超高人工增加费系数；

3）高层建筑人工增加费系数；

4）管廊施工增加费系数；

5）采暖工程系统调整费系数。

2. 综合系数

（1）综合系数的解释。

综合系数通常是以单位工程全部人工费（包括根据子目系数所算得的人工费部分）作为计算基础计算费用的一种系数，根据综合系数计算的费用构成分部分项工程费。

（2）常见综合系数的种类：

1）安装与生产同时进行的增加费系数；

2）在有害健康的环境中施工的增加费系数；

3）在高原高寒特殊地区施工的增加费系数。

1.3.3　全国统一安装工程预算定额中按系数计算费用的规定

1. 定额各章说明中规定的分项工程子目系数

定额中所列分项工程项目发生的费用（即预算单价），都是按项目的工作内容和施工技术要求确定的。有些实际安装项目，在套用定额中同类项目的预算单价时，如其工作内容和施工技术要求与定额项目不同，所发生的工程费用就有差别，此时，就需要根据定额各章说明中所规定的分项工程子目增减系数进行调整。例如，第六册定额中的阀门安装预算单价，是按一般阀门安装确定的，仪表的流量计安装也套这类定额项目，但执行阀门安装相应定额时要乘以系数 0.7，这一类分项工程子目的修正系数，在定额各章说明中有明确规定。

2. 定额中按子目系数计取的费用

（1）高层建筑增加费

暖卫、消防、通风空调、电气照明等安装定额费用，定额是按层数不超过 6 层的多层建筑物或高度不超过 20m 的单层建筑物确定的。如果建筑物层数超过 6 层或单层建筑高度超过 20m 时，就需按定额中规定的系数（或称费率）计算高层建筑增加费。

定额中的高层建筑，是指 6 层以上（不包括 6 层）的多层及高层建筑或单层建筑物自室外设计地坪标高至檐口标高差（即高度）在 20m 以上（不包括 20m，也不包括屋顶水箱间、电梯间、屋顶平台出入口等凸出高度）的建筑物。高层建筑增加费的范围包括采暖、给水排水、消防、通风空调、生活用燃气、电气照明工程及其刷油、保温等。费用内容包括人工降效、材料、工具、垂直运输增加的机械台班费用，施工用水加压泵的台班费用及工人上下乘坐的升降设备台班费等。定额中的高层建筑增加费系数（即费率），是用6层以上或单层高20m以上所需增加的费用，除以包括6层以下或20m以下的全部工程人工费确定的。因此，高层建筑增加费，应以包括6层以下或20m以下的全部工程人工费作为计算基数。同一建筑物有部分高度不同时，可分别按不同高度计算高层建筑增加费。定额中所给的“高层建筑增加费用系数表”是按不同层数范围分列的，例如，9层以下（30m）、12层以下（40m）、15层以下（50m）等。高层建筑增加费全部为人工工资。

（2）超高增加费

超高增加费是指安装操作高度（包括管道及其阀件、部件和刷油保温等安装项目）超过定额中规定的高度时所增加的费用，并按定额中规定的系数计取。分为以下两类：

1）按操作高度计算超高增加费。施工安装物的操作高度，简称操作高度，是指由安装场所的地坪（操作地面）至操作物的垂直距离。按操作高度计算超高增加费的工程项目主要有：

第八册定额（操作高度3.6m以上），其超过部分（指由3.6m至操作物高度）的定额人工费乘以相应系数（如标高±4.5～10.0m，此系数为0.25），其增加费全部列入人工费。

第九册定额（操作高度6m以上），其超过部分（指操作物高度距离楼地面6m以上）的定额人工费乘以系数15%计算，其增加费全部列入人工费。

第十一册定额（操作高度±6m以上），其人工和机械分别乘以相应增加费系数（如标高±6～20m，此系数为0.30），其增加费分别列入人工费和机械费。

2）按设备底座安装标高计算超高增加费。设备安装（主要涉及第一册）的超高增加费，不是按操作高度计算，而是以设备底座安装标高与地面正负零标高差计算。例如，某工程在九层楼上安装一台设备，计算该设备的超高增加费时，需按设备底座安装标高与一层地面正负零的标高差计算，而不是按设备底座至九层楼面的垂直距离计算。

第一册定额规定，当设备底座标高超过地面正负零±10.00m时，需按定额规定的超高费系数计算超高增加费。而第三册的热力设备安装已考虑高空作业因素，不应再计算超高增加费。

在高层建筑施工中，同时又符合计取超高增加费条件的部分，应同时计取高层建筑增加费和超高增加费。

（3）设置于管道间、管廊内的管道、阀门、法兰、支架等安装增加费

第八册定额规定，设置于管道间、管廊内的管道、阀门、法兰、支架等安装，其定额人工费乘以系数1.3。该项是指一些高级建筑、宾馆、饭店等安装的采暖、给水排水、燃气工程的管道、阀门、法兰、支架等进入管道间和管廊内的工程量部分。所谓管廊是指宾馆、饭店内封闭的天棚、竖向通道内（或称管道井）安装给水排水、采暖、燃气管道的空间。但地沟内管道安装不能视同为管廊内安装。

第六册定额规定，车间内整体封闭式地沟管道，其人工和机械乘以系数1.2（管道安装后盖板封闭地沟除外）。该项增加费全部列入人工费。

（4）主体结构为现场浇筑混凝土时的预留孔洞增加费

第八册定额规定，为配合土建施工而预留孔洞，凡主体结构为现场浇筑混凝土采用钢

模施工的工程，内外浇筑时定额人工费（指主体结构中的采暖、给水排水、燃气等安装工程的人工费）乘以系数 1.05；内浇外砌时定额人工费乘以系数 1.03。本系数是指主体结构为现场浇筑采用钢模施工的过程，不包括附属工程。该项增加费全部列入人工费。

(5) 安装工程的脚手架搭拆费

各册定额中规定的脚手架搭拆及摊销费（简称“脚手架搭拆费”）系数是综合测算的系数，因此，除个别定额中不计取者外，无论工程实际是否搭设还是搭设数量的多少，均应按相应定额中规定的系数计取脚手架搭拆费，包干使用。在脚手架搭拆费中，除去规定的人工工资外，其余列入材料费。

第六册定额规定，脚手架搭拆费按人工费的 7%计算，其中人工工资占 25%（单独承担的埋地管道工程，不计取脚手架费用）。

第七册定额、第八册定额规定，脚手架搭拆费按人工费的 5%计算，其中人工工资占 25%。

第九册定额规定，脚手架搭拆费按人工费的 3%计算，其中人工工资占 25%。

第十册定额规定，脚手架搭拆费按人工费的 4%计算，其中人工工资占 25%。

第十一册定额规定，刷油工程按人工费的 8%、防腐蚀工程按人工费的 12%、绝热工程按人工费的 20%计算，其中人工工资占 25%。

(6) 系统调整费

系统调整费包括调试人工费，仪器、仪表、消耗材料等费用，按规定的系数计取。采暖工程系统调整费，按采暖工程人工费的 15%计取，其中人工工资占 20%。通风空调系统调整费，按通风空调工程人工费的 13%计取，其中人工工资占 25%。

3. 定额中按综合系数计取的费用

(1) 安装与生产同时进行的增加费。是指改、扩建工程在生产车间或装置内施工，因生产操作或生产条件限制干扰安装工作正常进行而降低工效的增加费费用。不包括为保证安全生产和施工所采取的措施费用。按人工费的 10%计算，全部列入人工费。

(2) 在有害身体健康环境中施工增加的费用。该项费用是指民法通则有关规定允许的前提下，在改、扩建工程施工中，由于车间或装置内有害气体或高分贝噪声超过国家规定标准，以致影响身体健康而降效所增加的费用。不包括劳保条例规定的工种保健费。该项增加费按人工费的 10%计取，全部为人工工资。

(3) 特殊地区（或条件）施工增加费。特殊地区（或条件）施工增加费是指在高原、山区、高寒、高温、沙漠、沼泽地区施工，或在洞库、水下施工需要增加的费用。由于我国幅员辽阔，自然条件复杂，地理环境变化很大，难以作出全国统一规定，因此，均按各省、直辖市、自治区的有关规定执行。

1.3.3 《甘肃省安装工程预算定额》中按系数计算费用的规定

《甘肃省安装工程预算定额》中关于各项系数的规定主要分布在各册册说明中和章说明中，此处主要介绍下列册说明中的定额系数使用规定。

1. 第二册 电气设备安装工程中按系数计算费用的规定

(1) 脚手架搭拆费（10kV 以下架空线路除外）。按人工费的 4%计算，其中人工工资占 25%。

(2) 高层建筑人工增加费。高层建筑是指高度在 6 层或 20m 以上的工业与民用建筑。

高层建筑人工增加费=单位工程全部人工费×高层建筑人工增加费系数，高层建筑人工增加费系数见表 1-3，计算结果全部计入人工费。为高层建筑供电的变电所和供水等动力工程，若安装在高层建筑的底层或地下室的，不计取高层建筑增加费。装在 6 层以上的变配电工程和动力工程则同样计取高层建筑增加费。

高层建筑人工增加费系数表　　表 1-3

层数	9 层以下（30m）	12 层以下（40m）	15 层以下（50m）	18 层以下（60m）	21 层以下（70m）	24 层以下（80m）	27 层以下（90m）	30 层以下（100m）	33 层以下（110m）
按人工费的%	1	2	4	6	8	10	13	16	19
层数	9 层以下（120m）	9 层以下（130m）	9 层以下（140m）	9 层以下（150m）	9 层以下（160m）	9 层以下（170m）	9 层以下（180m）	9 层以下（190m）	9 层以下（200m）
按人工费的%	22	25	28	31	34	37	40	43	46

（3）超高人工增加费（已考虑了超高因素的定额项目除外）。本册的超高高度定义为操作物距相对楼地面的安装高度在 5m 以上、20m 以下。超高人工增加费=超高项目的人工费×超高人工增加费系数 1.3，计算结果全部计入人工费。

（4）安装与生产同时进行增加费。安装与生产同时进行时，安装工程的总人工费增加 10%，全部为因降效而增加的人工费，不含其他费用，计算结果全部计入人工费。

（5）在有害身体健康环境中施工增加费。在有害身体健康的环境（包括高温、多尘、噪声超过标准和在有害气体等有害环境）中施工时，安装工程的总人工费增加 10%，全部为因降效而增加的人工费，不含其他费用，计算结果全部计入人工费。

2. 第四册　给水排水、采暖、消防、燃气管道及器具安装工程中按系数计算费用的规定

（1）脚手架搭拆费。按人工费的 5%计算，其中人工工资占 25%。

（2）高层建筑人工增加费。高层建筑是指高度在 6 层或 20m 以上的工业与民用建筑。高层建筑人工增加费=单位工程全部人工费×高层建筑人工增加费系数。高层建筑人工增加费系数见表 1-4，计算结果全部计入人工费。

高层建筑人工增加费系数表　　表 1-4

层数	9 层以下（30m）	12 层以下（40m）	15 层以下（50m）	18 层以下（60m）	21 层以下（70m）	24 层以下（80m）	27 层以下（90m）	30 层以下（100m）	33 层以下（110m）
按人工费的%	2	3	4	6	8	10	13	16	19
层数	9 层以下（120m）	9 层以下（130m）	9 层以下（140m）	9 层以下（150m）	9 层以下（160m）	9 层以下（170m）	9 层以下（180m）	9 层以下（190m）	9 层以下（200m）
按人工费的%	22	25	28	31	34	37	40	43	46

（3）超高人工增加费。本册的超高高度定义为操作物距相对楼地面的安装高度在 3.6m 以上、20m 以下。超高人工增加费=超高项目的人工费×超高人工增加费系数，给水排水、采暖、消防、燃气安装工程中超高人工增加费系数为 1.2，计算结果全部计入人工费。

（4）管廊施工增加费。按设置于管道间（井）、管廊、已封闭地沟内管道工程（含管道、阀门、法兰、支架、套管的安装）的人工费乘以系数 1.3 计算，计算结果全部计入人工费。

（5）采暖工程系统调整费。按采暖工程人工费的 15％计算，其中人工费占 20％。

（6）安装与生产同时进行增加费。安装与生产同时进行时，安装工程的总人工费增加 10％，全部为因降效而增加的人工费，不含其他费用，计算结果全部计入人工费。

（7）在有害身体健康环境中施工增加费。在有害身体健康的环境（包括高温、多尘、噪声超过标准和在有害气体等有害环境）中施工时，安装工程的总人工费增加 10％，全部为因降效而增加的人工费，不含其他费用，计算结果全部计入人工费。

3. 第六册　通风空调安装工程中按系数计算费用的规定

（1）脚手架搭拆费。按人工费的 3％计算，其中人工工资占 25％。

（2）高层建筑人工增加费。高层建筑是指高度在 6 层或 20m 以上的工业与民用建筑。高层建筑人工增加费＝单位工程全部人工费×高层建筑人工增加费系数，高层建筑人工增加费系数见表 1-5，计算结果全部计入人工费。

高层建筑人工增加费系数表　　**表 1-5**

层数	9 层以下（30m）	12 层以下（40m）	15 层以下（50m）	18 层以下（60m）	21 层以下（70m）	24 层以下（80m）	27 层以下（90m）	30 层以下（100m）	33 层以下（110m）
按人工费的％	1	2	3	4	5	6	8	10	13
层数	9 层以下（120m）	9 层以下（130m）	9 层以下（140m）	9 层以下（150m）	9 层以下（160m）	9 层以下（170m）	9 层以下（180m）	9 层以下（190m）	9 层以下（200m）
按人工费的％	16	19	22	25	28	31	34	37	40

（3）超高人工增加费。本册的超高高度定义为操作物距相对楼地面的安装高度在 6m 以上、20m 以下。超高人工增加费＝超高项目的人工费×超高人工增加费系数 1.15，计算结果全部计入人工费。

（4）通风工程系统调整费。按通风工程人工费的 13％计算，其中人工费占 25％。

（5）安装与生产同时进行增加费。安装与生产同时进行时，安装工程的总人工费增加 10％，全部为因降效而增加的人工费，不含其他费用，计算结果全部计入人工费。

（6）在有害身体健康环境中施工增加费。在有害身体健康的环境（包括高温、多尘、噪声超过标准和在有害气体等有害环境）中施工时，安装工程的总人工费增加 10％，全部为因降效而增加的人工费，不含其他费用，计算结果全部计入人工费。

4. 第十一册　刷油、防腐蚀、绝热工程中按系数计算费用的规定

（1）脚手架搭拆费。按下列系数计算，其中人工工资占 25％。本册脚手架系数适用于 20m 以下的工程，对于 20m 以上的工程，另行计算。

1）刷油工程：按人工费的 8％计算；

2）防腐蚀工程：按人工费的 12％计算；

3）绝热工程：按人工费的 20％计算。

（2）超高降效增加费。本册的超高高度定义为操作物距相对楼地面的安装高度在 6m 以上、20m 以下，超高部分人工费和机械费分别乘以表 1-6 中系数。

超高降效增加费系数表　　　　**表 1-6**

20m 以内	30m 以内	40m 以内	50m 以内	60m 以内	70m 以内	80m 以内	80m 以上
1.30	1.40	1.50	1.60	1.70	1.80	1.90	2.00

（3）厂区外 1～10km 施工增加的费用。其超过部分的人工费和机械费乘以系数 1.10。

（4）安装与生产同时进行增加费。安装与生产同时进行时，安装工程的总人工费增加 10%，全部为因降效而增加的人工费，不含其他费用，计算结果全部计入人工费。

（5）在有害身体健康环境中施工增加费。在有害身体健康的环境（包括高温、多尘、噪声超过标准和在有害气体等有害环境）中施工时，安装工程的总人工费增加 10%，全部为因降效而增加的人工费，不含其他费用，计算结果全部计入人工费。

第2章 安装工程施工图预算概述

2.1 安装工程费用计算

计算安装工程预算造价，就是按照地区费用定额的有关规定计算安装工程费用。

2.1.1 安装工程费用组成

为适应深化工程计价改革的需要，住房和城乡建设部、财政部根据国家有关法律、法规及相关政策，在总结原建设部、财政部《关于印发〈建筑安装工程费用项目组成〉的通知》（建标［2003］206号）执行情况的基础上，修订完成了《建筑安装工程费用项目组成》，并发布文件《关于印发〈建筑安装工程费用项目组成〉的通知》（建标［2013］44号），自2013年7月1日起实施，原建标［2003］206号同时废止。《甘肃省建筑安装工程费用定额》（甘建价［2013］585号）中规定的建筑安装工程费用项目组成与建标［2013］44号中规定一致。

建筑安装工程费用是指建设工程施工承发包的工程造价，按照费用构成要素和工程造价形成的划分标准，分为以下两类：

1. 建筑安装工程费按照费用构成要素划分

建筑安装工程费按照费用构成要素划分由人工费、材料（包含工程设备，下同）费、施工机具使用费、企业管理费、利润、规费和税金组成。其中人工费、材料费、施工机具使用费、企业管理费和利润包含在分部分项工程费、措施项目费、其他项目费中。具体如图2-1所示。

（1）人工费：是指按工资总额构成规定，支付给从事建筑安装工程施工的生产工人和附属生产单位工人的各项费用。内容包括：

1）计时工资或计件工资：是指按计时工资标准和工作时间或对已做工作按计件单价支付给个人的劳动报酬。

2）奖金：是指对超额劳动和增收节支支付给个人的劳动报酬。如节约奖、劳动竞赛奖等。

3）津贴补贴：是指为了补偿职工特殊或额外的劳动消耗和因其他特殊原因支付给个人的津贴，以及为了保证职工工资水平不受物价影响支付给个人的物价补贴。如流动施工津贴、特殊地区施工津贴、高温（寒）作业临时津贴、高空津贴等。

4）加班加点工资：是指按规定支付的在法定节假日工作的加班工资和在法定日工作时间外延时工作的加点工资。

5）特殊情况下支付的工资：是指根据国家法律、法规和政策规定，因病、工伤、产假、计划生育假、婚丧假、事假、探亲假、定期休假、停工学习、执行国家或社会义务等原因按计时工资标准或计时工资标准的一定比例支付的工资。

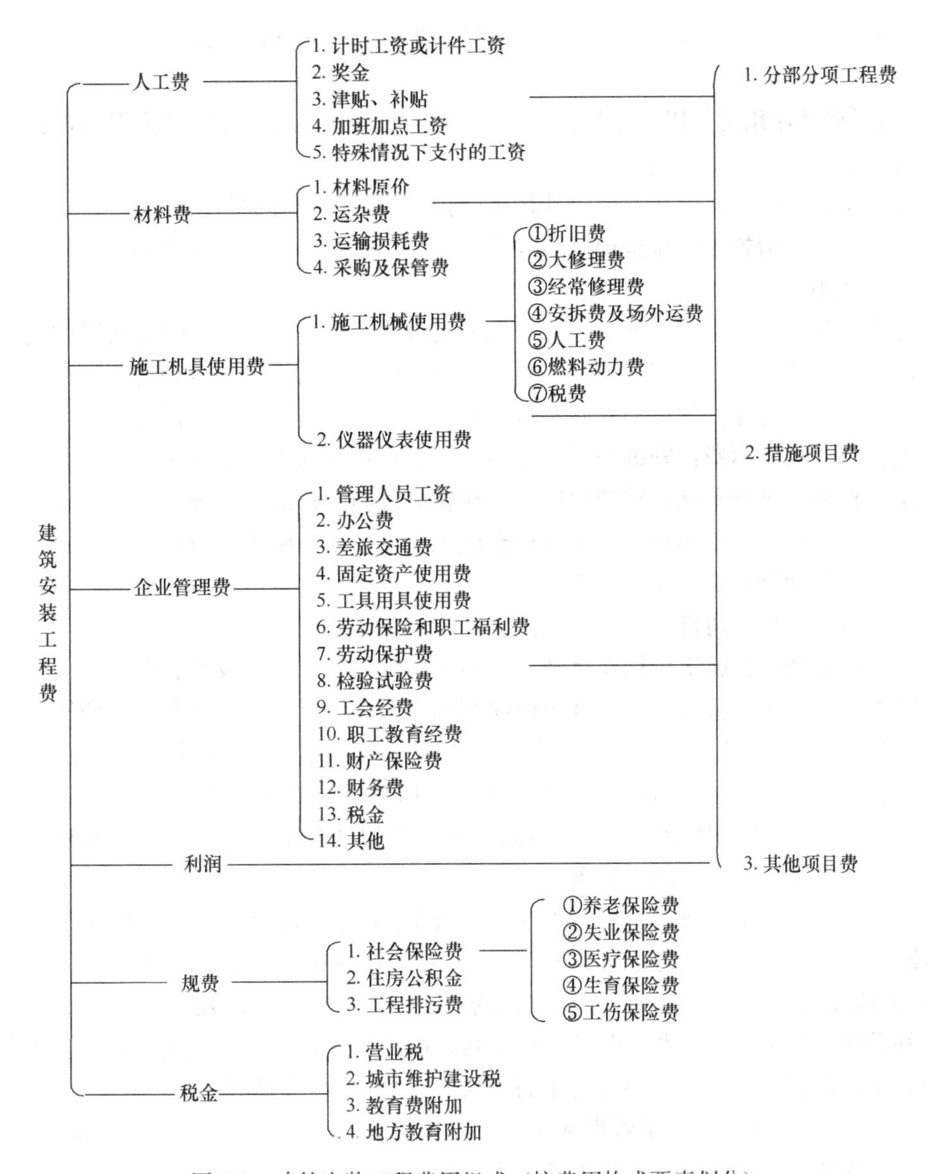

图 2-1　建筑安装工程费用组成（按费用构成要素划分）

（2）材料费：是指施工过程中耗费的原材料、辅助材料、构（配）件、零件、半成品或成品、工程设备的费用。内容包括：

1）材料原价：是指材料、工程设备的出厂价格或商家供应价格。

2）运杂费：是指材料、工程设备自来源地运至工地仓库或指定堆放地点所发生的全部费用。

3）运输损耗费：是指材料在运输装卸过程中不可避免的损耗。

4）采购及保管费：是指为组织采购、供应和保管材料、工程设备的过程中所需要的各项费用。包括采购费、仓储费、工地保管费、仓储损耗。

工程设备是指构成或计划构成永久工程一部分的机电设备、金属结构设备、仪器装置及其他类似的设备和装置。

（3）施工机具使用费：是指施工作业所发生的施工机械、仪器仪表使用费或其租赁费。

1）施工机械使用费：以施工机械台班耗用量乘以施工机械台班单价表示，施工机械台班单价应由下列七项费用组成：

①折旧费：指施工机械在规定的使用年限内，陆续收回其原值的费用。

②大修理费：指施工机械按规定的大修理间隔台班进行必要的大修理，以恢复其正常功能所需的费用。

③经常修理费：指施工机械除大修理以外的各级保养和临时故障排除所需的费用。包括为保障机械正常运转所需替换设备与随机配备工具附具的摊销和维护费用，机械运转中日常保养所需润滑与擦拭的材料费用及机械停滞期间的维护和保养费用等。

④安拆费及场外运费：安拆费指施工机械（大型机械除外）在现场进行安装与拆卸所需的人工、材料、机械和试运转费用以及机械辅助设施的折旧、搭设、拆除等费用；场外运费指施工机械整体或分体自停放地点运至施工现场或由一施工地点运至另一施工地点的运输、装卸、辅助材料及架线等费用。

⑤人工费：指机上司机（司炉）和其他操作人员的人工费。

⑥燃料动力费：指施工机械在运转作业中所消耗的各种燃料及水、电等。

⑦税费：指施工机械按照国家规定应缴纳的车船使用税、保险费及年检费等。

2）仪器仪表使用费：是指工程施工所需使用的仪器仪表的摊销及维修费用。

（4）企业管理费：是指建筑安装企业组织施工生产和经营管理所需的费用。内容包括：

1）管理人员工资：是指按规定支付给管理人员的计时工资、奖金、津贴补贴、加班加点工资及特殊情况下支付的工资等。

2）办公费：是指企业管理办公用的文具、纸张、账表、印刷、邮电、书报、办公软件、现场监控、会议、水电、烧水和集体取暖降温（包括现场临时宿舍取暖降温）等费用。

3）差旅交通费：是指职工因公出差、调动工作的差旅费、住勤补助费，市内交通费和误餐补助费，职工探亲路费，劳动力招募费，职工退休、退职一次性路费，工伤人员就医路费，工地转移费以及管理部门使用的交通工具的油料、燃料等费用。

4）固定资产使用费：是指管理和试验部门及附属生产单位使用的属于固定资产的房屋、设备、仪器等的折旧、大修、维修或租赁费。

5）工具用具使用费：是指企业施工生产和管理使用的不属于固定资产的工具、器具、家具、交通工具和检验、试验、测绘、消防用具等的购置、维修和摊销费。

6）劳动保险和职工福利费：是指由企业支付的职工退职金、按规定支付给离休干部的经费，集体福利费、夏季防暑降温、冬季取暖补贴、上下班交通补贴等。

7）劳动保护费：是企业按规定发放的劳动保护用品的支出。如工作服、手套、防暑降温饮料以及在有碍身体健康的环境中施工的保健费用等。

8）检验试验费：是指施工企业按照有关标准规定，对建筑以及材料、构件和建筑安装物进行一般鉴定、检查所发生的费用，包括自设试验室进行试验所耗用的材料等费用。不包括新结构、新材料的试验费，对构件做破坏性试验及其他特殊要求检验试验的费用和建设单位委托检测机构进行检测的费用，对此类检测发生的费用，由建设单位在工程建设其他费用中列支。但对施工企业提供的具有合格证明的材料进行检测不合格的，该检测费用由施工企业支付。

9）工会经费：是指企业按《工会法》规定的全部职工工资总额比例计提的工会经费。

10）职工教育经费：是指按职工工资总额的规定比例计提，企业为职工进行专业技术和职业技能培训，专业技术人员继续教育、职工职业技能鉴定、职业资格认定以及根据需要对职工进行各类文化教育所发生的费用。

11）财产保险费：是指施工管理用财产、车辆等的保险费用。

12）财务费：是指企业为施工生产筹集资金或提供预付款担保、履约担保、职工工资支付担保等所发生的各种费用。

13）税金：是指企业按规定缴纳的房产税、车船使用税、土地使用税、印花税等。

14）其他：包括技术转让费、技术开发费、投标费、业务招待费、绿化费、广告费、公证费、法律顾问费、审计费、咨询费、保险费等。

（5）利润：是指施工企业完成所承包工程获得的盈利。

（6）规费：是指按国家法律、法规规定，由省级政府和省级有关权力部门规定必须缴纳或计取的费用。包括：

1）社会保险费：

①养老保险费：是指企业按照规定标准为职工缴纳的基本养老保险费。

②失业保险费：是指企业按照规定标准为职工缴纳的失业保险费。

③医疗保险费：是指企业按照规定标准为职工缴纳的基本医疗保险费。

④生育保险费：是指企业按照规定标准为职工缴纳的生育保险费。

⑤工伤保险费：是指企业按照规定标准为职工缴纳的工伤保险费。

2）住房公积金：是指企业按规定标准为职工缴纳的住房公积金。

3）工程排污费：是指按规定缴纳的施工现场工程排污费。

其他应列而未列入的规费，按实际发生计取。

（7）税金：是指国家税法规定的应计入建筑安装工程造价内的营业税、城市维护建设税、教育费附加以及地方教育附加。

2. 建筑安装工程费按照造价形成划分

建筑安装工程费按照工程造价形成，由分部分项工程费、措施项目费、其他项目费、规费、税金组成，分部分项工程费、措施项目费、其他项目费包含人工费、材料费、施工机具使用费、企业管理费和利润。具体如图 2-2 所示。

（1）分部分项工程费：是指各专业工程的分部分项工程应予列支的各项费用。

1）专业工程：是指按现行国家计量规范划分的房屋建筑与装饰工程、仿古建筑工程、通用安装工程、市政工程、园林绿化工程、矿山工程、构筑物工程、城市轨道交通工程、爆破工程等各类工程。

2）分部分项工程：指按现行国家计量规范对各专业工程划分的项目。如房屋建筑与装饰工程划分的土石方工程、地基处理与桩基工程、砌筑工程、钢筋及钢筋混凝土工程等。

各类专业工程的分部分项工程划分见现行国家或行业计量规范。

（2）措施项目费：是指为完成建设工程施工，发生于该工程施工前和施工过程中的技术、生活、安全、环境保护等方面的费用。内容包括：

1）安全文明施工费：

①环境保护费：是指施工现场为达到环保部门要求所需要的各项费用。

②文明施工费：是指施工现场文明施工所需要的各项费用。

③安全施工费：是指施工现场安全施工所需要的各项费用。

④临时设施费：是指施工企业为进行建设工程施工所必须搭设的生活和生产用的临时建筑物、构筑物和其他临时设施费用。包括临时设施的搭设、维修、拆除、清理费或摊销费等。

2）夜间施工增加费：是指因夜间施工所发生的夜班补助费、夜间施工降效、夜间施工照明设备摊销及照明用电等费用。

3）二次搬运费：是指因施工场地条件限制而发生的材料、构配件、半成品等一次运输不能到达堆放地点，必须进行二次或多次搬运所发生的费用。

4）冬雨期施工增加费：是指在冬期施工或雨期施工需增加的临时设施、防滑、排除雨雪，人工及施工机械效率降低等费用。

5）已完工程及设备保护费：是指竣工验收前，对已完工程及设备采取的必要保护措施所发生的费用。

6）工程定位复测费：是指工程施工过程中进行全部施工测量放线和复测工作的费用。

7）特殊地区施工增加费：是指工程在沙漠或其边缘地区、高海拔、高寒、原始森林等特殊地区施工增加的费用。

8）大型机械设备进出场及安拆费：是指机械整体或分体自停放场地运至施工现场或由一个施工地点运至另一个施工地点，所发生的机械进出场运输及转移费用及机械在施工现场进行安装、拆卸所需的人工费、材料费、机械费、试运转费和安装所需的辅助设施的费用。

9）脚手架工程费：是指施工需要的各种脚手架搭、拆、运输费用以及脚手架购置费的摊销（或租赁）费用。

10）建筑物超高费（高层建筑增加费）：指建筑物檐高超过 20 米需要增加的人工降效、施工用水加压、脚手架使用期延长增加摊销量、脚手架超高加固等所需费用。

安装工程高层建筑增加费是指安装工程预算定额所规定的费用。

11）施工排水费：指为确保工程在正常的施工条件下施工，采取各种排水措施所发生的费用。费用内容包括：施工现场为排除既有地表水、上层滞水、积水等措施所发生的人工、材料及机械费用。不包括雨期施工时，雨后排除积水的费用。

12）施工降水费：指为确保工程在正常的施工条件下施工，采取各种地下降水措施所发生的费用。费用内容包括：根据地质水文勘察资料和设计要求，现场为排除地下水或降低地下水位，采取各种降水措施所发生的人工、材料及机械费用。

13）混凝土、钢筋混凝土模板及支架（撑）费：指在混凝土施工过程中需要搭设的各种钢模板、木模板、竹胶模板、支架（撑）等的支、拆、保养、运输以及模板、支架（撑）的周转摊销（或租赁）费用。

14）地上、地下设施、建筑物的临时保护设施费：指在工程施工过程中，对已建成的

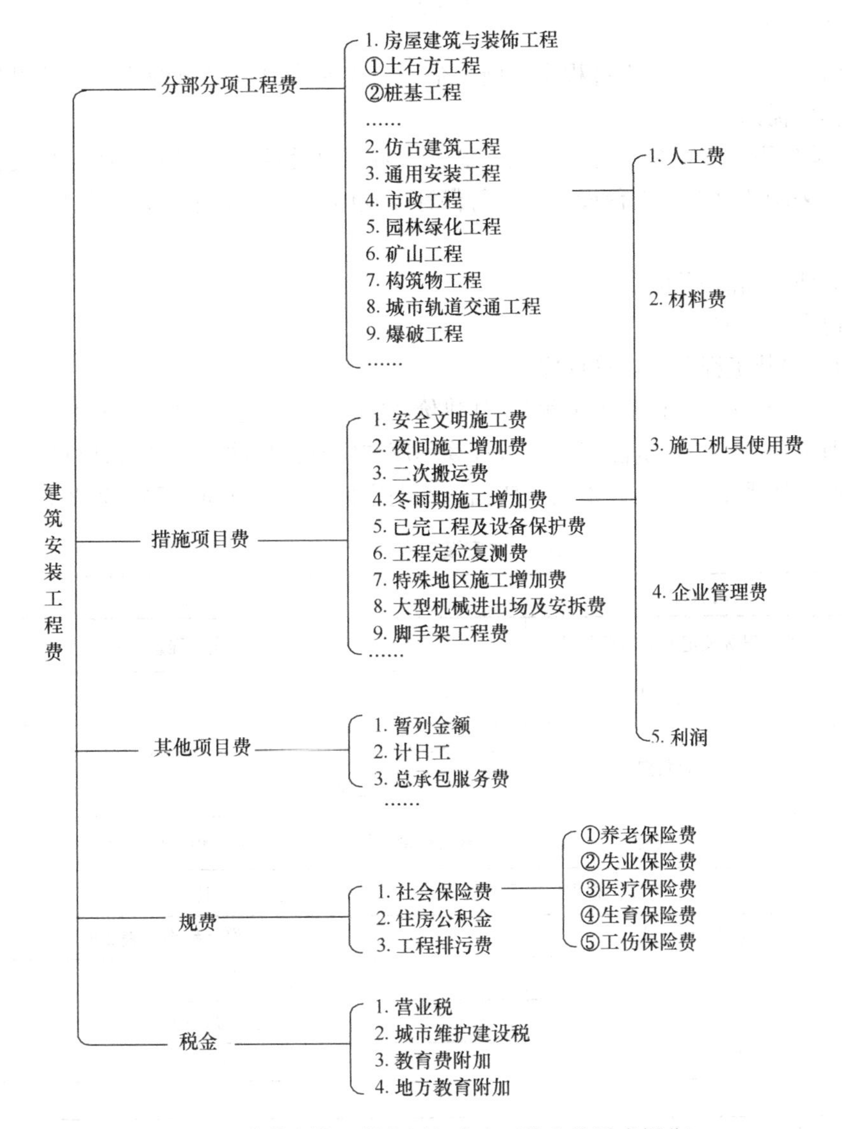

图 2-2　建筑安装工程费用组成表（按造价形成划分）

地上、地下设施和建筑物进行的遮盖、封闭、隔离等必要保护措施费用。

15）施工因素增加费：指具有市政或仿古建筑及园林工程特点又不属于临时设施范围，并在施工前可预见的因素所发生的费用。包括施工受行车、行人干扰的影响，导致人工、机械效率降低而增加的措施费用，为保证行车、行人安全，现场增设维护交通与疏导人员而增加的措施费用。园林工程包括防游人干扰及路面保护等措施费用。

16）其他项目：措施项目及其包含的内容详见各类专业工程的现行国家或行业计量规范。

（3）其他项目费：

1）暂列金额：是指建设单位在工程量清单中暂定并包括在工程合同价款中的一笔款项。用于施工合同签订时尚未确定或者不可预见的所需材料、工程设备、服务的采购，施工中可能发生的工程变更、合同约定调整因素出现时的工程价款调整以及发生的索赔、现场签证确认等的费用。

2）计日工：是指在施工过程中，施工企业完成建设单位提出的施工图纸以外的零星项目或工作所需的费用。

3）总承包服务费：是指总承包人为配合、协调建设单位进行的专业工程发包，对建设单位自行采购的材料、工程设备等进行保管以及施工现场管理、竣工资料汇总整理等服务所需的费用。

（4）规费：同前所述。

（5）税金：同前所述。

2.1.2 安装工程费用计算程序

《甘肃省建筑安装工程费用定额》（甘建价［2013］585号）中规定了工程造价两种计算程序，即工程量清单计价法工程造价计算程序和定额计价法工程造价计算程序。本书中安装工程预算体系采用定额计价法，依据该费用定额，具体计价程序见表2-1。

定额计价法安装工程造价计算程序　　表2-1

序号	费用名称		计算公式
一	分部分项工程费及定额措施项目费		以下人工费＋材料费＋机械费或工程量×基价
	其中	1. 人工费	人工消耗量×人工单价或分项工程工程量×基价中的人工费
		2. 材料费	材料消耗量×材料单价，或分项工程工程量×基价中的材料费＋未计价材料费（主材费）
		3. 机械费	机械消耗量×机械台班单价或分项工程工程量×基价中的机械费
	注：根据定额系数计算的费用按相应规定计入上述费用		
二	措施项目费用（费率措施费）		人工费×费率（费率查表2-6）
三	企业管理费		人工费×费率（费率查表2-6）
四	利润		人工费×费率
五	价差调整	1. 人工费调整	人工费×调整系数
		2. 材料价差	
		其中：实物法材料价差	按照实物法调差规定计算
		系数法材料价差	定额材料费社会保险调整系数
		3. 机械费调整	机械费×调整系数
六	规　费		人工费×费率
	其中	1. 社会保险费	
		2. 住房公积金	
		3. 工程排污费	
七	税金		（一＋二＋三＋四＋五＋六）×费率
八	工程造价		一＋二＋三＋四＋五＋六＋七

2.1.3 安装工程工程类别划分及取费标准

1. 安装工程工程类别划分

根据《甘肃省建筑安装工程费用定额》（甘建价［2013］585号）规定，安装工程工程类别的划分见表2-2。

安装工程工程类别划分标准　　表 2-2

类别	划 分 标 准
一类工程	（1）成套生产工艺装置（生产线）安装工程。 （2）台重≥35t 各类机械设备；精密数控（程控）机床；自动、半自动生产工艺装置；配套功率≥1500kW 的压缩机（组）、风机、泵类设备等安装工程。 （3）主钩起重量桥式≥50t、门式≥20t 起重设备及相应轨道；运行速度≥1.5m/s 自动快速、高速电梯；宽度≥1m 或输送长度≥100m 或斜度≥10°的胶带输送机安装工程。 （4）容量≥1000kV·A 变配电装置；电压≥6kV 架空线路及电缆敷设工程；全面积防爆电气工程。 （5）中压锅炉和汽轮发电机组；散装锅炉（蒸发量≥10t/h 蒸汽锅炉；供热量≥7MW 热水锅炉）及其配套设备的安装工程。 （6）各类压力容器、塔器制作、组对、安装；台重≥40t 各类静置设备安装；电解槽、电除雾、电除尘及污水处理设备安装工程。 （7）金属重量≥50t 工业炉；炉膛内径 ϕ≥2000mm 煤气发生炉及附属设备；乙炔发生设备及制氧设备安装工程。 （8）容量≥5000m³ 金属贮罐、容量≥1000m³ 气柜制作安装；球罐组装；总重≥50t 或高度≥60m 火炬塔制作安装工程。 （9）制冷量≥4.2MW 制冷站、供热站≥7MW 换热站安装工程。 （10）工业生产微机控制自动化装置及仪表安装、调试工程。 （11）中、高压或有毒、易燃、易爆工作介质或有探伤要求的工艺管网（线）；试验压力≥1.0MPa 或管径 ϕ≥500mm 的铸铁给水管网（线）；管径 ϕ≥800mm 的排水管网（线）。 （12）净化、超净、恒温、恒湿通风空调系统；作用面积≥10000m² 民用工程集中空调（含防排烟）系统安装工程。 （13）作用面积≥5000m² 的自动化灭火消防系统安装工程。 （14）专业用灯光、音箱系统安装工程。 （15）专业炉窑的砌筑；中压锅炉的砌筑；散装锅炉（蒸发量≥10t/h 蒸汽锅炉；供热量≥7MW 热水锅炉）的炉体砌筑工程。 （16）化工制药安装工程。 （17）附属于上述工程各种设备及其相关管道、电气、仪表、金属结构及其刷油、绝热、防腐蚀工程。 （18）一类建筑工程的附属设备、电气、采暖、通风、给水排水、消防及弱电等安装工程
二类工程	（1）台重＜35t 各类机械设备；配套功率＜1500kW 的压缩机（组）、风机、泵类设备等安装工程。 （2）主钩起重量桥式≥5t 桥式、门式、梁式、壁行及旋臂起重机及其轨道安装；运行速度＜1.5m/s 自动半自动电梯；自动扶梯、自动步行道；一类以外其他输送设备安装工程。 （3）容量＜1000kV·A 变配电装置；电压＜6kV 架空线路及电缆敷设工程；工业厂房及厂区电气工程。 （4）各型快装（含整体燃油、气）、组装锅炉（蒸发量≥4t/h 蒸汽锅炉；供热量≥2.8MW 热水锅炉）及其配套设备的安装工程。 （5）各类常压容器及工艺金属结构制作、安装；台重＜40t 各类静置设备安装工程。 （6）一类工程以外的工业炉设备安装工程。 （7）一类工程以外金属贮罐、气柜、火炬塔架等制作安装工程 （8）一类工程以外制冷站、换热站安装工程。 （9）没有探伤要求的工艺管网（线）；试验压力＜1.0MPa 的铸铁给水管网（线）；管径 ϕ＜800mm 的排水管网（线）安装工程。 （10）工业厂房除尘、排毒、排烟、通风和分散式（局部）空调系统；作用建筑面积＜10000m² 民用工程集中空调（含防排烟）系统安装工程。 （11）作用面积＜5000m² 的自动化灭火消防系统安装工程。 （12）一般工业窑的砌筑工程；各型快装（含整体燃油、气）、组装锅炉（蒸发量≥4t/h 蒸汽锅炉；供热量≥2.8MW 热水锅炉）的炉体砌筑工程。 （13）附属于上述工程各种设备及其相关管道、电气、仪表、金属结构及其刷油、绝热、防腐蚀工程。 （14）二类建筑工程附属设备、电气、采暖、通风、给水排水、消防及弱电等安装工程
三类工程	（1）除一、二类工程以外者均为三类工程。 （2）除一、二类工程以外的炉窑砌筑工程。 （3）三类建筑工程的附属设备、电气、采暖、通风、给水排水、消防及弱电等安装工程

表 2-2 中涉及的建筑工程的工程类别的划分见表 2-3 建筑与装饰工程类别划分标准所示。

建筑与装饰工程类别划分标准　　表 2-3

项目			一类	二类	三类
工业建筑	钢结构	跨　度	≥30m	≥15m	<15m
		建筑面积	≥12000m^2	≥4000m^2	<4000m^2
	其他结构 单层	檐　高	≥20m	≥15m	<15m
	其他结构 多层	跨　度	≥24m	≥15m	<15m
		檐　高	≥24m	≥15m	<15m
		建筑面积	≥8000m^2	≥4000m^2	<4000m^2
民用建筑	公共建筑	檐　高	≥36m	≥20m	<20m
		建筑面积	≥7000m^2	≥4000m^2	<4000m^2
		跨　度	≥30m	≥15m	<15m
	居住建筑	檐　高	≥56m	≥20m	<20m
		层　数	≥20 层	≥7 层	<7 层
		建筑面积	≥12000m^2	≥7000m^2	<7000m^2
构筑物	水塔（水箱）	高　度	≥75m	≥35m	<35m
		吨　位	≥150	≥75	<75
	烟囱	高　度	≥100m	≥50m	<50m
	贮仓	高　度	≥30m	≥15m	<15m
		容　积	≥600m^3	≥300m^3	<300m^3
	贮水（油）池	容　积	≥3000m^3	≥1500m^3	<1500m^3
	沉井、沉箱		执行一类	—	—
	室外工程		—	—	执行三类

2. 安装工程费用计算取费标准

根据《甘肃省建筑安装工程费用定额》（甘建价［2013］585 号）规定，安装工程费用计算中各种费率的取定见表 2-4～表 2-9。

安装工程费率措施费计取标准表　　表 2-4

序号	费用项目名称		计算基础	费率（%）
1	环境保护费		人工费	1.32
2	文明施工费			2.14
3	安全施工费			10.50
4	临时设施费			8.32
5	夜间施工费			3.21
6	二次搬运费			1.10
7	已完工程及设备保护费			0.18
8	冬雨期施工费			4.26
9	工程定位复测费			0.92
10	施工因素增加费			0
11	特殊地区增加费	沙漠及边远地区		8.35
		高原 2000～3000m		8.44
		高原 3001～4000m		25.34

安装工程企业管理费计取标准表　　**表 2-5**

工程项目	计算基础	工程类别（根据表 2-2、表 2-3）		
		一类	二类	三类
		取费标准（%）		
安装工程	人工费	39.26	35.40	33.16

安装工程利润计取标准表　　**表 2-6**

工程项目	计算基础	工程类别（根据表 2-4、表 2-5）		
		一类	二类	三类
		取费标准（%）		
安装工程	人工费	33.88	27.62	18.28

安装工程规费项目费率计取标准表　　**表 2-7**

序号	规费名称	计算基础	取费标准（%）
1	社会保险费	人工费	按照各企业《甘肃省建设工程费用标准证书》中的核定标准计取
2	住房公积金		按照各企业《甘肃省建设工程费用标准证书》中的核定标准计取
3	工程排污费		0.21

社会保险费、住房公积金在编制招标控制价（或最高限价）时参照表 2-8 中标准计取。

社会保险费、住房公积金招标控制价计取标准表　　**表 2-8**

序号	规费名称	计算基础	取费标准（%）
1	社会保险费	人工费	18
2	住房公积金		7

税金计取标准表　　**表 2-9**

序号	纳税地点（工程所在地）	计算基础	税率（%）
1	在市区	（分部分项工程费＋措施项目费＋企业管理费＋利润＋价差调整＋规费）或（分部分项工程费＋措施项目费＋其他项目费＋规费）	3.48
2	在县城、镇		3.41
3	不在市区、县城或镇		3.28

2.1.4　安装工程费用计算实例

某市一施工企业到某县承建一幢八层框架住宅楼的采暖安装工程，其施工图预算套完基价的人工费为 15 万元，材料费为 21 万元（其中主材费 16 万元），机械费 8 万元。该工程中一部分 *DN*50 焊接钢管（焊接）安装高度在 3.6m 以上，该分项工程人工费 2.3 万元。本工程不发生冬雨期施工费、施工因素增加费和特殊地区增加费，请根据现行费用定额相关规定计算该住宅楼采暖安装工程的总造价，计算过程详见表 2-10。

安装工程费用计算表　　表 2-10

<table>
<tr><th>序号</th><th colspan="2">费用项目名称</th><th>费率（%）</th><th>计算式</th><th>费用金额（万元）</th></tr>
<tr><td rowspan="4">一</td><td colspan="2">分部分项工程费及定额措施费</td><td></td><td>15.97+21.59+8</td><td>45.56</td></tr>
<tr><td colspan="2">其中：人工费</td><td></td><td>15+0.46+0.31+0.20</td><td>15.97</td></tr>
<tr><td colspan="2">材料费</td><td></td><td>21+0.59</td><td>21.59</td></tr>
<tr><td colspan="2">机械费</td><td></td><td>8</td><td>8</td></tr>
<tr><td>二</td><td colspan="2">措施项目费（费率措施费）</td><td>27.69</td><td>15.97×27.69%</td><td>4.42</td></tr>
<tr><td>三</td><td colspan="2">企业管理费</td><td>35.40</td><td>15.97×35.4%</td><td>5.65</td></tr>
<tr><td>四</td><td colspan="2">利润</td><td>27.62</td><td>15.97×27.62%</td><td>4.41</td></tr>
<tr><td rowspan="5">五</td><td rowspan="5">价差调整</td><td>人工费调整</td><td>0</td><td>0</td><td>0</td></tr>
<tr><td>材料价差</td><td>0</td><td>0</td><td>0</td></tr>
<tr><td>其中：一类材差</td><td>0</td><td>0</td><td>0</td></tr>
<tr><td>二类材差</td><td>0</td><td>0</td><td>0</td></tr>
<tr><td>机械费调整</td><td>0</td><td>0</td><td>0</td></tr>
<tr><td rowspan="4">六</td><td colspan="2">规费</td><td></td><td>2.87+1.12+0.03</td><td>4.02</td></tr>
<tr><td colspan="2">其中：社会保险费</td><td>18</td><td>15.97×18%</td><td>2.87</td></tr>
<tr><td colspan="2">住房公积金</td><td>7</td><td>15.97×7%</td><td>1.12</td></tr>
<tr><td colspan="2">工程排污费</td><td>0.21</td><td>15.97×0.21%</td><td>0.03</td></tr>
<tr><td>七</td><td colspan="2">税金</td><td>3.41</td><td>(45.56+4.42+5.65+4.41+4.02）×3.41%</td><td>2.18</td></tr>
<tr><td>八</td><td colspan="2">工程造价</td><td>65.41</td><td>45.56+4.42+5.65+4.41+4.02+2.18</td><td>66.24</td></tr>
</table>

上表中人工费计算过程：

超高人工增加费：2.3×0.2=0.46 万元

高层建筑人工增加费：(15+0.46)×2%=0.31 万元

脚手架搭拆费：(15+0.46+0.31)×5%=0.79 万元(其中：人工费 0.79×25%=0.20，材料费 0.79×75%=0.59)

人工费合计：预算人工费+超高人工增加费+高层建筑人工增加费+脚手架搭拆人工费

费率取定：该工程为 8 层住宅楼，按照《甘肃省建筑安装工程费用定额》（甘建价[2013] 585 号）中规定，该采暖安装工程的工程类别为二类工程，故企业管理费费率取 35.40%，利润率取 27.62%。费率措施费计取环境保护费、文明施工费、安全施工费、临时设施费、夜间施工费、二次搬运费、已完工程及设备保护费、工程定位复测费，综合费率取 27.69%。

2.2 安装工程施工图预算编制

2.2.1 安装工程施工图预算编制依据

(1) 安装工程施工图纸及设计说明、施工组织设计，是计算工程量的主要依据。

(2) 定额及基价：相应的预算定额及基价手册、费用定额等。甘肃省当前使用 2013 版《甘肃省安装工程预算定额》(共 11 册) 和对应的《甘肃省安装工程预算定额地区基价》(共 11 册)。定额手册是工程量计算列项、查找工程量计算规则和相应说明、计算人材机消耗量、进行系数调整等的主要依据，基价手册是将工程量套用基价转化为费用的主要依据。

(3) 参考图集、规范：相应的标准图集、安装工程技术规范、安装工程质量检验评定标准、试验规程等，是识图、工程量计算列项和计算的重要依据。

(4) 费用定额，当前使用 2013 版《甘肃省建筑安装工程费用定额》，是确定工程造价计算程序和取费的重要依据。

(5) 工程建设项目标招文件、工程量清单说明、安装工程施工合同、协议及附件，是确定预算范围和要求的依据。

(6) 造价信息文件、调价文件等，是计算未计价材料费（主材费）以及计算价差的主要依据。

(7) 国家和甘肃省建设工程造价管理的法规和规章，是编制施工图预（结）算必须执行的根本依据。

2.2.2　安装工程施工图预算编制程序

1. 收集预算编制资料

收集本节 2.2.1 所述编制依据、资料。

2. 熟悉各种编制依据资料

首先要熟悉定额，要对各专业安装工程预算常用定额项目、工程量计算规则熟悉，还要特别注意定额中的总说明、册说明、章说明、附注、附录等内容。

熟悉各种编制依据资料过程中还有一项重要的工作就是识图，安装工程识图与土建工程图有不同之处，主要看的图除了有平面图、立面图、详图以外，还有其独特的系统图和表示各类管线、器具的参考图例。看懂系统图是看懂安装工程图的关键，给水排水、采暖工程等的系统图以轴测图形式，立体的、形象的表达管线的走向，总管与分管的关系，管径的变化位置。它像一棵大树，树根是进户总管，树干是立管，树枝是支管，支管与器具相连，再结合平面图、立面图查看，可以对设计内容一目了然，即可正确的计算工程量。形象的参考图例可清楚地表达安装工程中的管线是给水还是排水等，是器具还是配电箱等。要注意对系统图和图例的识读。具体的专业安装工程识图在后续章节中叙述。

3. 列项目进行工程量计算，完成工程量计算表

(1) 列项目进行工程量计算应遵循的一般原则

1) 项目划分应与现行预算定额的项目口径一致。

2) 计算工程量的计算单位与现行预算定额的计量单位一致。

3) 工程量计算规则必须与现行预算定额的计算规则一致。

4) 列项目和工程量计算必须与施工图设计的内容一致。

(2) 常用的列项顺序

为保证项目划分不漏项或不重复列项，保证项目划分准确齐全，应按一定顺序列项。常用的列项顺序有：

1) 按施工顺序列项目。

按施工顺序列项目，是按照安装工程的建造生产工艺的顺序来列项目，一般适用于有一定生产经验且对各种安装工程建造的生产过程非常熟悉的工程造价人员。

2）按预算定额顺序列项目。

按预算定额顺序列项目是按预算定额各章节的先后顺序计算，该方法适用于初学者。

3）按图纸顺序列项目。

以施工图为主线，对应预算定额项目，施工图翻看完，分项工程项目也划分完毕。

（3）工程量计算表格式

工程量计算表格式见表2-11。

工程量计算表格式 **表2-11**

工程名称： 第 页 共 页

序号	定额编号	分部分项工程名称	图号及部位	单位	计算式	数量

4. 完成工程预算计算表

套预算定额基价，计算主材费、系数费，确定分部分项工程费及定额措施费，完成工程预算表

（1）套用预算定额基价

1）直接套用。当施工图纸的设计要求、内容与预算定额项目内容完全一致时，可以直接套用预算定额基价。即分部分项工程及定额措施项目人、材、机费＝工程量×定额基价

2）换算套用。当施工图纸的设计要求、内容与预算定额项目内容不完全一致时，按预算定额说明或附注中的相关规定对预算定额基价进行换算。

①当材料的品种、规格不同时，可按下列方法换算分项工程预算定额基价：

换算后的分项工程预算定额基价＝分项工程预算定额基价＋(实际采用的材料单价－定额采用的材料单价)×预算定额中规定的材料消耗数量

②当设计采用的材料数量与定额规定的材料数量不同时，可用下列方法换算分项工程预算定额基价：

换算后的分项工程预算定额基价＝分项工程预算定额基价＋（设计规定的材料数量－定额规定的材料数量）×定额规定的材料单价

分部分项工程及定额措施项目人、材、机费＝工程量×定额基价＝工程量×换算后基价

3）补充套用。

当没有可用的预算定额基价时，可补充编制该项目预算定额基价。分部分项工程及定额措施项目人、材、机费＝工程量×补充预算定额基价

（2）计算主材费、系数费

套完基价后算出人工费、材料费和机械费，其中材料费未包含主材费，再根据主材费计算方法另行计算主材费。系数费按照各册说明中规定的计算方法算出后计入分部分项工程费及定额措施费中的对应项目（人工费、材料费或机械费）中。

结合工程量计算表，在工程预算表中完成预算定额基价的套用，主材费、系数费的计

算，汇总人工费、材料费和机械费，即可汇总得到各专业安装工程的分部分项工程费及定额措施费。

（3）工程预算表格式

工程预算表格式见表 2-12。

工 程 预 算 表　　　　表 2-12

工程名称：　　　　第　页　共　页

序号	定额编号	分部分项工程名称	工程量		单价	合价	人工		材料		机械		主材设备	
			单位	数量			单价	合价	单价	合价	单价	合价	单价	合价

5. 完成安装工程费用计算表

计算其他费用，汇总工程造价，完成安装工程费用计算表。

依据费用定额规定的取费程序和费率标准等计算其他各项费用，主要包括费率措施费、企业管理费、利润、价差、规费、税金，并汇总各专业安装工程工程造价，计算方法详见本教材第 2.1 节内容，填入安装工程费用计算表中。工程费用计算表格式见表 2-13 。

安装工程费用计算表　　　　表 2-13

<table>
<tr><th>序号</th><th colspan="2">费用项目名称</th><th>费率（%）</th><th>计算式</th><th>费用金额</th></tr>
<tr><td rowspan="4">一</td><td colspan="2">分部分项工程费及定额措施费</td><td></td><td></td><td></td></tr>
<tr><td colspan="2">其中：人工费</td><td></td><td></td><td></td></tr>
<tr><td colspan="2">材料费</td><td></td><td></td><td></td></tr>
<tr><td colspan="2">机械费</td><td></td><td></td><td></td></tr>
<tr><td>二</td><td colspan="2">措施项目费（费率措施费）</td><td></td><td></td><td></td></tr>
<tr><td>三</td><td colspan="2">企业管理费</td><td></td><td></td><td></td></tr>
<tr><td>四</td><td colspan="2">利润</td><td></td><td></td><td></td></tr>
<tr><td rowspan="5">五</td><td rowspan="5">价差调整</td><td>人工费调整</td><td></td><td></td><td></td></tr>
<tr><td>材料价差</td><td></td><td></td><td></td></tr>
<tr><td>其中：一类材差</td><td></td><td></td><td></td></tr>
<tr><td>二类材差</td><td></td><td></td><td></td></tr>
<tr><td>机械费调整</td><td></td><td></td><td></td></tr>
<tr><td rowspan="4">六</td><td colspan="2">规费</td><td></td><td></td><td></td></tr>
<tr><td colspan="2">社会保险费</td><td></td><td></td><td></td></tr>
<tr><td colspan="2">住房公积金</td><td></td><td></td><td></td></tr>
<tr><td colspan="2">工程排污费</td><td></td><td></td><td></td></tr>
<tr><td>七</td><td colspan="2">税金</td><td></td><td></td><td></td></tr>
<tr><td>八</td><td colspan="2">工程造价</td><td></td><td></td><td></td></tr>
</table>

6. 完成安装工程施工图预算书

编写预算书的编制说明、填写封面，装订完成安装工程施工图预算书。

（1）编制说明应包括工程概况、编制依据、取费标准、其他说明等内容。其他说明中应说明材料价差的有关计算办法、套用定额时是否有借套或使用一次性的补充定额等其他有关问题。编制说明格式如图 2-3 所示。

编制说明

一、工程概况

二、编制依据

三、取费标准

四、其他说明

图 2-3　编制说明

（2）安装工程施工图预算书装订顺序为：封面——编制说明——各专业安装工程费用计算表——工程预算表——工程量计算表——封底。封面格式如图 2-4 所示。

安装工程施工图预算书

建设单位:____________	施工单位:____________
工程名称:____________	建筑面积:____________
工程造价:____________	编制日期:____________
编 制 人:____________	执业资格证号:____________
审 核 人:____________	执业资格证号:____________

图 2-4　安装工程施工图预算书封面

第3章　室内给水排水工程工程量计算

3.1　室内给水排水工程基本知识

3.1.1　给水排水工程基本定义

给水排水工程包括市政建设中的城市给水排水工程和建筑安装工程中的建筑给水排水工程，其中建筑给水排水工程又分为给水工程和排水工程。建筑给水工程是将城市市政给水管网中的水输送到建筑物内各个用水点上，并满足用户对水质、水量、水压要求的工程，包括室内和室外两个部分。建筑排水工程是将生产废水和生活污水通过管道排入市政排水管网和废水处理站，经回收处理再利用的工程，也分为室内和室外两部分。图3-1为给水排水工程示意图。

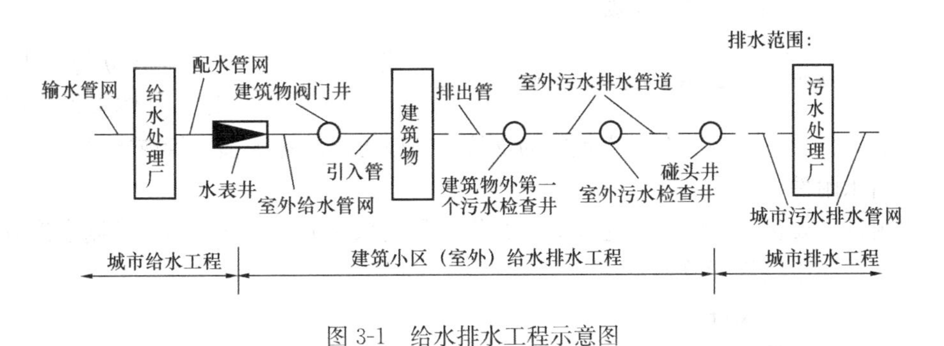

图3-1　给水排水工程示意图

3.1.2　室内给水系统

1. 室内给水系统的分类

室内给水系统按用途可分为以下三类：

（1）生活给水系统

生活给水系统是指供民用建筑、公共建筑和工业企业建筑内的饮用、烹调、盥洗、洗涤、淋浴等生活上的用水系统。严格要求水质必须符合国家规定的饮用水质标准。

（2）生产给水系统

生产给水系统是指供给生产设备冷却用水、原料和产品的洗涤用水、锅炉用水及某些工业原料用水的系统。对水质、水量、水压的要求因工艺而异，差别很大。

（3）消防给水系统

消防给水系统是指供消防系统的消防设备用水的系统。消防用水对水质要求不高，但水量、水压必须满足要求。

注：上述三种系统，可以单独设置，也可联合设置，如生活、生产、消防共用给水系统；生活、消防共用给水系统；生活、生产共用给水系统；生产、消防共用给水系统。为

了节约用水，在生产给水系统中，又有循环使用及重复使用给水系统。

2. 室内给水系统的组成

如图 3-2 所示，室内给水系统一般由下列几部分组成。

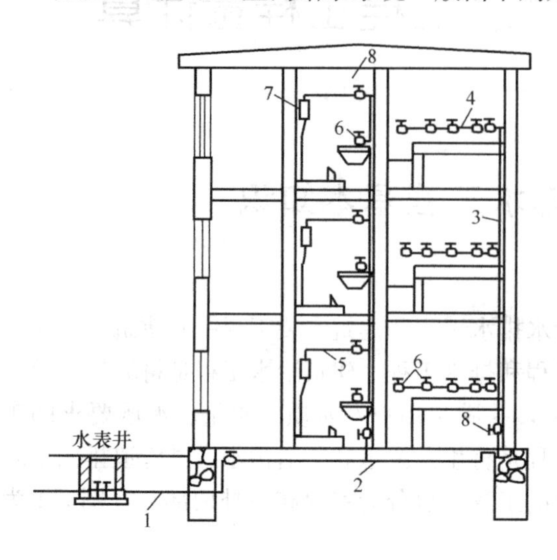

图 3-2　室内给水系统组成图

1—引入管；2—水平干管；3—立管；4—横管；5—支管；6—水嘴；7—大便器冲洗水箱；8—阀门

（1）给水管道系统

给水管道系统主要由引入管、干管、立管、支管组成。

1）引入管。引入管又称进户管，是指用于室内给水系统和室外给水管网连接起来的一条或几条（一般情况下只设一条，供水要求高的设两条）管道。

引入管上装设的水表及其前后设置的阀门称为水表节点。

2）干管。干管是室内给水管道的主线。

3）立管。立管是指由给水干管通往各楼层的管道。

4）横管、支管。

横管、支管是指从给水立管（或干管）接往各用水点的管道。具体来说，连接多个供水点的为横管，连接一个供水点的为支管，一般可以统称为横支管或支管。

（2）给水附件

给水附件主要包括阀门、水龙头等，其作用是用来调节水量和水压、控制水流方向以及切断水流，便于检修管道和设备。

（3）升压和贮水设备

升压和贮水设备主要指水泵、水箱、水池、水塔等。

3. 室内给水系统的主要给水方式

（1）直接给水方式

直接给水方式是指室内给水系统直接在室外管网压力作用下工作。这种给水方式适用于室外管网水量、水压比较稳定，一天内任何时间均能满足室内用水需要的情况，且一般用于低层建筑。

（2）水泵和水箱联合给水方式

当室外给水管网中压力低于或周期性低于（室外水压白天较低，晚上相对高）室内给水管网所需水压，而且室内用水量又很不均匀，宜采用水泵和水箱联合给水方式。这种给水方式一般用于多层建筑。

（3）分区供水的给水方式

分区供水的给水方式多用于高层建筑。当室外管网水压只能供到下面几层，而不能供到建筑物上层时，为了充分有效地利用室外管网的水压，常将建筑物分成上下两个供水区，下区直接在城市管网压力下工作，上区则由水泵水箱联合供水。

除以上采用的几种给水方式以外，还有一些其他的给水方式，例如，设有水箱的给水方式、设有水泵的给水方式、变频调速恒压给水方式、分压给水方式等。

3.1.3　室内排水系统

1. 管内排水系统的分类

建筑内部装设的排水管道，按其所接纳排除污（废）水的性质，可以分为以下三类。

（1）生活污水排除系统

生活污水排除系统是指排除人们日常生活中盥洗、洗涤的生活废水和粪便污水的排水系统。粪便污水多单独排入化粪池，而生活废水则直接排入室外合流制下水道或雨水道中。

（2）工业废水排除系统

工业废水排除系统是指用来排除工艺生产过程中的污（废）水的排水系统。根据污染程度，工业废水分为生产废水和生产污水两种。前者为轻度污染，如循环冷却水，后者污染较严重，一般要通过专门处理达到排放标准后才能排放。

（3）室内雨水排除系统

室内雨水排除系统是指用来排除屋面的雨雪水的排水系统。

上述三类污（废）水，可以分别设置管道排出室外，也可以三类污（废）水合流排出，如果三类污（废）水合流排出，则称为合流制室内排水。

2. 室内排水系统的组成

如图 3-3 所示，完整的室内排水系统一般由下列五部分组成。

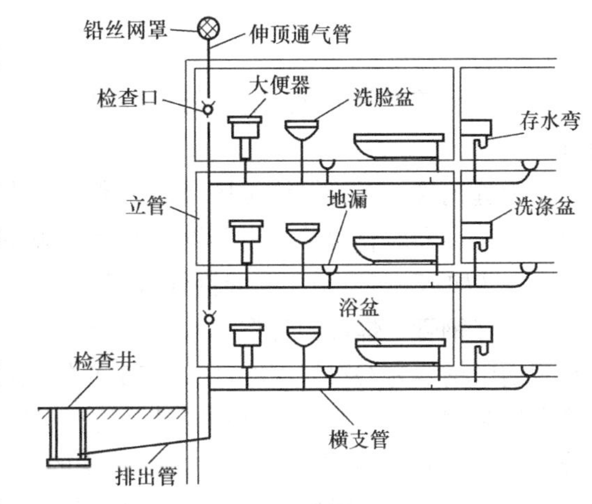

图 3-3　室内排水系统组成图

（1）卫生器具或污水收集器

卫生器具或污水收集器是指满足日常生活和生产过程中各种卫生要求，收集和排除污（废）水的设备。

（2）排水管道系统

排水管道系统主要由器具排水管、横支管、立管、干管、排出管组成。

1）排水立支管

成套卫生器具自带的器具排水管与排水横支管连接起来的管道部分，如坐便器、洗脸盆下均有排水立支管（位于存水弯下端），蹲便器下也有排水立支管（位于存水弯上端）。

2）横管、支管

横管、支管是指将器具排水管（包括存水弯）与排水立管连接起来的管道部分，具体来说，连接两个或两个以上卫生器具的称为横管，只连接一个卫生器具的称为支管，一般统称为横支管或支管。

3）立管

立管是指将排水横支管与排水干管连接起来的竖直管道部分。

4）干管

干管是指连接两个或两个以上排水立管的总横管。

5）排出管

排出管是指室内排水管道与室外第一个排水检查井之间的连接管道。

（3）通气管系统

通气管系统是指与排水管系统相连的一个系统，其内部不通水，它的作用是排除臭气，保护水封不受破坏，减少管内废气对管道的锈蚀，以及防止有毒有害气体进入室内。

（4）清通设备

清通设备疏通排水管道，在清理、疏通排水管道时使用，如检查口、清扫口、检查井等。检查口设置在立管上，若立管上有乙字弯管时应在乙字弯管上部设检查口。清扫口一般设置在横管起点上。

（5）抽升设备

如室内污、废水不能自流排至室外时，需设置抽升设备排水，如污水泵就属于抽升设备。

3.1.4 管道工程常用管材及管路附件

1. 常用管材

建筑给水系统中管道材料可分为金属管材、非金属管材和复合管材等。

（1）金属管

1）钢管

钢管是管道工程中常用的管材。按制造方式的不同，钢管又分为无缝钢管和焊接钢管两种。

①无缝钢管。无缝钢管常用普通碳素钢、优质碳素钢或低合金钢制造而成。按制造方法可分为热轧和冷轧两种。无缝钢管的直径规格用管外径×壁厚表示，符号为 $D\times\delta$，单位为mm（如159×4.5）。无缝钢管常用于输送氧气、乙炔，室外供热管道和高压水管线。

②焊接钢管。焊接钢管俗称水煤气管，又称为低压流体输送管或有缝钢管。通常用普通碳素钢中钢号为Q215、Q235、Q255的软钢制造而成。按其表面是否镀锌可分为镀锌钢管和焊接钢管。按钢管壁厚不同又分为普通钢管、加厚管两种。按管端是否带有螺纹还可分为带螺纹和不带螺纹两种。焊接钢管的直径规格用公称直径“*DN*”表示，单位为mm（如*DN*20）。普通焊接钢管用于非生活饮用水管道或一般工业给水管道；镀锌钢管适用于生活饮用水水管或某些水质要求较高的工业用水管道。

2）铸铁管

由生铁铸造而成的生铁管称为铸铁管。分为给水铸铁管和排水铸铁管两种，直径规格均用公称直径“*DN*”表示。其优点是较钢管耐腐蚀，经久耐用，但质脆，承压能力低，常用于给水排水和燃气工程中。

给水铸铁管常用灰口铸铁或球墨铸铁浇铸而成，出厂前内外表面已用防锈沥青漆防腐。按压力分为高压给水铸铁管（≤1.0MPa）、普压给水铸铁管（≤0.75MPa）和低压给水铸铁管（≤0.5MPa）三种。高压给水铸铁管用于室外给水管道，普压给水铸铁管、低压给水铸铁管可用于室外燃气、雨水等管道。按接口形式分为承插式给水铸铁管和法兰式给水铸铁管两种。

（2）非金属管

1）塑料管

塑料管是以合成树脂为主要成分，加入适量添加剂，在一定温度和压力下塑制成形的有机高分子材料管道。分为用于室内外输送冷热水和低温地板辐射采暖管道的聚乙烯管（PE）、聚丙烯管（PP-R）、聚丁烯管（PB）等；适用于输送生活污水和生产污水的有聚氯乙烯管（PVC-U）。

2）其他非金属管材

给水排水工程中除使用给水塑料管、硬聚氯乙烯排水塑料管外，还经常在室外给水排水工程中使用自应力和预应力钢筋混凝土给水管及钢筋混凝土、玻璃钢和带釉陶土排水管等。

（3）复合管材

1）铝塑复合管

铝塑管中间层采用焊接铝管，外层和内层采用中密度或高密度聚乙烯或交联高密度聚乙烯，经热熔胶粘和复合而成。适用于新建、改建和扩建的工业与民用建筑中冷、热水供应管道。铝塑管不得用于消防供水系统或生活消防合用的供水系统。

2）钢塑复合管

钢塑复合管是在钢管内壁衬（涂）一定厚度塑料复合而成的管子。一般分为衬塑管和涂塑管两种。适用于室内外给水的冷、热水管道和消防管道。

2. 管件

管件是管道安装工程的连接部件，其主要作用有连接管道、改变管路方向、改变管径、增加分路、连接阀门、附件与管道的连接等。按照材质可以分为以下几种。

（1）螺纹管件

常见螺纹管件如图3-4所示。

1）弯头：用于改变管路方向。它分为同径和异径两种，又分90°和45°两种弯头。由于制作方法的不同，弯头也可分为压制弯头、焊接弯头和煨制弯头。

2）三通：用于直管分路或分支处的连接。它分为同径和异径两种，又分冲压和焊接。

3）四通：用于直管分路或分支处的连接。分为同径和异径两种。

4）异径管：用于改变管路管径。它分为同心异径管和偏心异径管，又分冲压和焊接。

5）活接头（俗称油任）：用于管路拆卸。

6）管箍：用于管子与管子的连接和管路变径。分为同径和异径两种。

7）管堵（也称丝堵）：用于堵塞管路作泄水用。

8）补心（也称内外接头）：用于管路变径，一般用于立管上。

9）内接头（也称对丝）：用于管路相距很短的零件与零件、零件与配件相连接。

（2）铸铁管件

1）铸铁给水管件

铸铁给水管的安装，分为承插和法兰连接两种，在一般工程中常采用承插式，用石棉水泥打口。管路中所用的管件有异径管、三通、四通、弯头等，如图3-5所示。

2）离心铸铁排水管件

在排水管路中，按其接口形式分为A形柔性接口（法兰压盖连接）和W形柔性接口（管箍连接，如图3-6所示）两种，简称A形和W形。按照具体情况，常采用的有弯曲

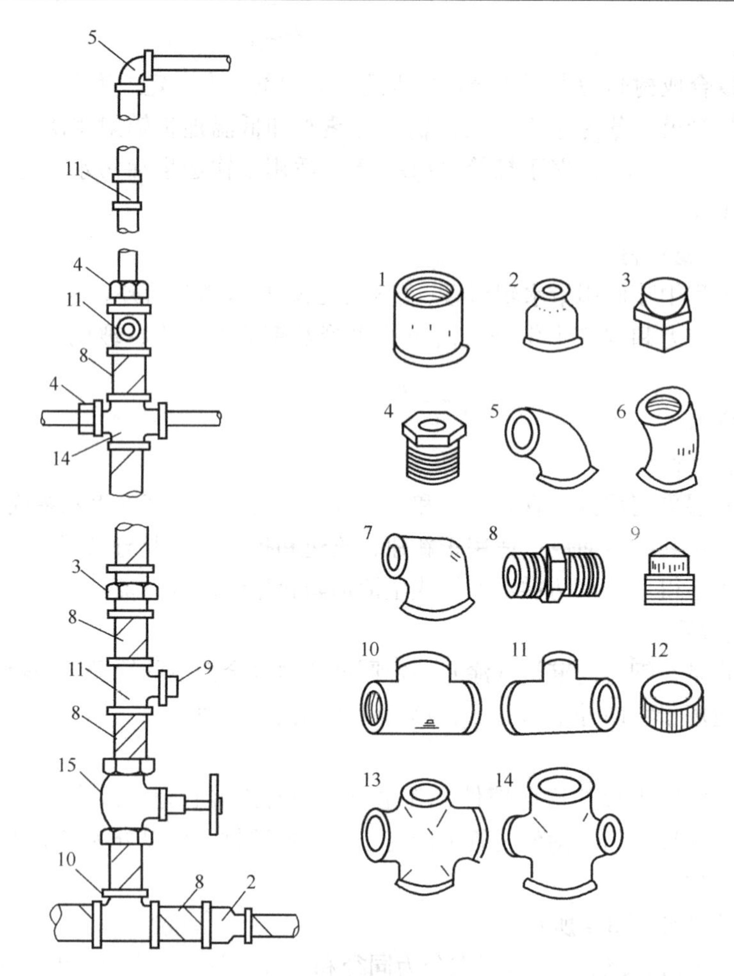

图 3-4　螺纹连接配件及连接方法

1—管箍；2—异直径箍；3—活接头；4—补芯；5—90°弯头；6—45°弯头；7—异径弯头；8—内管箍；9—管塞；10—等径三通；11—异径三通；12—根母；13—等径四通；14—异径四通；15—阀门

管、90°弯头、45°弯头、90°三通、45°三通、正四通、Y 三通、TY 三通、P 形存水弯、S 形存水弯等管件。

3）焊接管件

在焊接钢管和无缝钢管的安装中，经常要根据现场情况制作一些钢制管件，按制作方法分为压制法和焊接法两种。在给水和采暖工程中，经常采用压制弯头进行管道转弯的连接件。

4）铝（钢）塑复合管件

铝（钢）塑复合管件种类较多，常用的有异径弯头、等径和异径三通、等径直通、内外牙直通，内外牙弯头等。

5）热熔管件

应用于钢塑复合管、PP-R 管以及 PE 管材的连接，有直接、弯头、三通、弯径、法兰等。

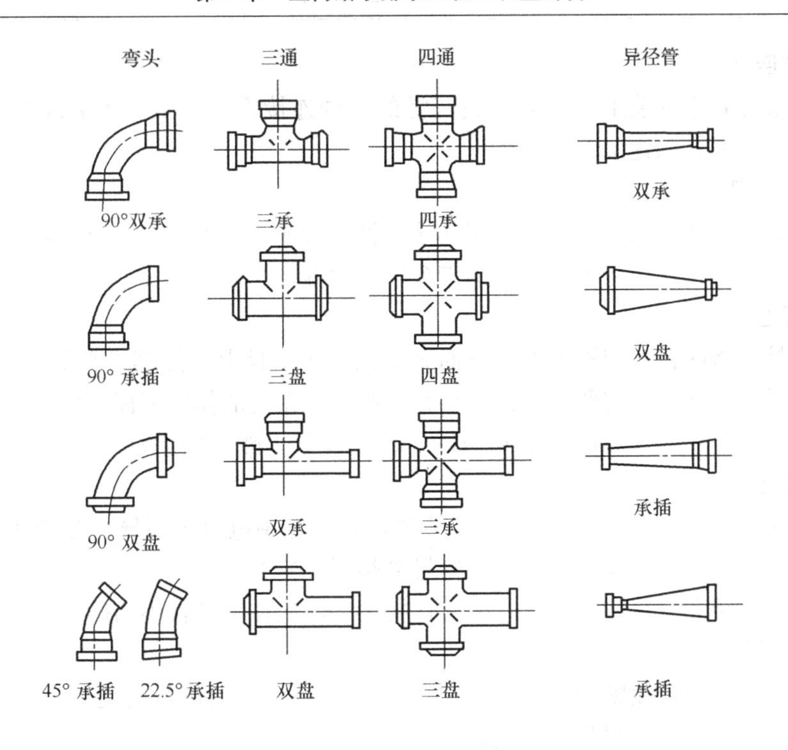

图 3-5　铸铁给水管件图

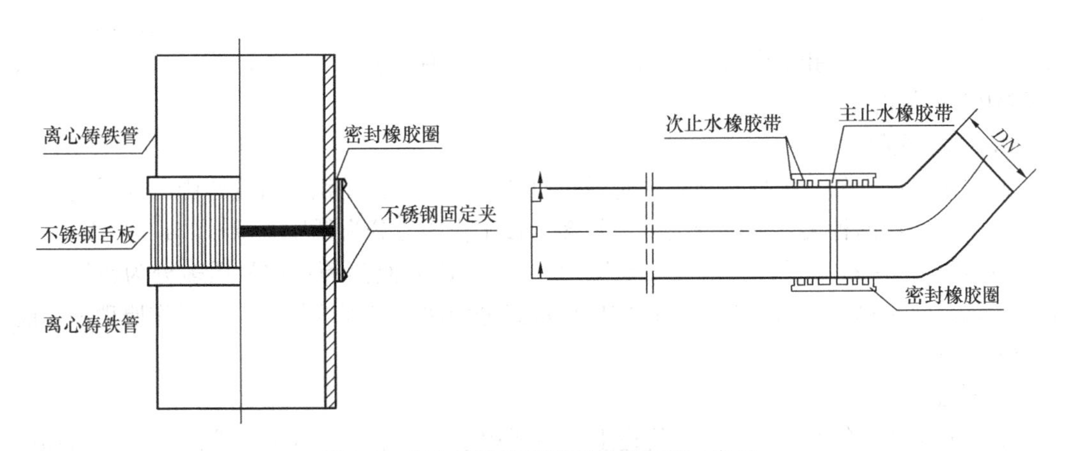

图 3-6　离心铸铁管箍及密封橡胶圈示意图

3.1.5　管道的连接方式

1. 螺纹连接

螺纹连接也称丝扣连接。是通过管端加工的外螺纹和管件内螺纹，将管子与管子、管子与管件、管子与阀门等紧密连接。适用于 $DN\leqslant100$ 镀锌钢管及较小管径、较低压力的焊管的连接及带螺纹的阀门和设备接管的连接。

2. 法兰连接

法兰连接是管道通过连接法兰及紧固件螺栓、螺母的紧固，压紧两法兰中间的垫片而使管道连接的方法。常用于 $DN\geqslant100$ 镀锌钢管、无缝钢管、给水铸铁管、PVC-U 管和钢塑管的连接。

3. 焊接连接

焊接连接是管道安装工程中应用最广泛的一种连接方法。常用于 $DN>32$ 的焊接钢管、无缝钢管、铜管的连接。

4. 柔性接口

卡箍式离心铸铁管采用不锈钢卡箍连接，管与管或管与配件之间属于对口连接，在该部位外套一层橡胶密封圈，再用不锈钢卡箍进行紧箍。

5. 热熔连接

热熔连接是将两根热熔管道的配合面紧贴在加热工具上加热其平整的端面直至熔融，移走加热工具后，将两个熔融的端面紧靠在一起，在压力的作用下保持到接头冷却，使之成为一个整体的连接方式。适用于 PP-R、PB、PE 等塑料管的连接。

6. 电熔连接

电熔连接是将 PE 管材完全插入电熔管件内，将专用电熔机两导线分别接通电熔管件正负两级，接通电源加热电热丝使内部接触处熔融，冷却完毕成为一个整体的连接方式。包括电熔承插连接和电熔鞍形连接。电熔连接主要应用在直径较小的燃气管道系统。

7. 卡套式压接

卡套式连接是由带锁紧螺和丝扣管件组成的专用接头而进行管道连接的一种连接形式。广泛用于铝塑管、钢塑管等的连接。

8. 卡箍连接

也称沟槽连接，内层的橡胶密封圈置于被连接管道的外侧，并与预先滚制的沟槽相吻合，再在橡胶圈外部扣上卡箍，由螺栓紧固连接的一种形式。广泛用于钢塑管、铸铁管、$DN\geqslant100$ 钢管的连接。

3.1.6 阀门

阀门是管路上的一种控制装置，它通过改变其通道的断面积，对管路中的介质进行控制或调节。阀门的种类繁多，分类方法较多：按工作压力分为低压（承压≥1.6MPa）、中压（承压为 2.5～6.4MPa）、高压（承压 10～100MPa）阀门等；按材质多分为铸铁、铸钢、锻钢、合金钢、不锈钢阀门等；按接口形式分为法兰和螺纹阀门；按工作原理和功能可分为以下几种常见阀门。

1. 截止阀

截止阀适用于管径≤50mm 的管道上。主要用于冷热水及高压蒸汽管路中，它内部严密可靠，但水流阻力大，安装具有方向性。

2. 闸阀

闸阀适用于管径大于 50mm 的管道上。主要用于冷热水、采暖、室内燃气等工程的管路上，具有较好的严密性和调节流量的性能。

3. 球阀

球阀是利用一个中间开孔的球体作为阀芯，靠旋转球体来控制阀的启闭、控制水量的阀门。是目前发展较快的阀型之一。

4. 蝶阀

蝶阀是利用阀体内一个圆盘形的、绕阀体内一个固定轴旋转的阀板在 90°翻转来控制阀的启闭、控制水量的阀门。

5. 止回阀（分为旋启式止回阀、升降式止回阀、消声止回阀、梭式止回阀）

止回阀又做逆止阀、单向阀，它是根据阀体内阀瓣前后的压力差而自动启闭阀门，控制水量，且只允许介质向一个方向流动的阀门。其中，旋启式止回阀不宜在压力大的管道系统中采用；升降式止回阀适用于小管径的水平管道上；消声止回阀可消除阀门关闭时产生的水锤冲击和噪声；梭式止回阀是利用压差梭动原理制造的新型止回阀，水流阻力小，且密闭性能好。

6. 浮球阀

浮球阀可控制水位的高低。

7. 旋塞阀

旋塞阀主要是利用阀体内开设的孔道旋转塞子达到开启，该阀门的密闭性较差，仅适用于低压、需要快速启闭的管路。

3.1.7　卫生器具

卫生器具是用来满足日常生活中洗涤等卫生要求，以及收集、排除生活与生产污、废水的设备。常用的卫生器具按用途可分为以下三类。

1. 便溺卫生器具

包括大便器、小便器等。其中大便器分为蹲式大便器和坐式大便器两种，蹲式大便器常设在公共卫生间，安装在砖砌坑台中，冲洗方式现在多用延时自闭式冲洗阀。坐式大便器多设在家庭、宾馆、医院等卫生间内。这类大便器多采用低水箱冲洗。小便器设在公共男厕所中，多采用延时自闭式冲洗阀冲洗。有挂式和立式两种，每只小便器均设存水弯，立式小便器靠墙竖立安装在地板上，常成组设置。

2. 盥洗、沐浴用卫生器具

包括洗脸盆、盥洗槽、浴盆、淋浴器、妇女卫生盆等。洗脸盆常装在卫生间、盥洗室和浴室中，大多采用带釉陶瓷制成，安装方式有架墙式、柱脚式和台式三种，住宅常采用台式洗脸盆。淋浴器与浴盆相比具有占地面积小、造价低和卫生等优点，因此淋浴器广泛应用于工厂生活间、机关及学校的浴室中。公共浴室宜采用单管脚踏式开关，

3. 洗涤用卫生器具

包括洗涤盆、污水盆、化验盆、地漏等。污水盆一般设在公共建筑的卫生间、盥洗室内，供洗涤拖布及倒污水用。

3.1.8　管道支架

管道支座（架）是直接支承管道并承受管道作用力的管路附件，其作用是支撑管道和限制管道位移。根据支座（架）对管道位移的限制情况，可分为活动支架和固定支架（座）。

1. 活动支座（架）

活动支座（架）是允许管道和支承结构有相对位移的管支架，按其构造和功能分为滑动、滚动、弹簧、悬吊和导向等支座（架）形式。

（1）滑动支座（架）。是由安装在管子上的钢制管托与下面的支撑结构构成，它允许管道在水平方向有滑动位移。因此，它可安装在水平敷设的管道上，在管道工程中使用的最为广泛。

（2）滚动支座（架）。是由安装在管子上的钢制托管与设置支撑结构的辊轴、滚柱或

滚珠盘等部件构成。滚动支座需进行必要的维护，使滚动部件保持正常状态，一般只用在架空敷设管道上。

(3) 悬吊支架。常用在室内供热给水排水管道上。管道由吊杆、抱箍等构件悬吊在承力结构上，其构造简单，管道伸缩阻力小。吊架有普通吊架、弹簧吊架和复合吊架三种类型。普通吊架适用于不便安装滑动支架的地方，管道有垂直位移时应安装弹簧吊架。

(4) 导向支座（架）。是只允许管道轴向伸缩，限制管道横向位移的支座形式，其构造是在滑动或滚动支座沿管道轴向的管托两侧设置导向栏板。导向支座在水平管道上安装时，既起导向作用，也起支承作用；在垂直管道上安装时，只起导向作用，但能减少管道的振动。

2. 固定支座（架）

固定支座（架）是不允许管道和支承结构的有相对位移的管道支座（架）。它主要用于将管道划分成若干个补偿管段，分别进行热补偿，从而保证补偿器正常工作。最常用的是金属结构的固定支座，有卡环式、焊接角钢固定支座、曲面槽固定支座和挡板式固定支座等。

管支架的形式和规格多种多样，建议查阅 03S402 图集《室内管道支架及吊架》和标准图集甘 02S1《卫生设备安装》、甘 02S2《给水工程》、甘 02S3《排水工程》等。

3.1.9 建议自学资料

《建筑给水排水及采暖工程施工质量验收规范》(GB 50242—2002)、《建筑塑料给水PPR 管工程技术规程》(DB 62/25—3006—2001)、《建筑排水硬聚氯乙烯管道工程技术规程》(CJJ/T 29—98) 等。

3.2 室内给水排水工程识图

3.2.1 给水排水安装工程施工图的组成与识图方法

建筑给水排水工程施工图通常包括建筑给水（有生活、生产及消防给水、热水、中水、直饮水供应）、建筑排水（污废水、雨水）工程施工图。以下列出了给水排水安装工程施工图的主要组成内容，在识图时需要特别注意的是，不管哪一种部分图都不是和其他图割裂开来单独识读的，而是要根据要读取的信息、各部分图的特点综合各部分图一起来看的。

1. 图纸设计说明、目录、设备图例表

设计总说明是用文字对施工图上无法表示出来而又非要施工人员必须知道的内容予以说明。识读给水排水安装工程施工图时，要遵循先文字、后图形的原则。目录体现了整套图纸的组成和顺序，识图时可以此为索引查看相应图纸。设备图例表通常详列了施工图中出现的给水排水安装工程设备、器具及附件等的图例符号、规格、采用的图集编号以及数量等信息，便于识图和列项算量。

2. 平面图

平面图表示了给水排水管道的平面布置情况，卫生设备的平面位置及数量。识读平面图时要重点查看下列内容。

(1) 查明管道走向。弄清给水引入管和排水排出管的平面位置、走向、定位尺寸，与室外给水排水管网的连接形式、管径及坡度等。给水引入管上一般都装有阀门，阀门若设在室外阀门井内，在平面图上就能完整地表示出来。这时，可查明阀门的型号及距建筑物的距离。污水排出管与室外排水总管的连接，是通过检查井来实现的，要了解排出管的长度，即外墙至检查井的距离。查明给水排水干管、立管、支管的平面位置与走向、管径尺寸及立管编号。在给水管道上设置水表时，必须查明水表的型号、安装位置，以及水表前后阀门的设挡情况。对于室内排水管道，还要查明清通设备的布置情况，清扫口和检查口的型号和位置。对于雨水管道，要查明雨水斗的型号及布置情况，并结合详图搞清雨水斗与天沟的连接方式。

（2）查明设备及器具的类型、数量、安装位置、定位尺寸。设备和卫生器具通常是用图例（详见3.2.2）画出来的，它只能说明器具和设备的类型，而不能具体表示各部分的尺寸及构造，因此在识图时必须结合有关详图或技术资料，搞清楚这些器具和设备的构造、接管方式和尺寸。

还需要注意的是，在平面图中，不同直径的管道，以同样线宽的线条表示。管道坡度无需按比例画出（画成水平），管径和坡度均用数字注明。靠墙敷设的管道，一般不必按比例准确表示出管线与墙面的微小距离，即使暗装管道也可按明装管道一样画在墙外，只需说明哪些部分要求暗装。当在同一平面位置布置有几根不同高度的管道时，若严格按投影来画，平面图就会重叠在一起，这时可画成平行排列。有关管道的连接配件一般不予画出。

3. 系统图

系统图是指利用轴测作图原理，在立体空间中反映管路、设备及器具相互系统的全貌图形。图中表明了管道标高、管径大小，阀门的位置、标高、数量，卫生器具的位置、数量等内容。识读平面图时要重点查看下列内容。

（1）查明给水管道系统的具体走向，干管的布置方式，管径尺寸及其变化情况，阀门的设置，引入管、干管及各支管的标高。变径处一般位于三通处。识图时按引入管、干管、立管、支管及用水设备的顺序进行。

（2）查明排水管道的具体走向，管路分支情况，管径尺寸与横管坡度，管道各部标高，存水弯形式，清通设备设置情况，弯头及三通的选用等。识图时一般按照卫生器具或排水设备的存水弯、器具排水管、横支管、立管、排出管的顺序进行。

4. 大样图

大样图是指对于施工图中的局部范围，需要放大比例表明尺寸及做法时而绘制的局部详图。主要包括管道节点图，接口大样图，管道穿墙做法图，厨房、卫生间大样图等。例如，在计算卫生间管道时，平面图由于比例较小的关系表达不太明晰，需要查看卫生间大样图来计算。

5. 标准图集

标准图集是指定型装置、管道安装、卫生器具安装等内容的标准化图纸，以供设计和施工直接套用。如全国通用给水、排水标准图集，以“S”表示。甘肃省当前所用给水排水安装工程标准图集主要为甘02S系列。

6. 非标准图

非标准图是指具有特殊要求的卫生器具及附件，不能采用标准图时，而独立设计的加工或安装图。

3.2.2 给水排水安装工程施工图常用图例

给水排水工程施工图常见图例由《给水排水制图标准》(GB/T 50106—2010)规定。

1. 管道图例

管道图例见表 3-1。

管道图例表　　表 3-1

序号	名称	图例	备注
1	生活给水管	—— J ——	—
2	热水给水管	—— RJ ——	—
3	热水回水管	—— RH ——	—
4	中水给水管	—— ZJ ——	—
5	循环冷却给水管	—— XJ ——	—
6	循环冷却回水管	—— XH ——	—
7	热媒给水管	—— RM ——	—
8	热媒回水管	—— RMH ——	—
9	蒸汽管	—— Z ——	—
10	凝结水管	—— N ——	—
11	废水管	—— F ——	可与中水原水管合用
12	压力废水管	—— YF ——	—
13	通气管	—— T ——	—
14	污水管	—— W ——	—
15	压力污水管	—— YW ——	—

续表

序号	名　　称	图　　例	备　注
16	雨水管	 Y	—
17	压力雨水管	 YY	—
18	虹吸雨水管	 HY	—
19	膨胀管	 PZ	—
20	保温管		也可用文字说明保温范围
21	伴热管		也可用文字说明保温范围
22	多孔管		—
23	地沟管		—
24	防护套管		—
25	管道立管	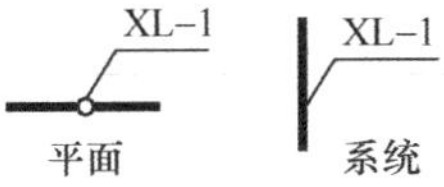 XL-1 平面　XL-1 系统	X 为管道类别 L 为立管 1 为编号
26	空调凝结水管	 KN	—
27	排水明沟	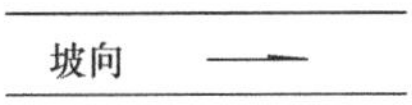 坡向	—
28	排水暗沟	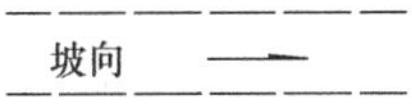 坡向	—

2. 管道附件图例

管道附件图例见表 3-2。

管道附件图例表　　表 3-2

序号	名　　称	图　　例	备　注
1	管道伸缩器		—
2	方形伸缩器		—

续表

序号	名称	图例	备注
3	刚性防水套管		—
4	柔性防水套管		—
5	波纹管		—
6	可曲挠橡胶接头	单球 双球	—
7	管道固定支架		—
8	立管检查口		—
9	清扫口	平面 系统	—
10	通气帽	成品 蘑菇形	—
11	雨水斗	YD- YD- 平面 系统	—
12	排水漏斗	平面 系统	—
13	圆形地漏	平面 系统	通用。如无水封，地漏应加存水弯
14	方形地漏	平面 系统	—

续表

序号	名　　称	图　　例	备　注
15	自动冲洗水箱	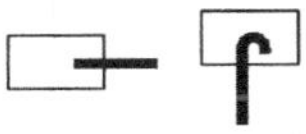	—
16	挡墩		—
17	减压孔板		—
18	Y 形除污器		—
19	毛发聚集器	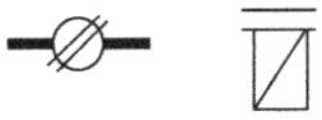 平面　系统	—
20	倒流防止器		—
21	吸气阀		—
22	真空破坏器		—
23	防虫网罩		—
24	金属软管		—

3. 阀门图例

阀门图例见表 3-3。

阀门图例表 表 3-3

序号	名称	图例	备注
1	闸阀		—
2	角阀		—
3	三通阀		—
4	四通阀	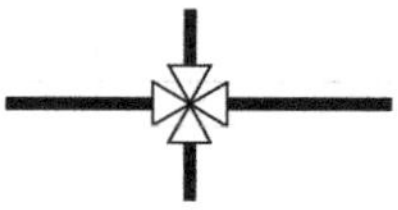	—
5	截止阀		—
6	蝶阀	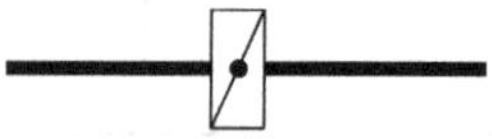	—
7	电动闸阀	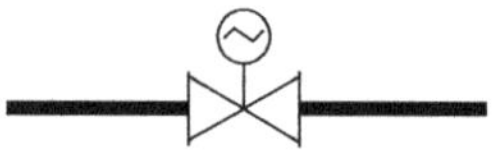	—
8	液动闸阀	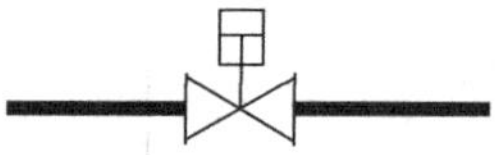	—
9	气动闸阀	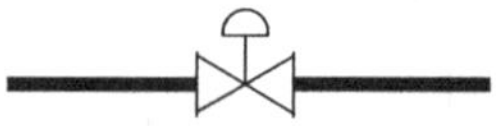	—
10	电动蝶阀	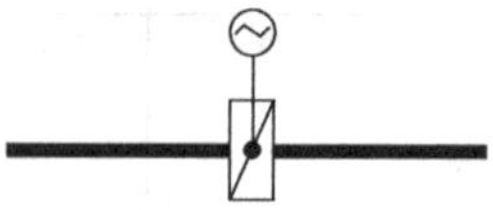	—
11	液动蝶阀	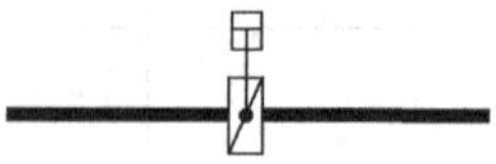	—
12	气动蝶阀	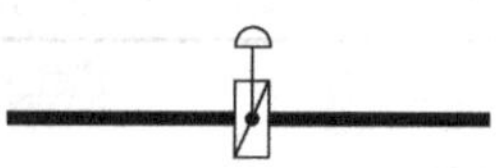	—

续表

序号	名　称	图　例	备　注
13	减压阀		左侧为高压端
14	旋塞阀	平面　系统	—
15	底阀	平面　系统	—
16	球阀		—
17	隔膜阀		—
18	气开隔膜阀		—
19	气闭隔膜阀		—
20	电动隔膜阀		—
21	温度调节阀		—
22	压力调节阀		—
23	电磁阀	M	—
24	止回阀		—

续表

序号	名　　称	图　　例	备　注
25	消声止回阀		—
26	持压阀		—
27	泄压阀		—
28	弹簧安全阀		左侧为通用
29	平衡锤安全阀		—
30	自动排气阀	平面　系统	—
31	浮球阀	平面　系统	—
32	水力液位控制阀	平面　系统	—
33	延时自闭冲洗阀		—
34	感应式冲洗阀		—
35	吸水喇叭口	平面　系统	—
36	疏水器		—

4. 给水配件图例

给水配件图例见表 3-4。

给水配件图例表　　表 3-4

序号	名　　称	图　　例
1	水嘴	平面　系统
2	皮带水嘴	平面　系统

5. 卫生器具图例

卫生器具图例见表 3-5。

卫生器具图例表　　表 3-5

序号	名　　称	图　　例	备　注
1	立式洗脸盆		—
2	台式洗脸盆		—
3	挂式洗脸盆		—
4	浴盆		—
5	化验盆、洗涤盆		—
6	厨房洗涤盆		不锈钢制品

续表

序号	名　　称	图　　例	备 注
7	带沥水板洗涤盆	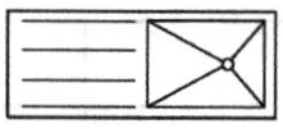	—
8	盥洗槽	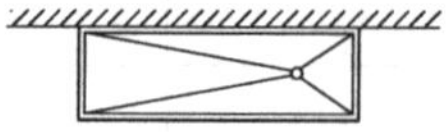	—
9	污水池	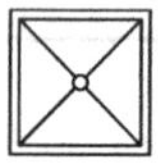	—
10	妇女净身盆		—
11	立式小便器	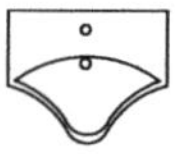	—
12	壁挂式小便器		—
13	蹲式大便器	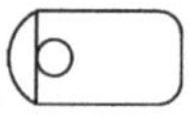	—
14	坐式大便器	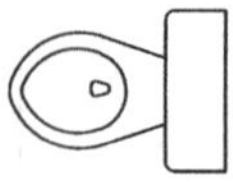	—
15	小便槽	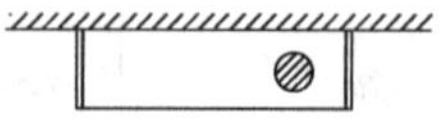	—
16	淋浴喷头		—

注：卫生设备图例也可以建筑专业资料图为准。

3.2.3 给水排水安装工程施工图实例识读

某五层住宅楼某单元给水排水工程如图 3-7～图 3-13 所示，工程中给水管采用镀锌焊接钢管，螺纹连接；排水管采用承插铸铁管；石棉水泥接口。

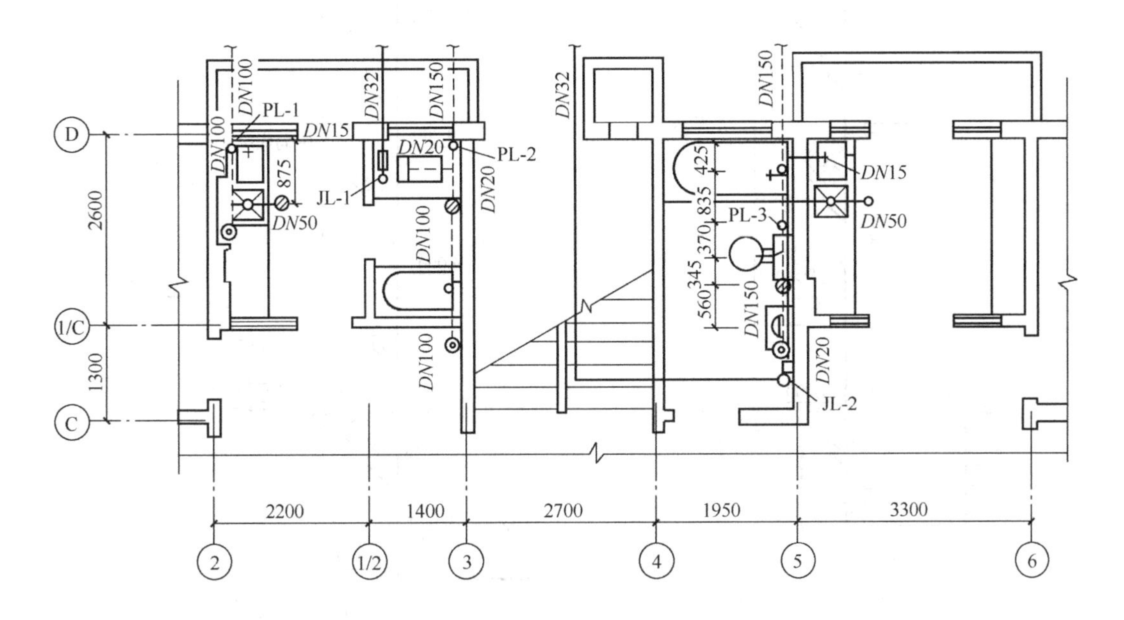

图 3-7　底层平面图

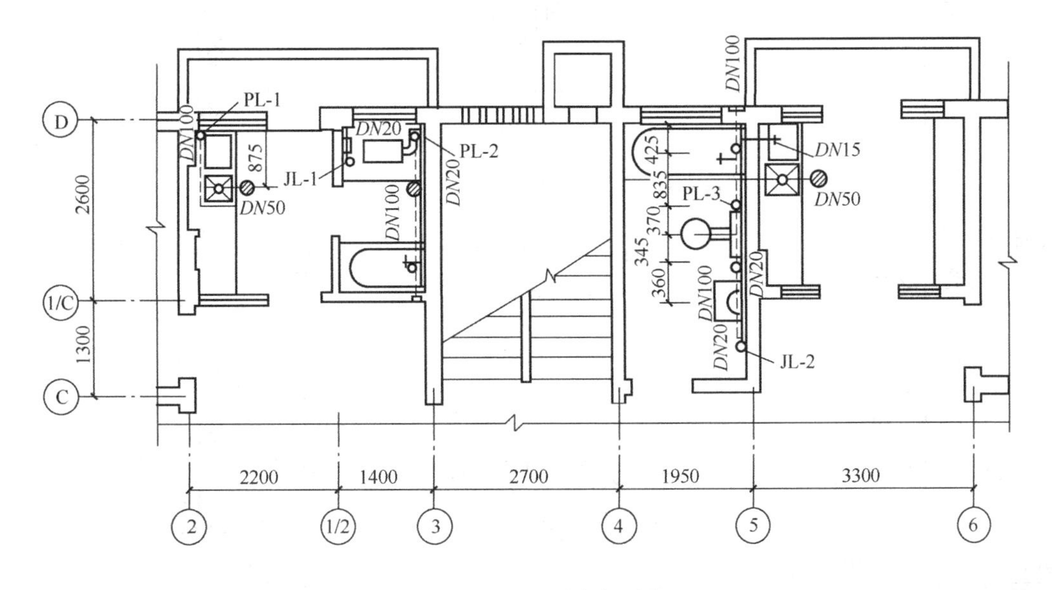

图 3-8　二～五层平面图

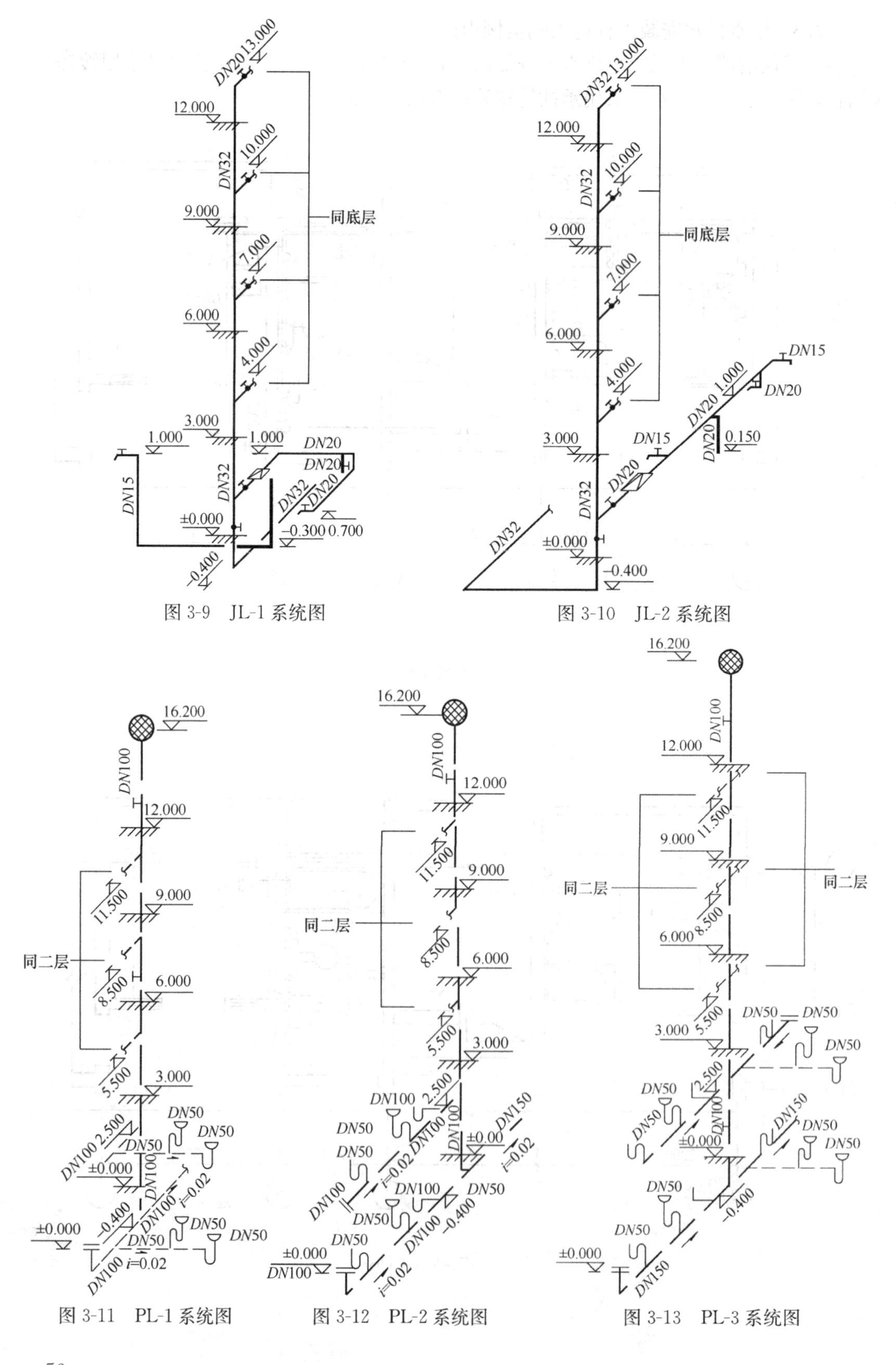

图 3-9　JL-1 系统图

图 3-10　JL-2 系统图

图 3-11　PL-1 系统图

图 3-12　PL-2 系统图

图 3-13　PL-3 系统图

识图过程如下：

1. 识读平面图

由图 3-7、图 3-8 看出，该住宅有五层，每层卫生间的管道布置和卫生设备布置均相同，但每层左右两户的卫生间设备布置是不相同的。底层②～③轴间厕所内设有蹲式大便器、浴盆、地坪地漏、清扫口、水表，厨房内设有地漏、清扫口、贮水池、污水池。厨房地坪和污水池的污水，经 *DN*50 的管道排入 *DN*100 的横管，经 *DN*100 的横管、立管底端由 *DN*150 排出管排至室外。

给水由 *DN*32 的引入管，由 JL-1 经给水支管、水表分别送至厨房贮水池和厕所蹲式大便器、浴盆。底层④～⑥轴间厕所内设有浴盆、洗面盆、低水箱坐式大便器、地漏、清扫口、水表。厨房内设有地漏、污水池、贮水池。厕所内靠⑤轴墙设有图 JL-2 系统和图 PL-3 系统。给水在③～④轴间由 *DN*32 的管子穿过Ⓓ轴墙向Ⓒ轴方向引入，还未到Ⓒ轴墙就向⑤轴方向转折至 JL-2，JL-2 接支管经水表、*DN*20 支管向洗面盆、坐式大便器、浴盆、水池供水。厨房内的地坪污水、污水池污水和厕所内浴盆、洗脸盆、坐式大便器的污水均经 *DN*150 排水管、*DN*150 排出管排至室外。二～五层的给水排水管道和卫生设备的布置相同，识图方法相同，在此从略。

2. 识读系统图

图 3-9～图 3-13 分别表明了给水排水管道系统的上下层之间、前后左右之间的空间关系。将系统轴测图对照识读，可了解给水排水管道系统的立体全貌。

识读图 3-9 可知，进户管管径为 *DN*32，进户管标高为－0.400m，进户管由北往南走后，在 JL-1 下端转折由下向上走，穿出一层地坪后装一截止阀，立管上标高为 1.000m 处接一管径为 20mm 的由南往北走的支管，支管上依次装有截止阀和水表，然后分两个支路，一个支路管径为 20mm，依次接蹲式大便器和浴盆（图中未绘出），另一支路管径为 15mm，由上向下走到标高为－0.300m 时，转弯由东往西走，再转弯向上走到标高为 1.000m 时，装一个 *DN*15 的水龙头。JL-1 继续向上走，依次装过二、三、四、五层地坪，各层支管布置同一层，在系统图中均略去未绘。

从图 3-10 看出，管径为 32mm 的进户管，在标高为－0.400m 处由北向南走，再转弯往东走到 JL-2 下端，再向上穿出一层地面。标高为 1.000m 处的立管上接一管径为 20mm 的由南往北走的支管，该支管依次向洗脸盆、坐式大便器、浴盆、贮水池供水。支管上装有一水表。

从图 3-11 看出，底层两个地漏（地坪地漏和污水池地漏）的污水经管径为 50mm 的由东往西走的支管，再流入管径为 100mm 的由南往北走的支管，最后经立管底端由排出管排出至室外。PL－1 向上走，在标高为 2.500m 处接一支管，它与底层相同，仅是 *DN*100mm 支管始端装清扫口的方式不同，底层支管始端向上弯至地坪装的清扫口，二层清扫口是装于二层楼板下的。从图 3-11 看出，三、五层立管上装有检查口，立管顶端装有钢丝球。

从图 3-12 系统图看出，各层蹲式大便器、浴盆、地漏污水是经各层排水支管至图 PL-2，向下至标高－0.400m 处由排出管排至室处。

由图 3-13 看出，PL-3 上装有两个支管，一个支管排洗脸盆、地漏、坐式大便器的污水；另一支管排浴盆的污水，且在该支管上又接一管径为 50mm 的小支管，以排厨房地地漏和污水池的污水。底层洗脸盆、地漏、坐式大便器污水排入由南往北走的管径为150mm的水平管道，经立管底端由排出管排出室外。底层浴盆、厨房地漏、污水盆的污水均排入排出管至室外。

图3-9～图3-13系统轴测图上均注有各管段管径、各支管标高与坡度，表明了各清扫口、检查口、铅丝球的设置位置。

3. 识读详图

建筑给水排水工程所采用的详图大多采用标准图。本例需要标准图的项目主要有延时自闭阀冲洗的蹲式大便器安装、低水箱坐式大便器安装、冷水洗脸盆安装、冷水浴盆安装、水表安装、清扫口安装、地漏安装、管道支架制作安装等。需要时直接查阅相应标准图即可。

3.3 室内给水排水工程工程量计算方法

3.3.1 室内给水排水工程工程量计算列项

室内给水排水工程工程量计算首先要做的第一项工作是准确列项，对于初学者，可按照定额顺序列项，且给水系统与排水系统分开计算。并注意，一般来说，定额中有的，图纸中也有的项目才可以列出（补充定额子目列项的除外），而且定额说明中指出的“已包括的”内容不能单独列项，“未包括”的须另计的内容需单独列项。室内给水排水工程选用《甘肃省安装工程预算定额》第四册给水排水、采暖、消防、燃气管道及器具安装工程，其中室内给水排水工程常用项目见表3-6室内给排水工程常用定额项目表。

室内给排水工程常用定额项目表　　表3-6

章名称	节 名 称	分项工程列项
第一章 给水排水、采暖管道安装	一、室内管道安装	1. 镀锌钢管（螺纹连接）
		2. 焊接钢管（螺纹连接）
		3. 钢管（焊接）
		4. 低压钢管（氧乙炔焊接）
		5. 低压钢管（螺纹连接）
		6. 薄壁不锈钢管（氩弧焊接）
		7. 薄壁不锈钢管（卡压式连接）
		8. 钢塑复合给水管（螺纹连接）
		9. 钢塑复合给水管（卡箍连接）
		10. 铝塑复合给水管（钢管件卡套连接）
		11. 铝合金衬塑给水管（热熔连接）
		12. 聚丙烯塑料给水管（热熔连接）
		13. 塑料给水管（卡套式链接）
		14. 承插铸铁给水管（青铅接口）
		15. 承插铸铁给水管（膨胀水泥接口）
		16. 承插铸铁给水管（石棉水泥接口）

续表

章名称	节　名　称	分项工程列项
第一章 给水排水、 采暖管道 安装	一、室内管道安装	17. 柔性抗震铸铁给水管（法兰压盖连接）
		18. 柔性抗震铸铁给水管（卡箍连接）
		19. 承插铸铁排水管（石棉水泥接口）
		20. 承插铸铁雨水管（石棉水泥接口）
		21. PVC-U 塑料给水管（粘接）
		22. PVC-U 塑料排水管（粘接）
		23. PVC 塑料雨水管（粘接）
		24. 空调器 PVC 冷凝管（粘接）
		25. 楼地面内敷设管
	二、管道消毒冲洗及压力试验	1. 管道消毒．冲洗
		2. 管道压力试验
		3. 排水管道通球试验
	三、穿墙及过楼板套管	1. 镀锌薄钢板套管制作
		2. 钢管套管制作．安装
		3. 塑料套管制作安装
		4. 带填料塑料套管制作安装
		5. 阻火圈安装
	四、管道支架制作、安装	一般管架制作安装
第二章 阀门及法兰 安装	一、阀门安装	1. 螺纹阀
		2. 螺纹法兰阀．焊接法兰阀
		3. 法兰阀（带短管甲乙）
		4. 螺纹浮球阀
		5. 法兰浮球阀
		6. 法兰液压式水位控制阀
		7. 塑料螺纹阀
		8. 塑料法兰阀
		9. 沟槽式阀门
		10. 沟槽法兰阀
	二、法兰安装	1. 铸铁法兰（螺纹连接）
		2. 碳钢法兰（焊接）
第三章 卫生器具 制作安装	一、浴盆、按摩浴缸安装	
	二、净身盆安装	
	三、洗脸盆、洗手盆安装	1. 洗脸盆安装
		2. 洗手盆、理发盆安装
	四、洗涤盆、拖布池、化验盆安装	1. 洗涤盆、拖布池安装
		2. 化验盆安装

续表

章名称	节 名 称	分项工程列项
第三章 卫生器具制作安装	五、淋浴器组成、安装	
	六、淋浴房组成、安装	
	七、大便器安装	1. 蹲式大便器安装
		2. 坐式大便器安装
	八、小便器安装	1. 挂斗式小便器安装
		2. 立式小便器安装
	九、水龙头安装	
	十、排水栓安装	
	十一、地漏安装	1. 金属地漏安装
		2. 塑料地漏安装
	十二、地面扫除口安装	1. 铸铁地面扫除口安装
		2. 塑料地面扫除口安装
	十三、大、小便槽冲洗水箱制作	
	十四、大便槽自动冲洗水箱安装	
	十五、小便槽自动冲洗水箱安装	
	十六、小便槽冲洗管制作、安装	
	十七、毛发聚集器安装	
	十八、隔油器安装	
	十九、电热水器、开水炉安装	1. 电热水器安装
		2. 开水炉安装
	二十、容积式热交换器安装	
	二十一、汽-水加热器、冷热水混合器安装	
	二十二、消毒器、消毒锅、饮水器安装	1. 消毒器安装
		2. 消毒锅安装
		3. 饮水器安装
	二十三、太阳能热水器安装	1. 闷晒式太阳能热水器安装
		2. 平板式太阳能热水器安装
		3. 真空式太阳能热水器安装
	二十四、公共直接饮用水设备安装	
	二十五、自动加压供水设备安装	
第五章 水暖器具组成与安装	水表组成与安装	(1) 螺纹水表
		(2) 焊接法兰水表（带旁通管及止回阀）
		(3) 远传水表
		(4) IC卡水表

续表

章名称	节　名　称	分项工程列项
第六章 小型容器 制作安装	一、矩形钢板水箱制作	
	二、圆形钢板水箱制作	
	三、矩形钢板水箱安装	
	四、圆形钢板水箱安装	
	五、组装式水箱安装	

3.3.2　室内给水排水工程工程量计算方法详解

3.3.2.1　给水排水、采暖管道安装

1. 室内管道安装

（1）计量单位：10m。

（2）项目划分：区分管材、连接方式、管径。

（3）工程量计算规则：

1）各种管道，均以施工图所示中心长度，以“10m”为计量单位，不扣除阀门、管件（包括减压器、疏水器、水表、伸缩器等组成安装）所占的长度。

2）方形伸缩器的两臂，按臂长的两倍合并在管道长度内计算。

（4）章说明：

1）本节定额包括以下内容：

①管道及接头零件安装。

②水压试验或灌水试验。

③钢管及铜管（包括弯管）制作与安装（伸缩器除外），无论是现场煨制或成品弯管均不得换算。

④排水管（包括透气帽）安装，雨水管（包括雨水漏斗）制作，雨水漏斗为成品应另行计算主材。

2）本节定额不包括以下内容：

①室内外管道沟土方及管道基础，应执行《甘肃省建筑工程消耗量定额》。

②管道安装中的法兰、阀门及伸缩器的制作安装，应按本册定额相应项目另计。

③室内外给水铸铁管、室内雨水管、室外塑料给水管（胶圈接口、热熔连接）、室外塑料排水管（承插胶圈接口）的接头零件本身价格，应按设计数量另行计算。

④室内楼地面内敷设管适用于无管件连接要求的生活给水管、采暖管，当两种不同材质管道连接时，其转换接头价格应另行计算，出地面时如需加装套管，其套管本身价格应另行计算。

⑤空调器PVC冷凝水管仅适用于室外外墙上安装的空调器冷凝水管，已包含伸缩节的安装人工，其主材费按实另行计算。

（5）计算要点：

1）基本计算方法。

水平敷设管道，应根据平面图上标注的尺寸计算，此外因为图纸设计原因安装工程施工图中很少有尺寸标注，或因计算太繁琐，实际工作中利用比例尺进行计量。将不同规格

的管道分别计算，然后汇总。

垂直安装管道，按系统轴测图、剖面图，与标高尺寸配合计算。

计算管道延长米时，除了应按照定额将不同材质、管径、连接方式的管道分开计算以外，而且为方便计算刷油、保温工程量，还应将各种管材的管子按明装与暗装、保温与非保温分开计算。

2）计算起点（室内外管道界限）：

给水管道界线划分为：

①室内外界线以建筑物外墙皮 1.5m 为界，入口处设阀门者以阀门为界。

②室外管道与市政管道界线以水表井为界，无水表井者，以与市政管道碰头点为界。

排水管道界线划分：

①室内外以出户第一个排水检查井为界。如施工图上明确有室外第一个检查井的标志及距离建筑外墙皮尺寸，则排出管长度按图示尺寸计算；如施工图上未表示出检查井，则排出管长度可计算至外墙皮外 3～5m 处。

②室外管道与市政管道以室外管道与市政管道碰头井为界。

3）计算终点（与卫生器具界限）：

计算给水支管延长米时，应首先弄清楚卫生器具成组安装定额中所包含的管道及附件和与管道安装工程量的分界线，以免重复计算管道安装工程量。卫生器具与给水排水管道界线划分如下：

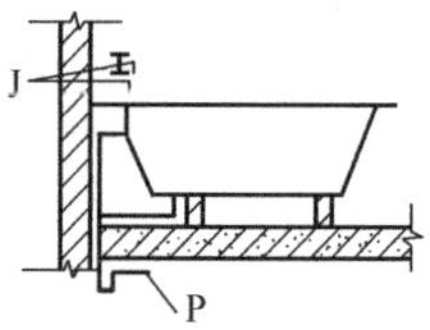

图 3-14　浴盆与给水排水管道界线

①浴盆成组安装定额中，给水部分包括了冷、热水管道各 0.15m、冷热水龙头；排水包括排水配件及存水弯。与管道安装工程量分界线如图 3-14 所示，给水分界线为 J 点，即给水水平管与支管的交接处；排水分界线为 P 点，即存水弯下口处。

②洗脸盆的成组安装定额中，给水部分已包括了洗脸盆下的角阀和给水支管，安装普通水龙头者已包括了水龙头和接水龙头的 0.1m 管道，排水部分已包括了排水栓和存水弯等组成的一套。与管道安装工程量的分界线如图 3-15 所示，给水分界线为 J 点，即给水水平管与支管的交接处；排水分界线为 P 点，即存水弯下口处（不包括排水立支管）。

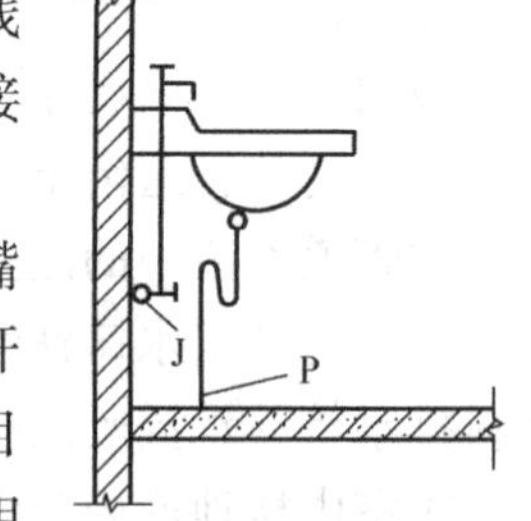

图 3-15　洗脸盆与给水排水管道界线

③洗涤盆成组安装定额中，给水部分，单嘴子目已包括了水嘴及给水支管，肘式开关子目已包括了肘式开关和给水支管，脚踏开关子目已包括了脚踏开关及其以后的给水支管；排水部分，各子目已包括了排水栓、存水弯等。与管道安装工程量分界线与洗脸盆相似，即给水为水平管与支管的交接处；排水为存水弯下口处。

④淋浴器组成安装定额中，给水部分包括了调节控制的阀门和给水支管。与给水管道安装工程量的分界线如图 3-16 所示，给水分界线为 J 点，即水平管与支管的交接处。

⑤蹲式大便器成组安装定额中，高水箱子目已包括了进高水箱的支管和支管上的阀门，普通阀、手压阀冲洗子目已包括了阀和阀后的 1.5m 管道；脚踏开关冲洗子目已包括至脚踏阀（包括阀和阀后的 1.0m 管）。各种蹲式大便器安装定额中，均包括了大便器下的存水弯，但未包括存水弯与大便器排水口的排水短管。

蹲式大便器成组安装与给水排水管道安装的分界线如图3-17、图3-18所示，给水分界线为J点，即给水水平管与支管的交接处；排水分界线为P点，即存水弯下口处（不包括排水立支管）。

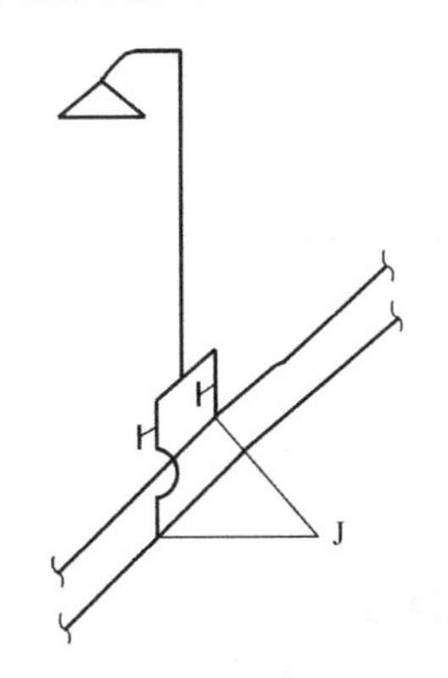

图3-16　淋浴器与给水管道界线

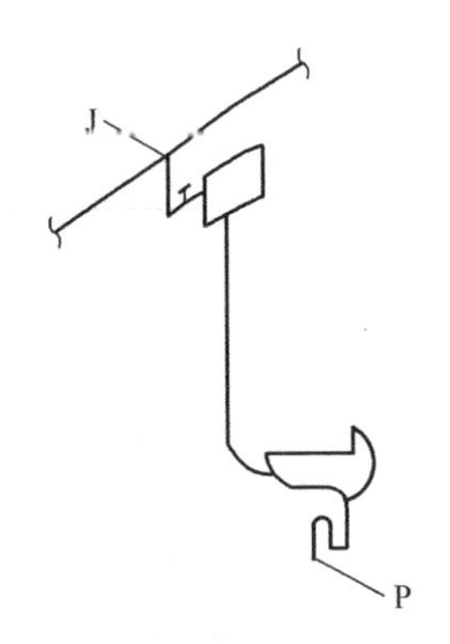

图3-17　蹲式高水箱大便器与给水排水管道界线

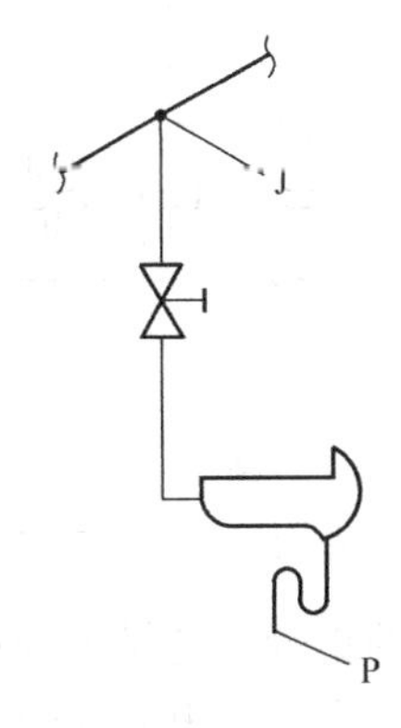

图3-18　阀门冲洗大便器与给水排水管道界线

⑥坐式大便器成组安装定额中，给水部分已包括了角式截止阀和进水箱的支管，排水部分未包括任何管道。与管道安装工程量的分界线如图3-19所示，给水分界线为J点，即给水水平管与支管的交接处；排水分界线为P点，即坐便器的排水口（不包括排水立支管）。

⑦小便器成组安装定额中，普通式的给水部分已包括给水支管及角式截止阀，自动冲洗式的给水部分已包括进水箱的支管和进水阀，排水部分均已包括了存水弯处。与管道安装工程量分界线如图3-20～图3-22所示，给水分界线为J点，即给水水平管与支管的交接处；排水分界线为P点，即存水弯下口处（不包括排水立支管）。

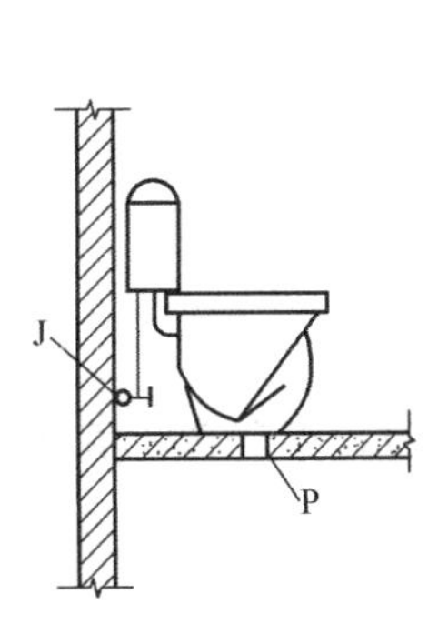

图3-19　坐式大便器与给水排水管道界线

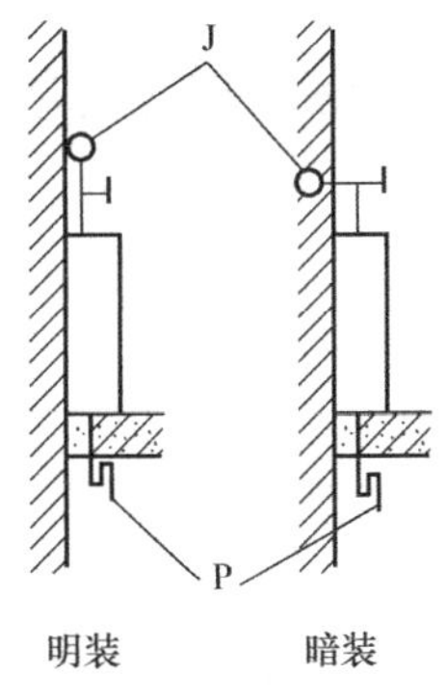

图3-20　普通立式小便器与给水排水管道界线

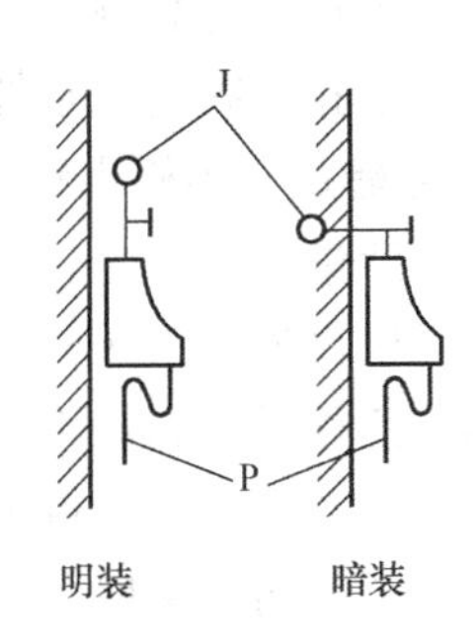

图3-21　普通挂斗式小便器与给水排水管道界线

⑧小便槽冲洗管制作安装定额内仅包括冲洗多孔管的制作安装，不包括和冲洗管相连的任何管段及管道上的阀门。与管道安装工程量分界线如图3-23所示，给水分界线为P点，即给水支管与小便槽冲洗管的交接处。

⑨排水栓安装定额中，带存水弯者包括了其下部的存水弯，不带存水弯者包括了和排

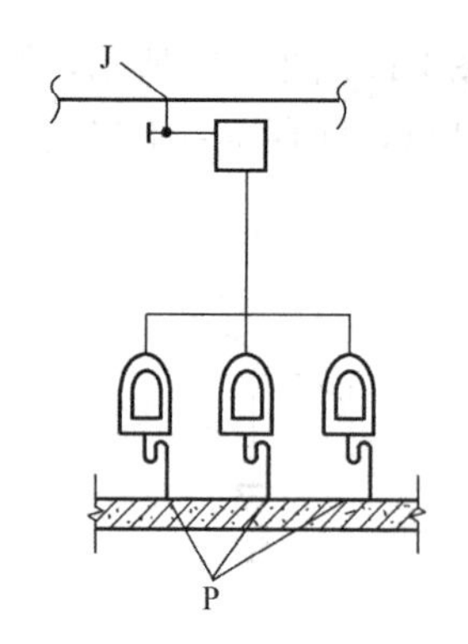

图 3-22 自动冲洗挂式小便器与给水排水管道界线

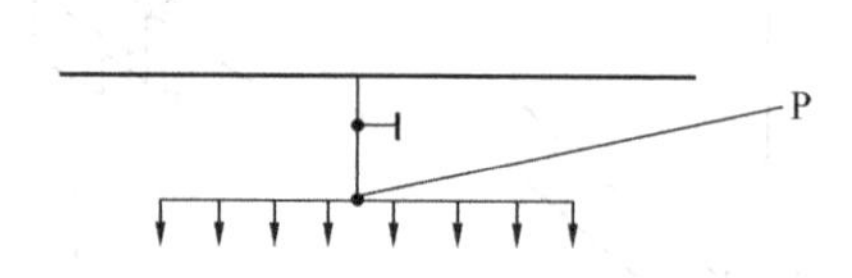

图 3-23 小便槽冲洗管与给水管道界线

水栓相连的钢管。与排水管道安装工程量的分界线为存水弯下水口或交接处。

⑩电热水器、电开水炉安装定额，仅包括了本体安装，连接管应计入管道安装工程量中。钢板水箱制作安装定额，均未包括各种水箱连接管，连接管的工程量应计入管道安装工程量中。

4）管道计算中应注意的问题：

①变径位置的确定。变径点一般位于三通处。

②排水立支管长度的计算。排水立支管长度应按其上下端标高差计算，即按卫生器具与排水管道分界点处的标高与排水横管标高差计算，当施工图上所标注尺寸不全时，可按实际施工情况计算，一般的排水立支管长度约为 400～500mm。

2. 管道消毒冲洗及压力试验

（1）计量单位：100m。

（2）项目划分：区分管径，具体项目划分包括管道消毒冲洗、管道压力试验、排水管道通球试验。

（3）工程量计算规则：管道消毒、冲洗、压力试验，均按管道长度以“100m”为计量单位，不扣除阀门、管件所占的长度。

3. 穿墙及过楼板套管

（1）计量单位：个。

（2）项目划分：区分材质、管径。

（3）工程量计算规则：镀锌薄钢板套管制作以“个”为计量单位，钢套管、塑料套管制作安装以“个”为计量单位。

（4）章说明：穿墙及过楼板铁皮套管安装人工已包括在管道定额内，不得另行计算。

4. 管道支架制作安装

（1）计量单位：100kg。

（2）项目划分：一般管支架制作安装（1 项）。

（3）工程量计算规则：管支架支座安装以“100kg”为计量单位。

（4）章说明：

1）室内 *DN*32 以内钢塑复合管、不锈钢管、铝合金衬塑给水管，*DN*32 以内螺纹连接的钢管、铜管均包括管卡及托钩安装。

2）室内塑料给水管、铝塑复合给水管均包括管（卡）座及吊托支架的安装。

3）排水管、雨水管均已包括立（支）管卡、托吊支架，水平干管支架应另行计算。

（5）计算要点：

分步进行，先统计不同规格的支架数量，再根据标准图集查找出每个支架重量，最后计算总重量。即管支架重量=∑（某种规格管支架个数×该规格管支架单个重量）

第一步：统计支架数量

管道支架按安装形式一般有：水平管支架、立管支架、吊架。

1）水平管支架数量$=\dfrac{\text{某规格管子的长度}}{\text{该规格管子的最大支架间距}}$，其中管支架最大间距见表 3-7 水平钢管支架、吊架最大间距表。

水平钢管支架、吊架最大间距表　　表 3-7

管子公称直径（mm）		15	20	25	32	40	50	70	80	100	125	150
支架最大间距（m）	保温管	1.5	2	2	2.5	3	3	4	4	4.5	5	6
	非保温管	2.5	3	3.5	4	4.5	5	6	6	6.5	7	8

2）立管支架数量的确定，按下列标准统计：楼层层高≤5m 时，每层设一个；楼层层高>5m 时，每层不得少于两个。

3）单管吊架数量，同水平管支架数量的计算。

第二步：重量计算

根据标准图集的具体要求，查找每个规格支架的单个重量，乘以支架数量，再求和计算总重量。不同类型的支架单个重量参考见表 3-8～表 3-10 的数据。

钩钉支架的规格重量表　　表 3-8

序号	管径（mm）	扁钢规格和长度（mm）		单个重量（kg/个）
1	15	—12×4	L=150	0.04
2	20	—12×4	L=160	0.05
3	25	—14×4	L=200	0.07
4	32	—16×5	L=230	0.11
5	40	—20×6	L=240	0.19
6	50	—25×8	L=290	0.33
7	70	—40×12	L=345	0.39

单管立管支架规格重量表　　表 3-9

序号	管径（mm）	所用扁钢规格、长度（mm）		单个重量（kg/个）
1	15	—20×3	L=270	0.14
2	20	—20×3	L=290	0.16
3	25	—20×3	L=310	0.17
4	32	—20×3	L=340	0.18
5	40	—20×3	L=360	0.19
6	50	—20×3	L=400	0.20

沿墙安装单管托架规格重量表　　表 3-10

序号	管径（mm）	保温管托架		不保温管托架	
		支架型钢规格	单个重量（kg/个）	支架型钢规格	单个重量（kg/个）
1	50	L50×5　L=140	3.68	L50×5　L=140	3.68
2	70	L60×6　L=430	4.49	L60×6　L=430	3.78
3	80	L65×6　L=440	4.82	L65×6　L=440	3.84
4	100	L76×6　L=480	5.65	L76×6　L=480	5.13
5	125	[8　L=510	6.00	[8　L=510	5.91
6	150	[8　L=530	6.20	[8　L=530	6.20

3.3.2.2　阀门及法兰安装

1. 阀门安装

(1) 计量单位：个。

(2) 项目划分：区分种类、连接方式、管径。

(3) 工程量计算规则：各种阀门安装分规格及连接方式均以“个”为计量单位。

(4) 章说明：

1) 螺纹阀门安装适用于各种内外螺纹连接的阀门安装。

2) 法兰阀门安装适用于各种法兰阀门的安装，如仅为一侧法兰连接时，定额中的法兰、带帽螺栓及钢垫圈数量减半。

3) 温控阀适用于各种温控阀安装，分手动、自动两种，自动温控阀所带的电信号等的接线、校线执行第二册《电气设备安装工程》相应项目。

4) 各种阀门连接用垫片均按石棉橡胶板计算，如用其他材料，可换算材料费，人工机械不变。

5) 过滤器执行相应阀门安装子目。

6) 自动排气阀安装已包括支架的制作安装，不得另行计算。

7) 浮球阀安装已包括了联杆及浮球的安装，不得另行计算。

2. 法兰安装

(1) 计量单位：付。

(2) 项目划分：区分连接方式、法兰材料、管径，具体项目划分包括铸铁法兰（螺纹连接）、焊钢法兰（焊接）。

(3) 工程量计算规则：法兰安装分规格及连接方式以“付”计算。

(4) 章说明：各种法兰连接用垫片均按石棉橡胶板计算，如用其他材料，可换算材料费，人工机械不变。

3.3.2.3　卫生器具制作安装

成套安装的卫生器具，定额均已按标准图集计算了与给水、排水管道连接的人工和材料。成套卫生洁具包括内容见表 3-11。

成套安装的卫生器具包括内容表　　表 3-11

序号	项目名称	成套内容
1	浴盆	浴盆、水嘴（混合水嘴带喷头）、浴盆排水配件等
2	净身盆	净身盆、铜活等
3	洗脸盆	洗脸盆、水嘴、洗脸盆下水口、洗脸盆托架、存水弯等
4	洗手盆	洗手盆、水嘴、存水弯带下水口等
5	理发盆	理发盆、铜活等
6	洗涤盆	洗涤盆、水嘴（肘式开关、脚踏开关）、排水栓（带堵链）、洗涤盆托架、存水弯等
7	拖布池	拖布池、水嘴、排水栓等
8	化验盆	化验盆、水嘴（脚踏开关）、排水栓（带堵链）、化验盆托架等
9	蹲式大便器	蹲式大便器、水箱、水箱配件等
10	坐式大便器	坐式大便器、水箱、水箱配件、坐便器桶盖等
11	挂斗式小便器	挂斗式小便器、水箱、水箱自动冲洗阀、自动平便配件、水箱进水嘴、存水弯等
12	立式小便器	立式小便器、水箱、排水栓、水箱自动冲洗阀、自动平便配件、水箱进水嘴、喷水鸭嘴等

1. 浴盆、按摩浴缸安装

（1）计量单位：组。

（2）项目划分：区分种类，具体项目划分包括浴盆（冷水、冷热水、冷热水带喷头）、按摩浴缸（带冷热水带喷头）。

（3）工程量计算规则：浴盆、按摩浴缸组成安装以“组”为计量单位。

注：浴盆（缸）安装适用于各种型号的浴盆（缸），但浴盆（缸）支座与浴盆周边的砌砖、瓷砖粘贴可另行计算。按摩浴缸的电气接线应执行第二册《电气设备安装工程》相应子目。

2. 净身盆安装

（1）计量单位：组。

（2）项目划分：净身盆（冷热水）（1 项）。

（3）工程量计算规则：净身盆组成安装以“组”为计量单位。

3. 洗脸盆、洗手盆安装

（1）计量单位：组。

（2）项目划分：区分种类，具体项目划分包括洗脸盆（钢管组成）（普通冷水嘴、冷水、冷热水）、洗脸盆（铜管组成）（冷水、冷热水）、洗脸盆（软管组成）（冷水、冷热水）、混合龙头、洗手盆（冷水）、理发盆（冷热水）。

（3）工程量计算规则：洗脸盆、洗手盆组成安装以“组”为计量单位。

4. 洗涤盆拖布池、化验盆安装（见图 3-24）

（1）计量单位：组。

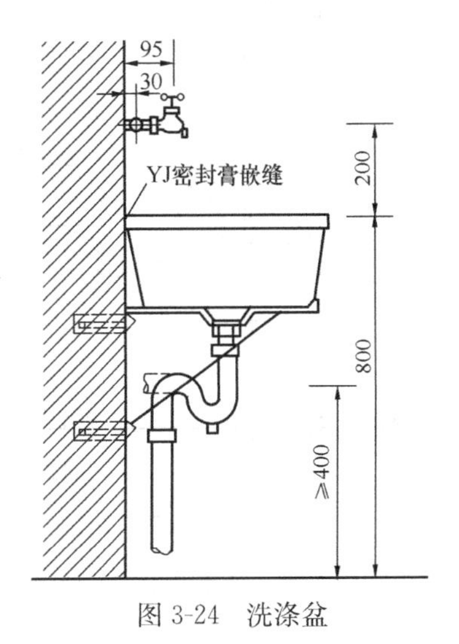

图 3-24　洗涤盆

（2）项目划分：区分种类，具体项目划分包括洗涤盆（单嘴、双嘴、单把肘式开关、双把肘式开关、脚踏开关、回转龙头、回转混合龙头）、拖布池（单嘴）、化验盆（单联、双联、三联、脚踏开关、鹅颈水嘴）。

（3）工程量计算规则：洗涤盆、拖布池、化验盆安装组成安装以“组”为计量单位。

（4）章说明：成品拖布池安装适用于落地拖布池。

5. 淋浴器组成、安装

（1）计量单位：组。

（2）项目划分：区分种类，具体项目划分包括洗脸盆（铜管组成）（冷水、冷热水）、淋浴器（塑料管组成）（冷水、冷热水）、脚踏式（冷水、冷热水）、成品淋浴器（多功能混合水、带底盘混合水）。

（3）工程量计算规则：淋浴器组成安装以“组”为计量单位。

（4）章说明：脚踏开关式淋浴器安装包括弯管和喷头的安装人工和材料。

6. 淋浴房组成、安装

（1）计量单位：套。

（2）项目划分：区分种类，具体项目划分包括淋浴房（自带电热水器、不带电热水器）。

（3）工程量计算规则：淋浴房组成安装以“套”为计量单位。

（4）章说明：淋浴房组成安装的电气接线应执行第二册《电气设备安装工程》相应子目。

7. 大便器安装（见图 3-25～图 3-28）

（1）计量单位：套。

（2）项目划分：区分种类，具体项目划分包括蹲式大便器（瓷高水箱、瓷低水箱、普通

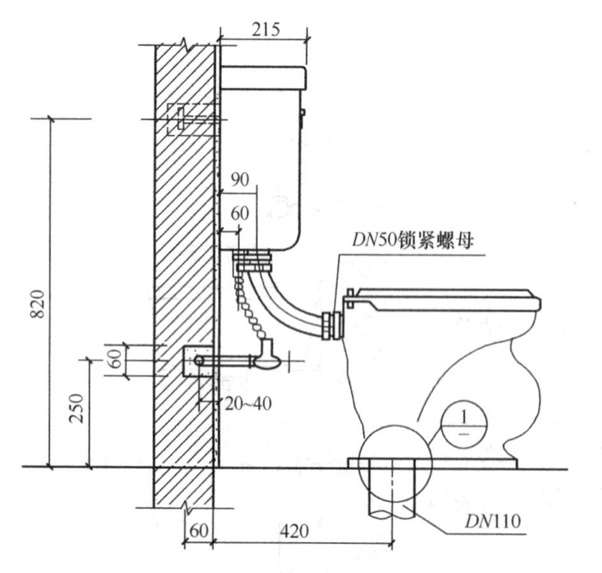

图 3-25　低水箱坐式大便器安装图

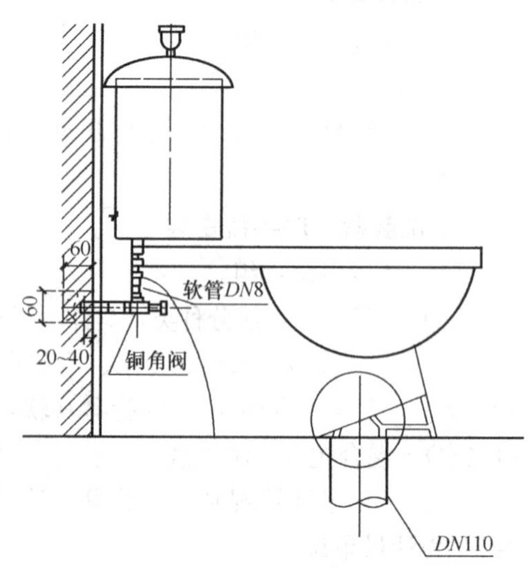

图 3-26　连体水箱坐式大便器安装图

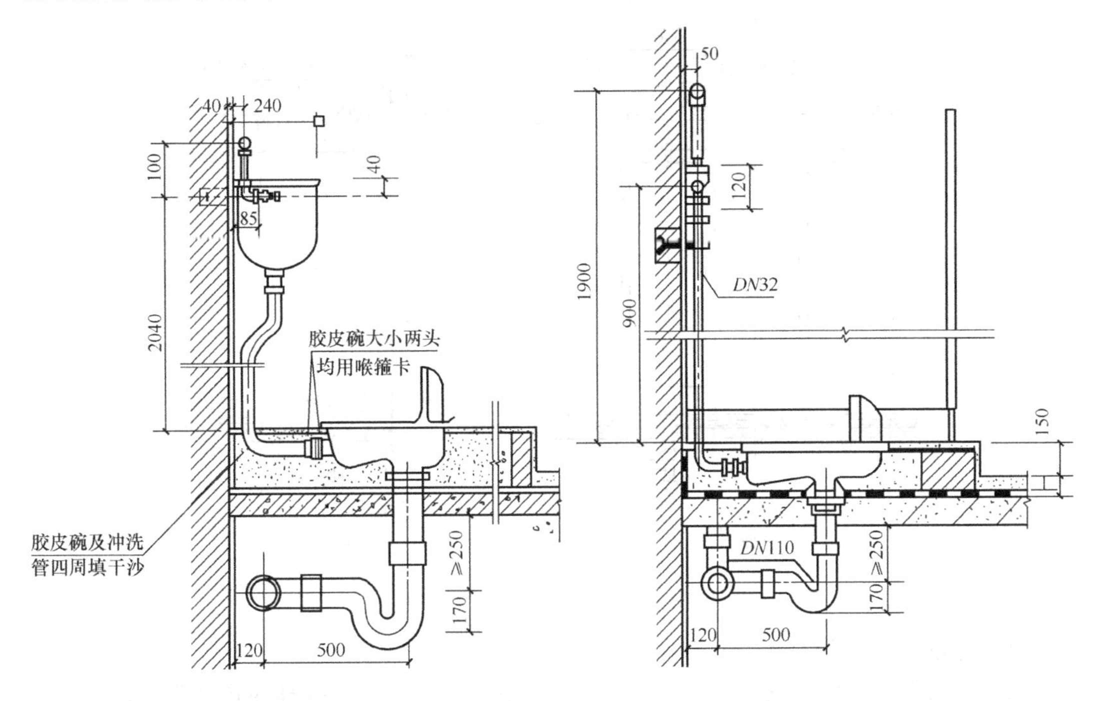

图 3-27　高水箱蹲式大便器安装图　　图 3-28　冲洗阀蹲式大便器安装图

阀冲洗、手压阀冲洗、脚踏阀冲洗、自闭式冲洗)、坐式大便器（低水箱坐便、带水箱坐便、连体水箱坐便、自闭冲洗阀坐便）。

（3）工程量计算规则：大便器组成安装以“套”为计量单位。

（4）章说明：

1)（无）水箱蹲式大便器、低水箱坐式大便器安装，适用于各种型号。

2）蹲式大便器安装，已包括了固定大便器的垫砖，但不包括大便器墩台砌筑。

8. 小便器安装（见图 3-29、图 3-30）

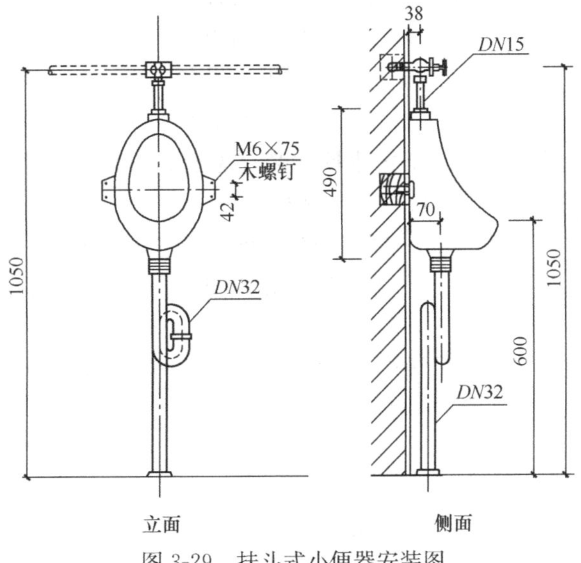

图 3-29　挂斗式小便器安装图

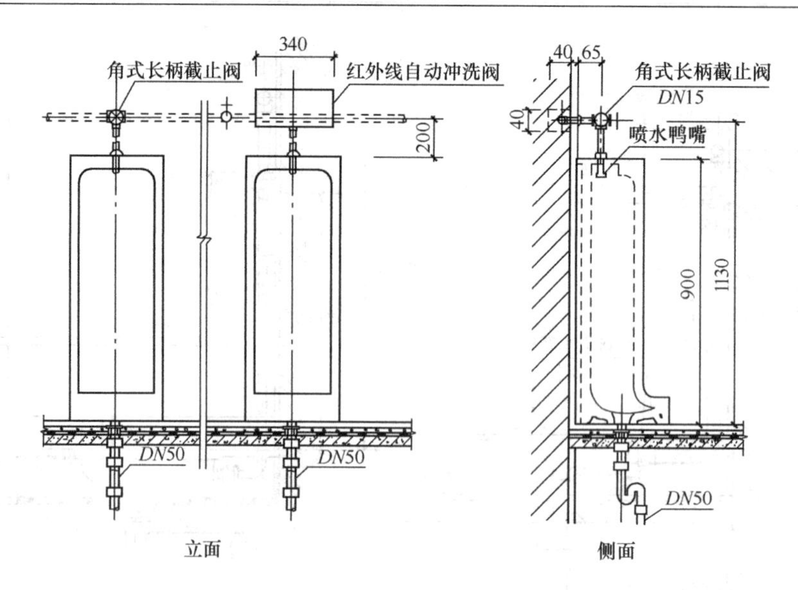

图 3-30　落地式小便器安装图

（1）计量单位：套。

（2）项目划分：区分安装方式、阀门种类，具体项目划分包括挂斗式（普通阀、自动冲洗一联、自动冲洗二联、自动冲洗三联、自闭阀）、立式（普通阀、自动冲洗一联、自动冲洗二联、自动冲洗三联、自闭阀）。

（3）工程量计算规则：小便器组成安装以“套”为计量单位。

（4）章说明：小便器安装设计采用光电控冲洗阀、红外感应冲洗阀时，执行自闭式冲洗阀相应子目。

9. 水龙头安装

（1）计量单位：个。

（2）项目划分：区分管径。

（3）工程量计算规则：水龙头安装以“个”为计量单位。

（4）注：该项目指单个水龙头的安装。如：盥洗槽支管上安装的水龙头。但卫生设备成套内容中包括的水龙头不得另行计算。如：洗脸盆自带的水龙头。

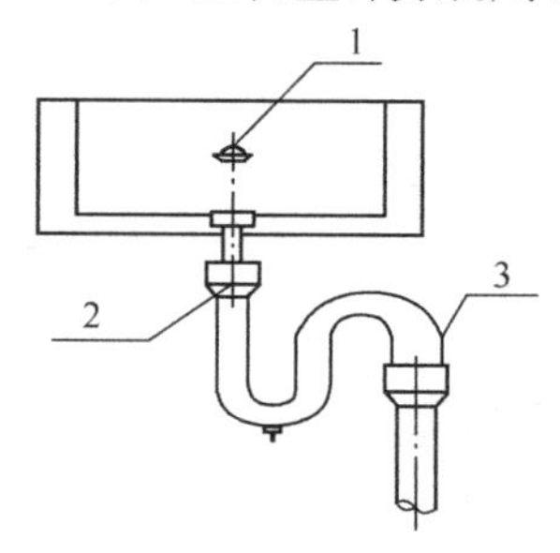

图 3-31　排水栓
1—带链堵；2—排水栓；3—存水弯

10. 排水栓安装（见图 3-31）

（1）计量单位：组。

（2）项目划分：区分是否带存水弯、管径。

（3）工程量计算规则：排水栓安装以“组”为计量单位。

注：该定额指单个安装的排水栓，如砖砌拖布池等下安装的排水栓。但卫生设备成套内容中包括的排水栓不得另行计算，如洗脸盆下安装的排水栓。

11. 地漏安装

（1）计量单位：个。

（2）项目划分：区分材质（金属地漏、塑料）、管径。

（3）工程量计算规则：地漏安装以“个”为计量单位。

（4）章说明：防爆地漏执行金属地漏安装相应子目。

12. 地面扫除口安装（见图3-32）

（1）计量单位：个。

（2）项目划分：区分材质（铸铁地面扫除口、塑料地面扫除口）、管径。

（3）工程量计算规则：地面扫除口安装以“个”为计量单位。

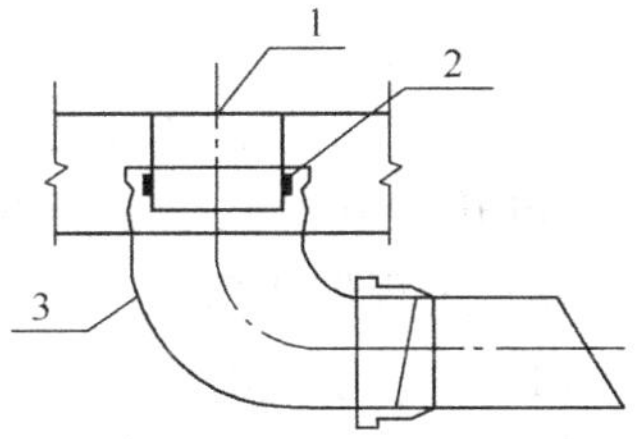

图3-32 清扫口
1—铜清扫口盖；2—铸铁清扫口身；3—排水管弯头

13. 大、小便槽冲洗水箱制作

（1）计量单位：100kg。

（2）项目划分：区分小便槽（1＃～5＃）、大便槽（1＃～7＃）。

（3）工程量计算规则：大便槽、小便槽冲洗水箱制作以“100kg”为计量单位。

（4）章说明：大、小便槽水箱托架安装已按标准图计算在定额内，不得另行计算。

14. 大便槽自动冲洗水箱安装

（1）计量单位：套。

（2）项目划分：区分水箱容积（L）。

（3）工程量计算规则：大便槽自动冲洗水箱安装以“套”为计量单位。

15. 小便槽自动冲洗水箱安装

（1）计量单位：套。

（2）项目划分：区分水箱容积（L）。

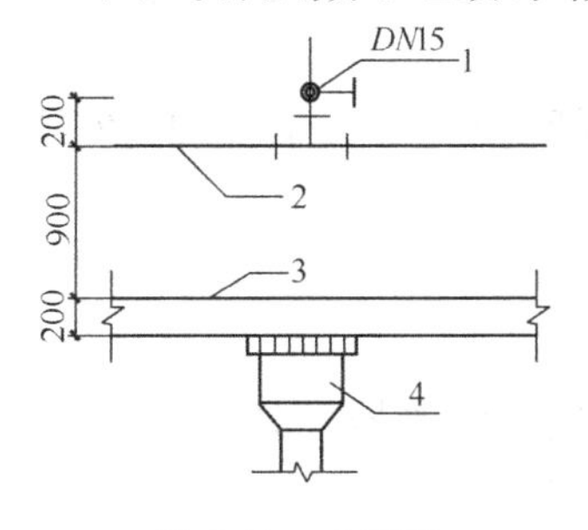

图3-33 小便槽
1—*DN*15截止阀；
2—*DN*15多孔冲洗管；
3—小便槽踏步；4—地漏

（3）工程量计算规则：小便槽自动冲洗水箱安装以“套”为计量单位。

16. 小便槽冲洗管制作、安装（见图3-33）

（1）计量单位：m。

（2）项目划分：区分管径。

（3）工程量计算规则：小便槽冲洗管制作与安装以“m”为计量单位。

（4）章说明：小便槽冲洗管制作与安装定额中不包括阀门安装，应按相应子目另行计算。

17. 毛发聚集器安装

（1）计量单位：个。

（2）项目划分：区分进口管径（4-530～4-531）。

（3）工程量计算规则：毛发聚集器安装以“个”为计量单位。

18. 隔油器安装

（1）计量单位：个。

（2）项目划分：区分进口管径（4-532～4-535）。

（3）工程量计算规则：隔油器安装以“个”为计量单位。

（4）章说明：隔油器安装定额中不包括支架制作、安装，按设计要求另行计算。

19. 电热水器、开水炉安装

(1) 计量单位：台。

(2) 项目划分：区分安装形式、管径、型号，具体项目划分包括电热水器（挂式、立式)、电开水炉（立式)、蒸汽间断式开水炉（1＃～3＃)。

(3) 工程量计算规则：电热水器、电开水炉安装以“台”为计量单位。

(4) 章说明：电热水器、开水炉安装定额内只考虑本体安装，连接管、连接件等工程量可按相应子目另行计算。

20. 容积式热交换器安装

(1) 计量单位：台。

(2) 项目划分：区分型号（1＃～3＃)。

(3) 规则：容积式水加热器安装以“台”为计量单位。

(4) 章说明：容积式水加热器安装，定额内已按标准图计算了其中的附件，但不包括安全阀安装、本体保温、刷油和基础砌筑。

21. 蒸汽、水加热器冷热水器混合器安装

(1) 计量单位：套。

(2) 项目划分：区分种类，具体项目划分包括蒸汽—水加热器（小型单管式)、冷热水混合器（小型、大型)。

(3) 工程量计算规则：蒸汽—水加热器安装以“套”为计量单位。

(4) 章说明：

1) 蒸汽—水加热器安装项目中包括了莲蓬头安装，不包括支架制作安装，阀门和疏水器安装应按相应子目另行计算。

2) 冷热水混合器安装项目中包括了温度计安装，但不包括支架制作安装及阀门安装，应按相应子目另行计算。

22. 消毒器、消毒锅、饮水器安装

(1) 计量单位：台。

(2) 项目划分：区分类型、规格、型号，具体项目划分包括消毒器（湿式 250mm×400mm，湿式 900mm×900mm，干式 900mm×1600mm,）消毒锅（1＃～4＃)、饮水器。

(3) 工程量计算规则：消毒器、消毒锅、饮水器安装以“台”为计量单位。

(4) 章说明：饮水器安装的阀门和脚踏开关安装应按相应子目另行计算。

23. 太阳能热水器安装

(1) 计量单位：台。

(2) 项目划分：区分种类（闷晒式、平板式、真空管)、采光面积。

(3) 工程量计算规则：太阳能热水器安装以“台”为计量单位。

24. 公共直接饮用水设备安装

(1) 计量单位：套。

(2) 项目划分：区分设备供水量（t/h)。

(3) 工程量计算规则：公共直接饮用水设备安装以“套”为计量单位。

25. 自动加压供水设备安装

(1) 计量单位：套。

（2）项目划分：区分设备供水量（m^3/h）。

（3）工程量计算规则：自动加压供水设备安装以“套”为计量单位。

3.3.2.4　水暖器具组成与安装

1. 水表组成安装

（1）计量单位：组。

（2）项目划分：区分种类、管径，具体项目划分包括螺纹水表、焊接法兰水表（带旁通管及止回阀）、远传水表、IC卡水表。

（3）工程量计算规则：水表组成安装以“组”为计量单位。

（4）章说明：

1）水表安装，不分冷、热水表，均按水表规格执行相应子目。

2）法兰水表安装是按《全国通用给水排水标准图》编制，定额内包括旁通管及止回阀，如实际安装形式与此不同时，阀门及止回阀可按实际调整，其余不变。

3）远传水表不包括电气接线，电气接线应执行第二册《电气设备安装工程》相应子目。

4）螺纹水表安装项目内已包括表前阀门一个，不得重复计算，如阀门型号与此不同时，可按实调整。

2. 伸缩器制作安装

（1）计量单位：个。

（2）项目划分：区分种类、连接方式、制作方法、管径，具体项目划分包括螺纹连接法兰式套筒伸缩器安装、焊接法兰式套筒伸缩器安装、波纹伸缩器安装（法兰连接）、方型伸缩器制作安装（煨制、机械煨弯、压制弯头组成）。

（3）工程量计算规则：伸缩器制作安装安装以“个”为计量单位。

（4）章说明：波纹伸缩器安装，不分材质、形式，均按规格执行相应子目。

3. 浮标液面计、水塔及水池浮漂水位标尺制作安装

（1）计量单位：（浮标液面计）组、（水塔及水池浮漂水位标尺）套。

（2）项目划分：区分种类，浮标液面计FQ—Ⅱ型，水塔浮漂水位标尺、水池浮漂水位标尺。

（3）工程量计算规则：浮标液面计制作安装以“组”为计量单位，水塔及水池浮漂水位标尺制作安装以“套”为计量单位。

（4）章说明：浮标液面计、水位标尺是按国标编制的，如设计与国标不符时，可作调整。

3.3.2.5　小型容器制作安装

章说明：

（1）本章适用于给水排水、采暖系统中一般低压碳钢容器的制作和安装。

（2）各种水箱连接管（见图3-34），均未包括在定额内，可按室内管道安装的相应项目执行。

1）进水管：一般由水箱侧壁接入，当水箱由外网压力进水时，进水管出口应装设液压水位控制阀或浮球阀（2个）。当水箱由水泵供水，并利用水位升降自动控制水泵运行时，不得装水位控制阀。

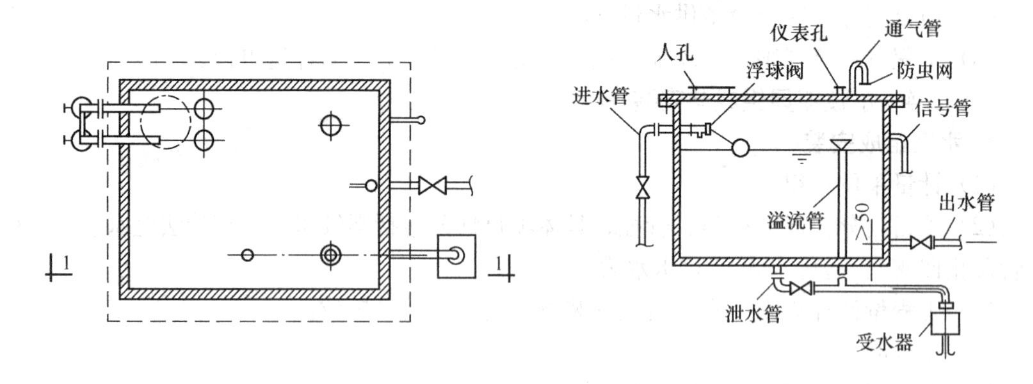

图 3-34　水箱管道及附件示意图

2）出水管：可从侧壁或底部接出，出水管内底或管口应高于水箱内底且应大于50mm；出水管上应装设闸阀。

3）溢流管：可从底部或侧壁接出，溢流管的进水口宜采用水平喇叭口集水，并应高出水箱最高水位50mm，溢流管上部允许装设阀门，出口应装设网罩。

4）泄水管：应自水箱底部接出，管上应装设闸阀，其出口可与溢水管相接，但不得与排水系统直接相连。

5）水位信号装置：该装置是反映水位控制阀失灵报警的装置，可在溢流管口（或内底）齐平处设信号管，一般自水箱侧壁接出，其出口接至有人值班房间内的洗涤盆上。

6）通气管：供生活饮用的水箱，当贮水量较大时，宜在箱盖上设通气管，使箱内空气流通，管口应朝下并设网罩。

7）人孔：为便于清洗、检修，箱盖上应设人孔。

（3）各类水箱均未包括支架制作安装，如为型钢支架，执行本册定额“一般管道支架”项目，混凝土或砖支座可按《甘肃省建筑工程预算定额》相应项目执行。

（4）水箱制作按施工图所示尺寸，不扣除人孔、手孔重量，水位计、内外人梯、管口法兰未包括在定额内，发生时另行计算。

1. 矩形、圆形钢板水箱制作

（1）计量单位：100kg。

（2）项目划分：区分每个水箱重量。

（3）工程量计算规则：钢板水箱制作，以“100kg”为计量单位。

2. 矩形、圆形钢板水箱安装

（1）计量单位：个。

（2）项目划分：区分水箱总容量。

（3）工程量计算规则：钢板水箱安装，以“个”为计量单位。

3. 组装式水箱安装

（1）计量单位：台。

（2）项目划分：区分总容量（4-805～4-816）。

（3）工程量计算规则：组装式水箱，按水箱容量以“台”为计量单位，定额已包括型钢支架，混凝土或砖支座可按土建相应项目计算。

（4）章说明：组装式水箱安装适用于各种材质的组装式水箱安装，已包括型钢支架制作安装，混凝土或砖支座应执行《甘肃省建筑工程预算定额》相应子目。

3.4 室内给水排水工程工程量计算实例

某四层公寓楼盥洗房和卫生间的给水排水工程如图3-35～图3-39所示。图中墙厚300mm，JL-1距③轴墙皮500mm，盥洗槽中靠近Ⓑ轴一侧的第一个水龙头距Ⓑ轴墙皮300mm，JL-1距靠近Ⓐ轴一侧的第一个大便器中心的距离为2.1m，卫生间内砖砌污水池尺寸为600×600mm，小便槽冲洗管长3m，室外第一个排水检查井距外墙皮3.5m，盥洗槽排水栓距Ⓑ轴内墙皮600mm，地漏距Ⓑ轴内墙皮250mm。

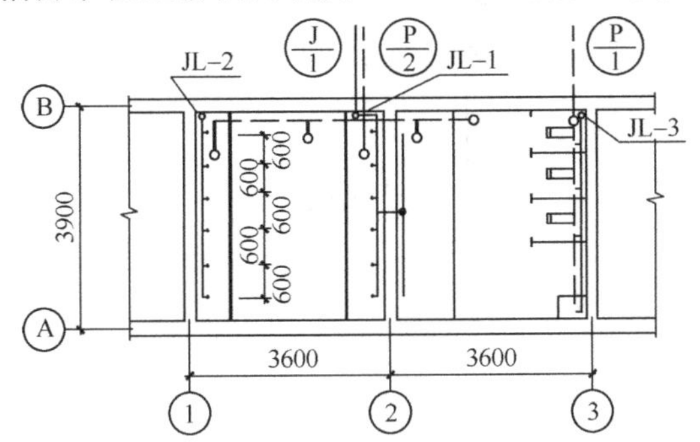

图3-35 首层给水排水平面图

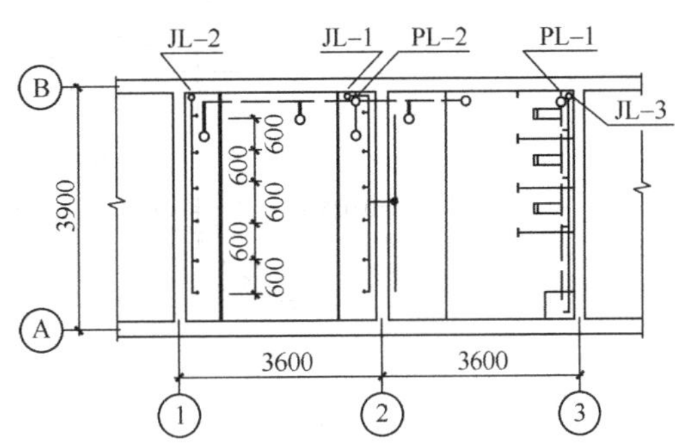

图3-36 二～三层给水排水平面图

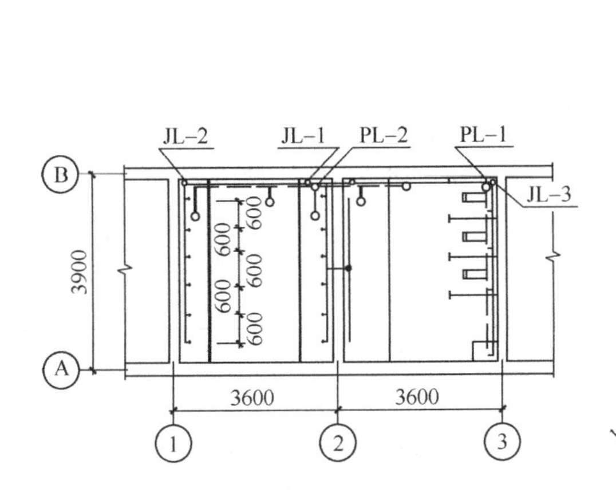

图3-37 顶层给水排水平面图

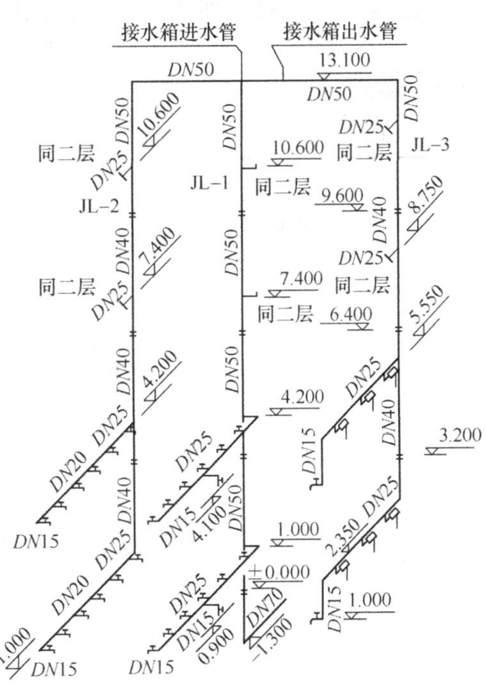

图3-38 给水系统图

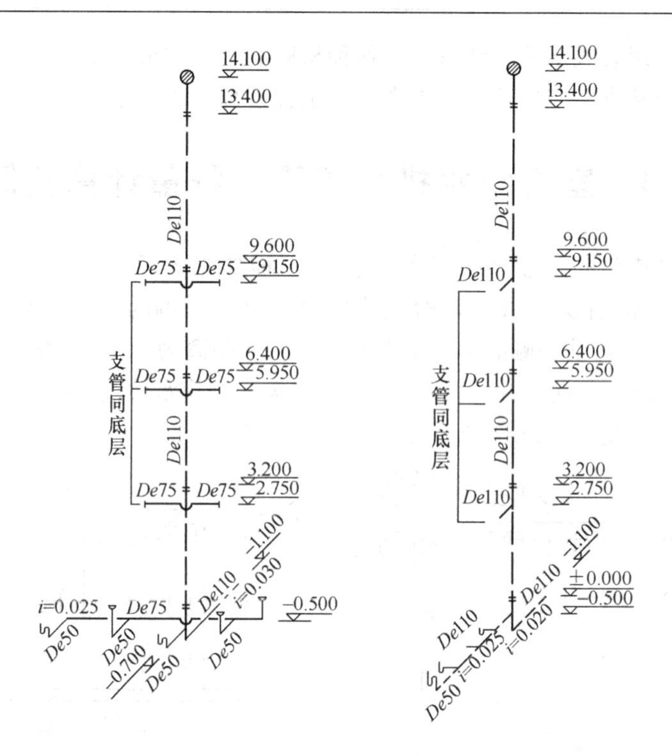

图 3-39　排水系统图

给水管道采用热镀锌钢管，螺纹连接，管道穿外墙用防水套管保护，室内穿墙及过楼板采用钢套管。排水系统采用 UPVC 塑料管，粘接。

根据已知背景条件，列项计算此给水排水工程工程量，详见表 3-12。

工程量计算表　　　　**表 3-12**

序号	分项工程名称	计算部位	单位	计算式	数量
一	室内给水系统				
(一)	管道安装				
	镀锌钢管(螺纹)				
1	引入管 *DN*70		m	(1.5(室内外界线)+0.3(墙厚))(水平部分)+(1.3+1(变径处标高))(垂直部分)	4.1
2	JL-1	立管部分 *DN*50	m	13.1-1	12.1
		横支管部分 *DN*25	m	[0.5(JL-1 距②轴墙皮距离)+0.3(JL—1 横支管上第一个水龙头距Ⓑ轴墙皮距离)+0.6×5(水龙头间距)+0.3(Ⓑ轴墙厚)+(1—0.9(冲洗管标高))]×4(层数)	16.8
3	顶部供水干管	*DN*50	m	3.6×2—0.3(墙厚)	6.9
4	JL-2	立管部分 *DN*50	m	13.1—10.6(变径处标高)	2.5
		立管部分 *DN*40	m	10.6—1	9.6
		横支管部分 *DN*25	m	[0.3(JL-2 横支管上第一个水龙头距 B 轴墙皮距离)+0.6(水龙头间距)]×4(层数)	3.6
		横支管部分 *DN*20	m	[0.6×4(水龙头间距)]×4(层数)	9.6

续表

序号	分项工程名称	计算部位	单位	计算式	数量
5	JL-3	立管部分*DN*50	m	13.1-11.95(变径处标高)	1.15
		立管部分*DN*40	m	11.95－2.35	9.6
		横支管部分*DN*25	m	2.1(JL-3距第三个蹲便器水箱支管距离)×4(层数)	8.4
		横支管部分*DN*15	m	[3.9－0.3(墙厚)－2.1(JL-3距第三个蹲便器水箱支管距离)－0.3(污水池宽度一半)＋(2.35－1)(垂直段)]×4(层数)	10.2
	给水管道汇总				
		*DN*70	m	4.1	4.1
		*DN*50	m	12.1＋6.9＋1.15	20.15
		*DN*40	m	9.6＋9.6	19.2
		*DN*25	m	3.6＋8.4	12
		*DN*20	m	9.6	9.6
		*DN*15	m	10.2	10.2
(二)	管道消毒、冲洗				
		*DN*70以内	m	4.1	4.1
		*DN*50以内	m	20.15＋19.2＋12＋9.6＋10.2＋4.1	75.25
(三)	钢套管制作安装				
1	JL-1套管	*DN*70穿外墙	个	1(刚性防水套管)	1
		*DN*70穿地面	个	1	1
		*DN*50穿楼面	个	3	3
		*DN*25穿墙面	个	4	4
2	顶部供水干管	*DN*50穿墙面	个	1	1
3	JL-2套管	*DN*40穿楼面	个	3	3
4	JL-3套管	*DN*40穿楼面	个	3	3
	套管汇总				
		*DN*100	个	1＋1	2
		*DN*80	个	3＋1	4
		*DN*65	个	3＋3	6
		*DN*40	个	4	4
(四)	管道支架制作安装				
		进户管	kg	进户管(*DN*70)设1个 1×3.78(管支架单重)	3.78
		立管	kg	JL-1(*DN*50)每层设1个 4×0.20(管支架单重)	0.8
			kg	JL-2(*DN*50、*DN*40)每层设1个 1×0.20(*DN*50管支架单重)＋3×0.19(*DN*40管支架单重)	0.77

续表

序号	分项工程名称	计算部位	单位	计算式	数量
			kg	JL-3(DN50、DN40)每层设1个 1×0.20(DN50管支架单重)+3×0.19(DN40管支架单重)	0.77
			kg	注：DN32以内螺纹连接钢管管支架定额已综合	
	管支架汇总		kg	3.78+0.8+0.77+0.77	6.12
(五)	阀门安装				
	螺纹截止阀 DN25	小便槽冲洗管前阀门	个	1×4	4
(六)	水龙头安装 DN15				
		JL-1横支管	个	6×4	24
		JL-2横支管	个	6×4	24
		JL-3横支管	个	1×4	4
	水龙头安装 DN15 汇总		个	24+24+4	52
(七)	小便槽冲洗管制作安装 DN15		m	3×4	12
二	室内排水系统				
(一)	管道安装				
	UPVC管(粘接)				
1	$\frac{P}{1}$ 系统	出户管 De110	m	3.5(室外第一个排水检查井距外墙皮距离)+0.3(墙厚)	3.8
		立管 De110	m	14.1+1.1	15.2
		横管 De110	m	2.1(JL-3距第三个蹲便器中心距离)×4(层数)	8.4
		横管 De50	m	[3.9−0.3(墙厚)−2.1(JL-3距第三个蹲便器水箱支管距离)−0.3(污水池宽度一半)]×4(层数)	4.8
		立支管 De110	m	0.5(首层蹲便器立支管)+(3.2−2.75)(2～4层蹲便器立支管)×3(层数)	2.85
		立支管 De50	m	0.5(首层污水池排水栓立支管)+(3.2−2.75)(2～4层污水池排水栓立支管)×3(层数)	2.85
2	$\frac{P}{2}$ 系统	出户管 De110	m	3.5(室外第一个排水检查井距外墙皮距离)+0.3(墙厚)	3.8
		立管 De110	m	14.1+1.1	15.2

续表

序号	分项工程名称	计算部位	单位	计算式	数量
		横管 $De75$	m	3.6+3.6÷2	5.4
		横管 $De50$	m	[0.6(盥洗槽排水栓距Ⓑ轴墙皮距离)×2+0.25(地漏距Ⓑ轴墙皮距离)×2]×4(层数)	6.8
		立支管 $De50$	m	0.5(首层地漏立支管、排水栓立支管)×5+(3.2−2.75)(2 至 4 层地漏立支管、排水栓立支管)×5×3(层数)	9.25
	排水管道汇总				
		$De110$	m	3.8+15.2+8.4+2.85+3.8+15.2	53.05
		$De75$	m	15.2	15.2
		$De50$	m	4.8+2.85+6.8+9.25	23.7
(二)	阻火圈安装	$De110$	个	4(楼板数)×3(立管数)	12
(三)	卫生器具制作安装				
1	蹲式大便器(瓷高水箱)		套	3×4	12
2	排水拴 $De50$		套	$1\times4\left(\frac{P}{1}\text{系统}\right)+2\times4\left(\frac{P}{2}\text{系统}\right)$	12
3	塑料地漏 $De50$		个	3×4	12
				注：盥洗槽和污水池为砖砌，在土建工程中计算	

第4章　消防工程工程量计算

4.1　消防工程基本知识

4.1.1　消防灭火系统分类

常见的消防灭火系统按灭火介质的不同分类如图4-1所示。目前民用建筑中安装的消防灭火系统主要为水灭火系统。

4.1.2　消火栓灭火系统

1. 消火栓灭火系统组成

常见的消火栓灭火系统由以下五部分组成，如图4-2所示。

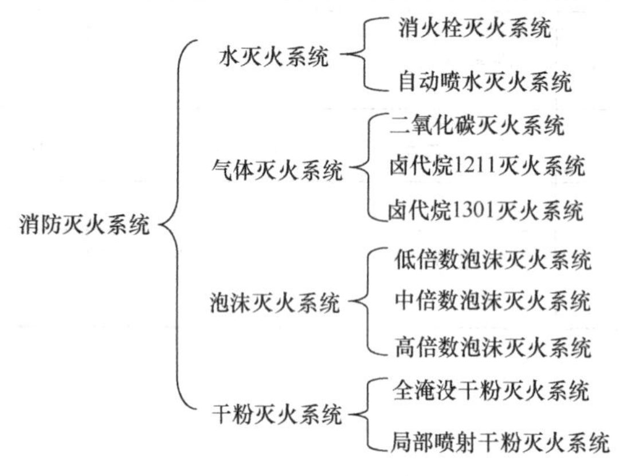

图4-1　消防灭火系统分类

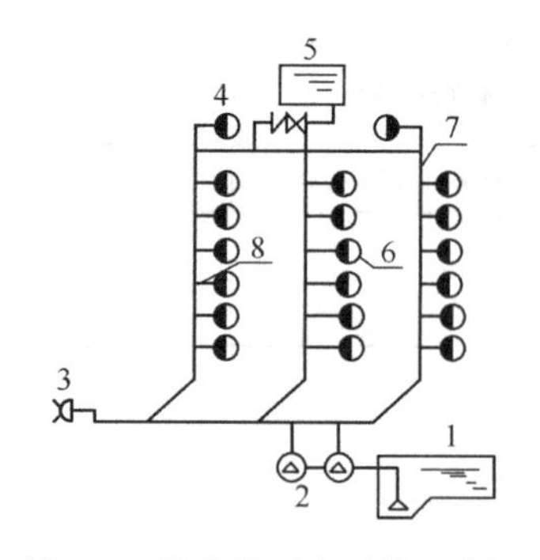

图4-2　消火栓灭火系统组成图

1—水池；2—消防水泵；3—消防水泵接合器；4—试验消火栓；5—水箱；6—室内消火栓；7—消防给水干管；8—消防给水支管

(1) 消防管道系统

室内消防管道由引入管、干管、立管和支管组成。它的作用是将水供给消火栓，并且必须满足消火栓在消防灭火时所需水量和水压要求。消防管道的直径应不小于50mm。

室内消防管道，管径≤100mm时，采用热镀锌钢管或热镀锌无缝钢管，宜采用螺纹连接、卡箍连接或法兰连接；管径＞100mm时，采用焊接钢管或无缝钢管，宜采用焊接或法兰连接。

(2) 消火栓箱

消火栓箱是将室内消火栓、消防水龙带、消防水枪及电气设备集中装于一体，并明装、暗装或半暗装于建筑物内的具有给水、灭火、控制、报警等功能的箱状固定式消防装置，如图4-3所示。消火栓箱按水龙带的安置方式有挂置式、盘卷式、卷置式和托架式四种。

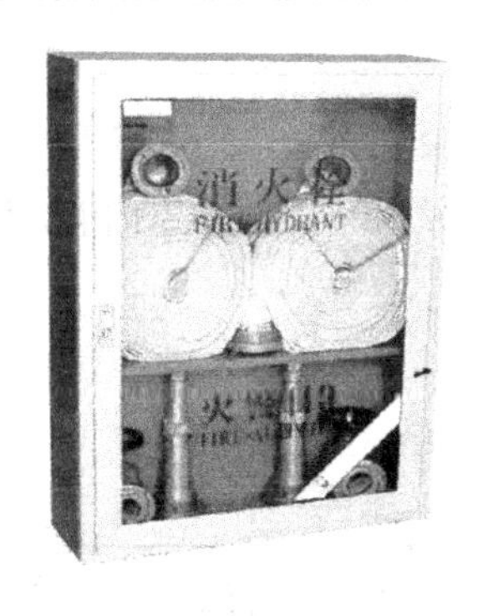

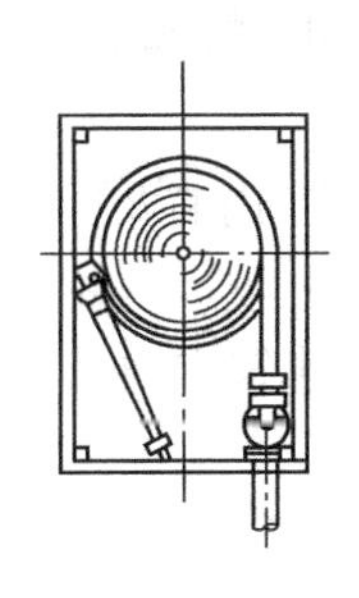
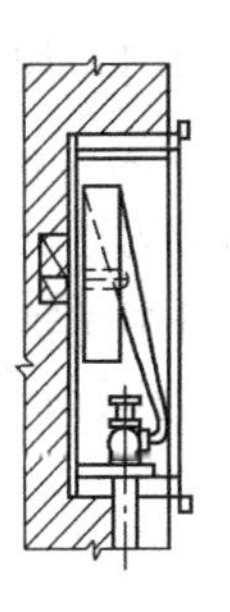
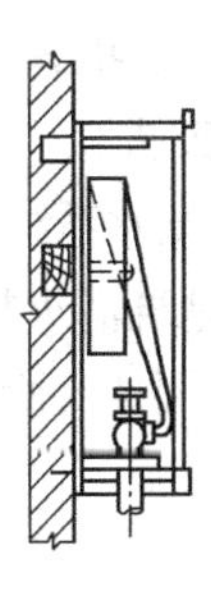

图 4-3 消火栓箱

消火栓是消防用的龙头，是带有内扣式的角阀，进口向下和消防管道相连，出口与水龙带相接，直径规格有 50mm 和 65mm 两种规格，根据栓口数量可分为单栓和双栓两种。消防水龙带是输送消防水的软管，一端通过快速内扣式接口与消火栓、消防车连接，另一端与水枪相连，按材料分为有衬里消防水龙带（包括衬胶水龙带、灌胶水龙带）和无衬里消防水龙带（包括棉水龙带、麻水龙带和亚麻水龙带），直径规格有 50mm 和 65mm 两种，长度有 10m、15m、20m、25m 四种。消防水枪是灭火的主要工具，其功能是将消防水带内的水流转化成高速水流，直接喷射到火场，达到灭火、冷却或防护的目的，目前在室内消火栓给水系统中配置的水枪一般多为直流式水枪，有 QZ 型、QZA 型直流水枪和 QZG 型开关直流水枪，这种水枪的出水口直径分别为 13m、16m、19m、22mm 等。

（3）加压设备

加压设备主要指消防水泵，可将水池中的水向上输送至建筑物，以及满足消防用水水压要求。

（4）储水设备（构筑物）

储水设备（构筑物）主要指水池和水箱，及时供应消防用水。

（5）消防水泵接合器

当发生火灾时，消防车的水泵可迅速方便地通过该接合器的接口与建筑物内的消防设备相连接，并送水加压，从而使室内的消防设备得到充足的压力水源，用以扑灭不同楼层的火灾，有效地解决了建筑物发生火灾后，消防车灭火困难或因室内的消防设备因得不到充足的压力水源无法灭火的情况。这种设备适用于消火栓给水系统和自动喷淋灭火系统。消防水泵接合器有地上（SQ）、地下（SQX）和墙壁式消防水泵接合器（SQB）三种，如图 4-4 所示。

（6）控制附件

(a)

(b)

(c)

图 4-4 消防水泵接合器

控制附件主要指各类阀门，如闸阀、蝶阀等。

2. 消火栓灭火系统的分类

室内消火栓给水系统可分为低层建筑室内消火栓给水系统和高层建筑室内消火栓给水系统。

（1）低层建筑消火栓给水系统

如图4-5、图4-6所示为两种低层建筑室内消火栓给水系统。

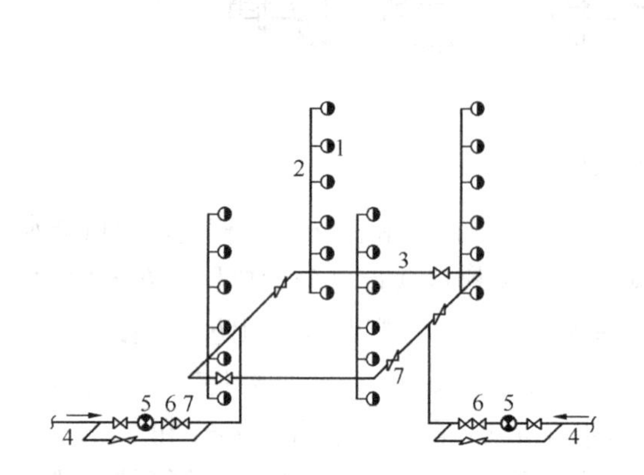

图4-5　无水泵水箱的消火栓给水系统

1—室内消火栓；2—消防立管；3—消防干管；

4—进户管；5—水表；6—止回阀；7—闸阀

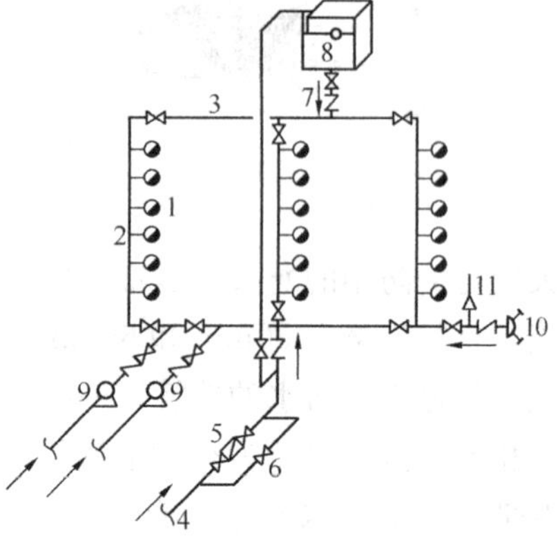

图4-6　设水泵水箱的消火栓给水系统

1—室内消火栓；2—消防立管；3—消防干管；

4—进户管；5—水表；6—旁通管及阀门；

7—止回阀；8—水箱；9—消防水泵；

10—水泵结合器；11—安全阀

（2）高层建筑消火栓给水系统

如图4-7～图4-9所示为三种高层建筑室内消火栓给水系统。

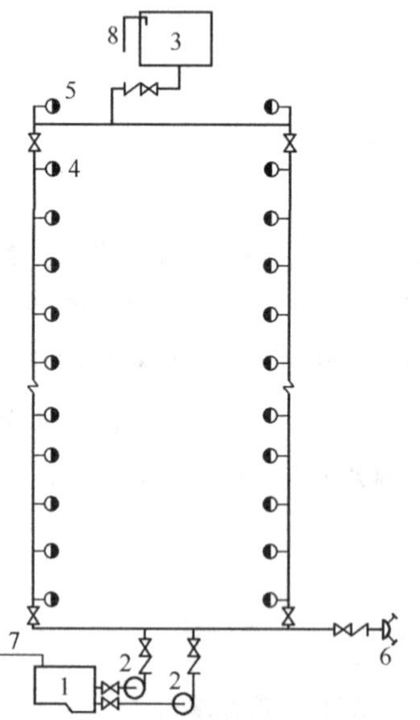

图4-7　不分区的消火栓给水系统

1—水池；2—消防水泵；3—水箱；4—消火栓；5—试验消火栓；6—水泵结合器；7—水池进水管；8—水箱进水管

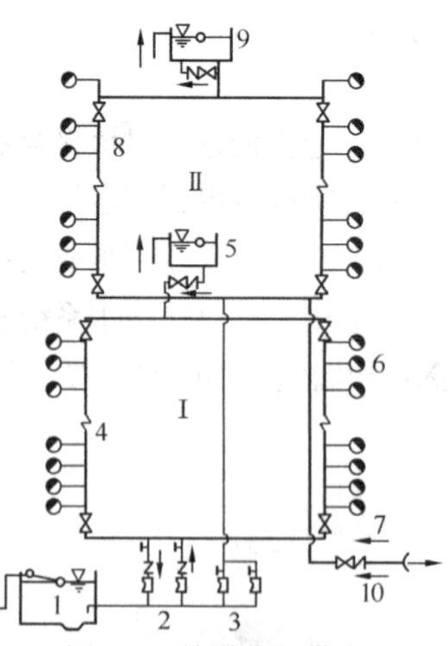

图4-8　并联分区供水消火栓给水系统

1—水池；2—Ⅰ区消防泵；3—Ⅱ区消防泵；4—Ⅰ区管网；5—Ⅰ区水箱；6—消火栓；7—Ⅰ区水泵结合器；8—Ⅱ区管网；9—Ⅱ区水箱；10—Ⅱ水泵结合器

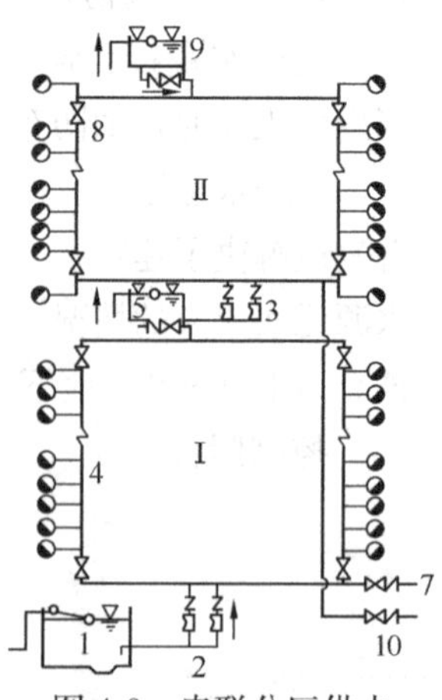

图4-9　串联分区供水消火栓给水系统

1—水池；2—Ⅰ区消防泵；3—Ⅱ区消防泵；4—Ⅰ区管网；5—Ⅰ区水箱；6—消火栓；7—Ⅰ区水泵结合器；8—Ⅱ区管网；9—Ⅱ区水箱；10—Ⅱ水泵结合器

4.1.3　自动喷水灭火系统

自动喷水灭火系统是在发生火灾时自动喷水的灭火系统，它具有工作性能稳定，灭火效率高，使用期长，不污染环境，维修方便等优点。

1. 自动喷水灭火系统的分类

依照采用的喷头分为闭式系统和开式系统两类，即采用闭式洒水喷头的为闭式系统，采用开式洒水喷头的为开式系统。闭式系统的类型较多，基本类型包括湿式、干式、预作用及重复启闭预作用系统等。用量最多的是湿式系统，在已安装的自动喷水灭火系统中，有70%以上为湿式系统。采用开式洒水喷头的自动喷水灭火系统，包括：雨淋系统、水喷雾系统、水幕系统。

(1) 自动喷水湿式灭火系统。如图4-10、图4-11所示，该系统主要由闭式喷头、管道系统、湿式报警阀等组成。湿式是指该系统在报警阀前后管道内均充满保持一定压力的水，当保护对象着火后，闭式喷头被打开，即能自动喷水，具有控制火势或灭火迅速的特点。主要缺点是不适应于寒冷地区。其使用环境温度应介于4℃～70℃之间，自动喷水湿式系统管阀内的工作压力，不应大于1.2MPa。

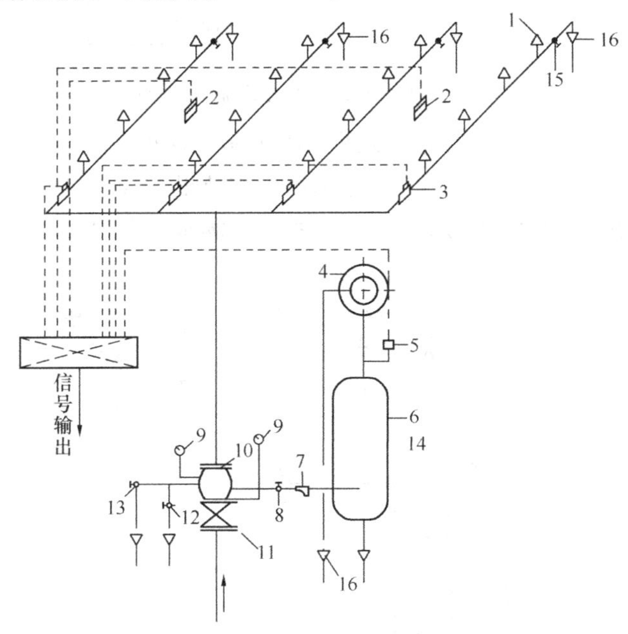

图4-10　自动喷水湿式灭火系统示意图

1—闭式喷头；2—火灾探测器；3—水流指示器；4—水力警铃；5—压力开关；6—延迟器；7—过滤器；8—截止阀；9—压力表；10—湿式报警器；11—闸阀；12—截止阀；13—放水阀；14—火灾报警控制箱；15—截止阀；16—排水漏斗

(2) 自动喷水干式灭火系统。它的供水系统、喷头布置等与湿式系统完全相同。所不同的是平时在报警阀（此阀设在采暖房间内）前充满水而在阀后管道内充以压缩空气，当火灾发生时，喷水头开启，先排出管路内的空气，供水才能进入管网，由喷头喷水灭火。主要缺点是作用时间比湿式系统迟缓一些，另外还要设置压缩机及附属设备，投资较大。

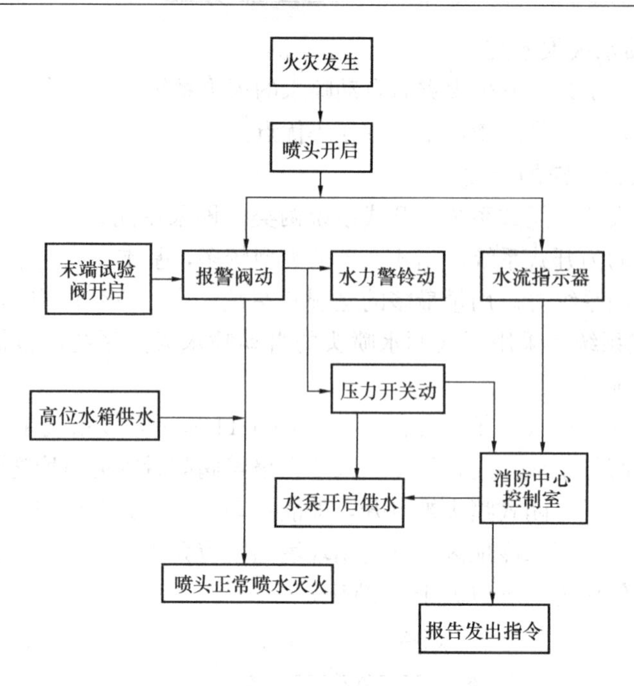

图 4-11 自动喷水湿式灭火系统工作原理图

（3）自动喷水干湿两用灭火系统。如图 4-12 所示，这种干湿两用灭火系统亦称为水、气交换式自动喷水灭火设置。该装置在冬季寒冷的季节里，管道内可充填压缩空气，即为自动喷水干式灭火系统：在温暖的季节里整个系统充满水，即为自动喷水湿式灭火系统。

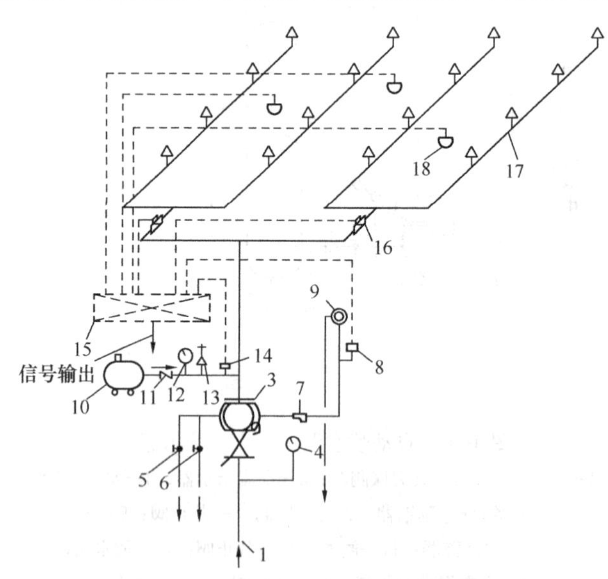

图 4-12 自动喷水干湿两用灭火系统示意图

1—供水管；2—闸阀；3—干湿两用阀；4—压力表；5—截止阀；6—截止阀；7—过滤器；8—压力开关；9—水力警铃；10—空压机；11—止回阀；12—压力表；13—安全阀；14—压力开关；15—灭火报警控制箱；16—水流指示器；17—闭式喷头；18—火灾探测器

（4）自动喷水预作用系统。如图4-13所示，预作用系统具有湿式系统和干式系统的特点，预作用阀后的管道系统内平时无水，呈干式，充满有压或无压的气体。火灾发生初期，火灾探测器系统控制自动开启或手动开启预作用阀，使消防水进入阀后管道，系统成为湿式，当闭式喷头开启后，即可出水灭火。该系统由火灾探测系统、闭式喷头、预作用阀、充气设备和充以有压或无压气体的钢管等组成。

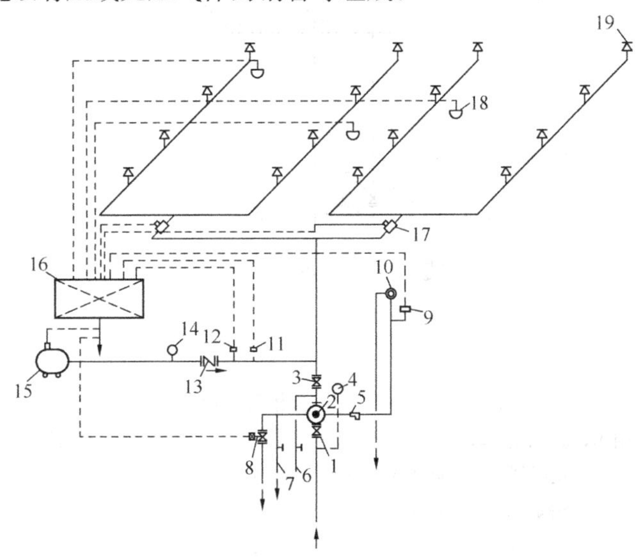

图4-13　自动喷水预作用灭火系统示意图

1—闸阀；2—预作用阀；3—闸阀；4—压力表；5—过滤器；6—截止阀；7—手动开启截止阀；8—电磁阀；9—压力开关；10—水力警铃；11、12—压力开关；13—止回阀；14—压力表；15—空压机；16—火灾报警控制箱；17—水流指示器；18—火灾探测器；19—闭式喷头

（5）自动喷水雨淋系统。如图4-14所示，它的管网和喷淋头的布置与干式系统基本相同，但喷淋头是开式的。系统包括开式喷头、管道系统、雨淋阀火灾探测器和辅助设施。系统的控制方法有两种：一是利用自动喷淋头控制阀门而达到控制部分管网的目的；二是在每组干支管上附设感温探测器来控制进水阀门。这种灭火系统通常安装在火灾危险性高的场所。另外，在高大的厂房里，由于气流的散热作用，闭式喷淋头可能出现感温不足的情况，而设置带感温探测器的干式灭火系统可以弥补这一缺陷。

（6）水幕设备。水幕系由水滴或水雾组成的阻火幕帘。一座建筑物或一套装置如需防止外来火灾侵袭，可采用水幕设备来保护。它是能喷出幕帘状水流的管网设备，主要由水幕头、支管、自动喷淋头控制阀、手动控制阀、干支管等组成。

2. 自动喷水灭火系统的主要组成

自动喷水灭火系统主要由管道系统、洒水喷头、报警阀组、监测器、报警器等组件，以及供水设施等组成。

（1）洒水喷头

如图4-15所示，在自动喷水灭火系统中，洒水喷头担负着探测火灾、启动系统和喷水灭火的任务，它是系统中的关键组件。洒水喷头有多种不同形式的分类。按有无释放机

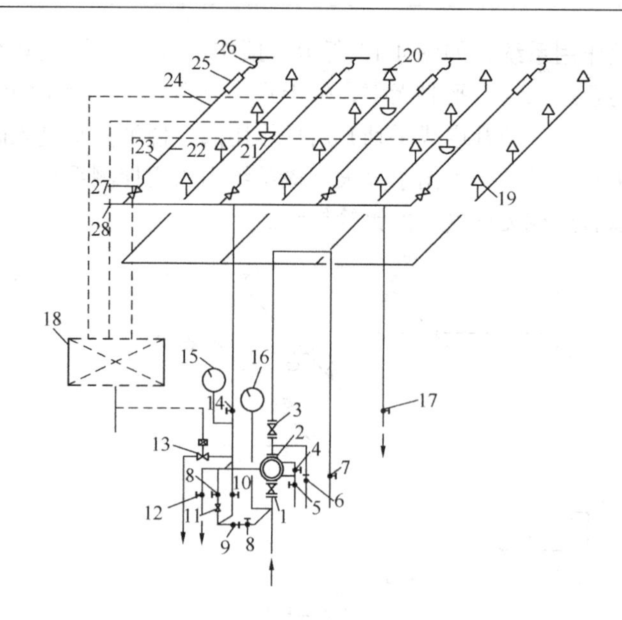

图 4-14　自动喷水雨淋系统示意图

1—闸阀；2—雨淋阀；3—闸阀；4、5—截止阀；6—闸阀；7、8—截止阀；9—止回阀；10—截止阀；11—带 $\phi3$ 小孔闸阀；12—截止阀；13—电磁阀；14—截止阀；15、16—压力表；17—手动旋塞；18　火灾报警控制箱；19—开式喷头；20—闭式喷头；21—火灾探测器；22—钢丝绳；23—易熔锁封；24—拉紧弹簧；25—拉紧连接器；26—固定拉钩；27—转动阀门；28—截止阀

构分类为闭式和开式的分类；按喷头流量系数分类，包括 K=55、80、115 等，其中 K=80 的称为标准喷头；按安装方式分类，有下垂型、直立型、普通型和边墙型喷头。

（2）报警阀

如图 4-16 所示，报警阀是自动喷水灭火系统中接通或切断水源，并启动报警器的装置。在自动喷水灭火系统中，报警阀是至关重要的组件，其作用有三个：接通或切断水源、输出报警信号和防止水流倒回供水源以及通过报警阀可对系统的供水装置和报警装置

图 4-15　洒水喷头

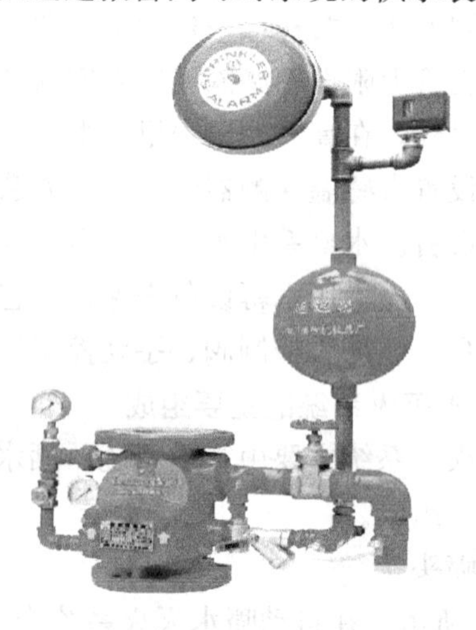

图 4-16　报警阀

进行检验。报警阀根据系统的不同分为湿式报警阀、干式报警阀和雨淋阀。报警阀的公称通径一般为50mm、65mm、80mm、100mm、125mm、150mm、200mm七种。

1）湿式报警阀，用于湿式喷水灭火系统。它的主要功能是：当喷头开启时，湿式阀能自动打开，并使水流入水力警铃发出报警信号。湿式阀按其结构形式有三种：座圈型湿式阀、导阀型湿式阀、蝶阀型湿式阀。

2）干式报警阀，用于干式报警系统。它的阀将闸门分成两部分，出口侧与系统管数和喷头相连，内充压缩空气，进口侧与水源相连。干式报警阀利用两侧气压和水压作用在阀上的力矩差控制阀的封闭和开启，一般可分为差动型干式报警阀和封闭型干式报警阀两种。

3）雨淋阀，用于雨淋喷水灭火系统、预作用喷水系统、水幕系统和水喷雾灭火系统。这种阀的进口侧与水源相连，出口侧与系统管路和喷头相连，一般为空管，仅在预作用系统中充气。雨淋阀的开启由各种火灾探测器装置控制。雨淋阀主要有双圆盘型、隔膜型、杠杆型、活塞型和感温型等。

（3）监测器

监测器用来对系统的工作状态进行监测并以电信号方式向报警控制器传送状态信息。其主要包括水流指示器、阀门限位器、压力监测器、气压保持器和水位监测器等。

1）水流指示器，可将水流的信号转换为电信号，安装在配水干管或配水管始端。其作用在于当失火时喷头开启喷水或者管道发生泄漏或控制中心以显示喷头喷水的区域和楼层，起辅助电动报警作用。

2）阀门限位器，是一种行程开关，也称信号阀，通常配置在干管的总控制闸阀上和通径大的支管闸阀上，用于监测闸阀的开启状态，一旦发生部分或全部关闭时，即向系统的报警控制器发出报警信号。

3）压力监测器，是一种工作点在一定范围内可以调节的压力开关，在自动喷水灭火系统中常用作稳压泵的自动开关控制器件。

（4）报警器

报警器是用来发出声响报警信号的装置，包括水力警铃和压力开关。

1）水力警铃，是靠用水流的冲击发出声响的报警装置。其特点为结构简单、耐用可靠、灵敏度高、维护工作量小，是自动喷水各个系统中不可缺少的部件。

2）压力开关，是一种靠水压或气压驱动的电气开关，通常与水力警铃一起安装使用。压力开关利用水力闭合弱电路实现报警。当报警阀的阀打开，压力水经管道首先进入延时器后再流入压力开关内腔，推动膜片向上移动，顶柱也同时上升，将下弹簧板顶起，触点接触闭合，接通电路，发出电信号输入报警控制箱，发出报警信号，从而启动消防泵。

4.1.4 建议自学资料

标准图集甘02S6《消防工程》、《消防给水及消火栓系统技术规范》（GB 50974—2014）、《自动喷水灭火系统施工及验收规范》（GB 50261—2005）等。

4.2 消防工程识图

4.2.1 消防工程施工图的组成与识图方法

从广义上讲，室内水灭火消防工程属于室内给水排水工程的一部分，因此消防工程施工图的组成与识图方法可参考本教材第3.2.1节给水排水安装工程施工图的组成与识图方法。

4.2.2 消防工程施工图常用图例

消防工程施工图中的管道、阀门等的图例见本书第3.2.2节给排水工程施工图常见图例，本节仍然依据《给水排水制图标准》（GB/T 50106—2010）规定给出消防设施图例，见表4-1。

消防设施图例表　　表4-1

序号	名　称	图　例	备　注
1	消火栓给水管	—— XH ——	—
2	自动喷水灭火给水管	—— ZP ——	—
3	雨淋灭火给水管	—— YL ——	—
4	水幕灭火给水管	—— SM ——	—
5	水炮灭火给水管	—— SP ——	—
6	室外消火栓		—
7	室内消火栓（单口）	 平面　系统	白色为开启面
8	室内消火栓（双口）	 平面　系统	—
9	水泵接合器	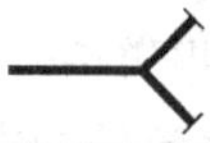	—
10	自动喷洒头（开式）	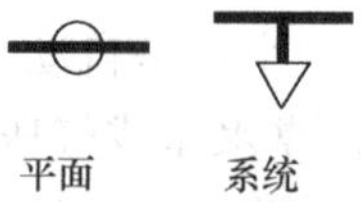 平面　系统	—
11	自动喷洒头（闭式）	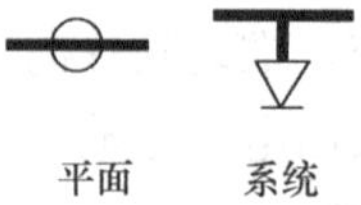 平面　系统	下喷
12	自动喷洒头（闭式）	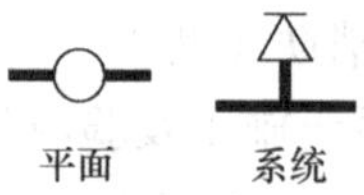 平面　系统	上喷
13	自动喷洒头（闭式）	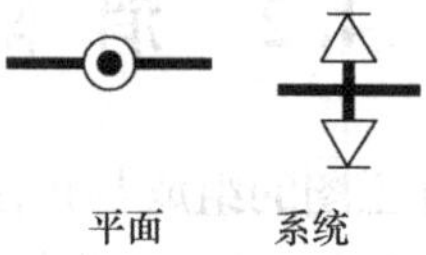 平面　系统	上下喷

续表

序号	名　称	图　例	备　注
14	倒墙式自动喷洒头	平面　系统	—
15	水喷雾喷头	 平面　系统	—
16	直立型水幕喷头	平面　系统	—
17	下垂型水幕喷头	平面　系统	—
18	干式报警阀	 平面　系统	—
19	湿式报警阀	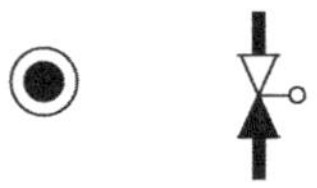 平面　系统	—
20	预作用报警阀	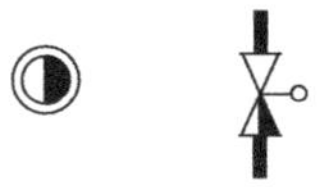 平面　系统	—
21	雨淋阀	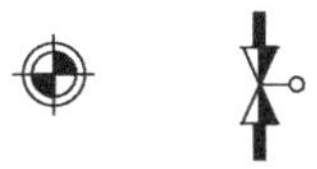 平面　系统	—
22	信号闸阀		—
23	信号蝶阀	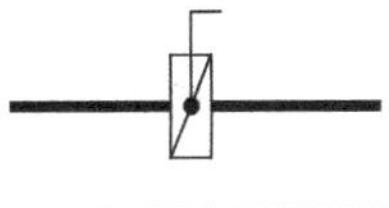	—
24	消防炮	 平面　系统	—

续表

序号	名　称	图　例	备 注
25	水流指示器		—
26	水力警铃		—
27	末端试水装置	平面　系统	—
28	手提式灭火器		—
29	推车式灭火器		—

4.2.3　消防工程施工图实例识读

某大厦的综合娱乐室消防工程图如图 4-17～图 4-20 所示。该建筑共有两层，消火栓管道和喷淋系统管材均为镀锌钢管，螺纹连接，消火栓为单出口成套消火栓，水龙带口径为 *DN*65。

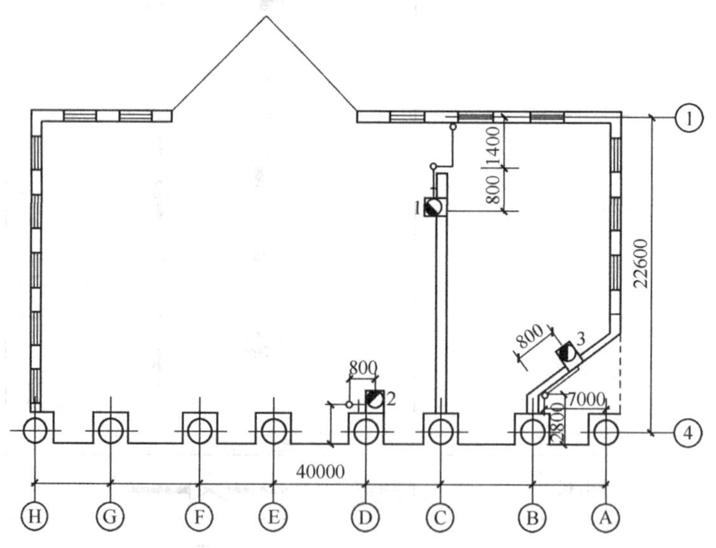

图 4-17　消防工程一层平面图

识图过程如下：

从图 4-17、图 4-19 可看到，该建筑一层采用室内消火栓系统，一层共安装 3 套消火栓，各消火栓的供水管从二层引来。

从图 4-18、图 4-20 可看到，该建筑二层采用室内消火栓系统和喷淋系统。室内消火栓系统有两个引入口，在二层安装了 3 套消火栓和 5 个 *DN*100 的阀门。喷淋系统只有 1

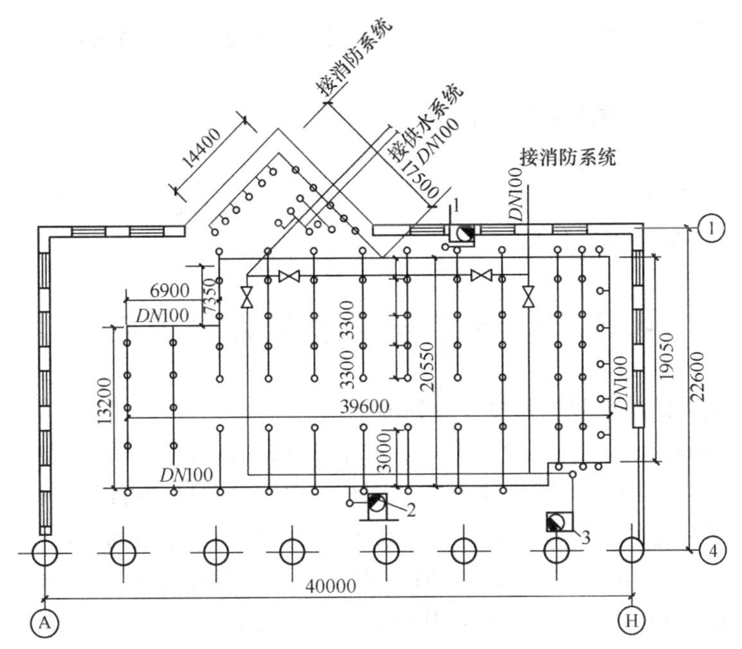

图 4-18　消防工程二层平面图

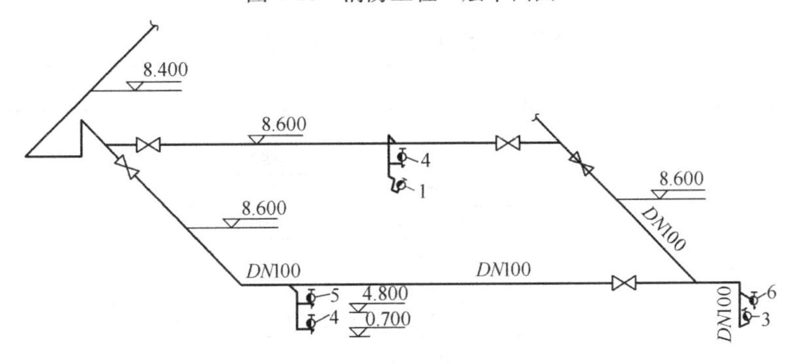

图 4-19　消火栓系统图

1、2、3、4、5、6—室内消火栓

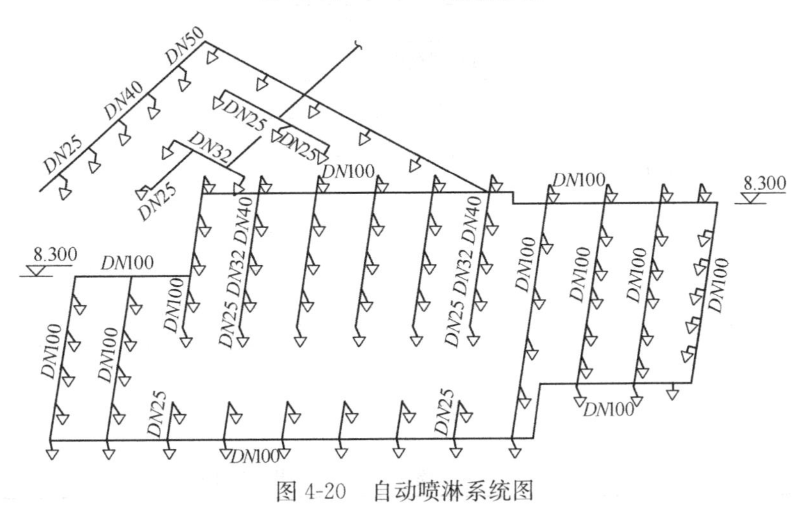

图 4-20　自动喷淋系统图

个入口，在建筑物二层布置了许多回路，每个回路上安装了一些喷头，图中给出了各喷头安装的位置。

从图4-19可看到，室内消火栓系统的配管管径均为*DN*100，左侧引入口管道标高为8.400m，右侧引入口管道标高为8.600m。

从图4-20可看到，该喷淋系统管道标高为8.300m，配管管径为*DN*100、*DN*50、*DN*40、*DN*32、*DN*25五种管径。

4.3 消防工程工程量计算方法

4.3.1 水灭火消防工程工程量计算列项

消防工程工程量计算首先要做的第一项工作是准确列项，对于初学者，可按照定额顺序列项，并注意，一般来说，定额中有的，图纸中也有的项目才可以列出（补充定额子目列项的除外），而且定额说明中指出的“已包括的”内容不能单独列项，“未包括”的须另计的内容需单独列项。消防工程选用《甘肃省安装工程预算定额》第四册给水排水、采暖、消防、燃气管道及器具安装工程，其中水灭火消防工程常用项目见表4-2水灭火消防工程常用定额项目表。

水灭火消防工程常用定额项目表 **表4-2**

章名称	节名称	分项工程列项
第七章　消防管道、附件及器具安装	一、管道安装	1. 水灭火系统管道安装
		(1) 镀锌钢管（螺纹连接）
		(2) 镀锌钢管（法兰连接）
		(3) 镀锌钢管（卡箍连接）
		(4) 卡箍管件安装（开孔连接）
		(5) 卡箍管件安装（管件连接）
		(6) 自动喷水灭火系统管网水冲洗
	二、水灭火系统组件及装置安装	1. 喷头安装
		2. 湿式报警装置安装
		3. 温感式水幕装置安装
		4. 水流指示器安装
		(1) 螺纹连接
		(2) 法兰连接
		5. 减压孔板安装
		6. 末端试水装置安装
		7. 集热板制作、安装
		8 消火栓安装
		(1) 室内消火栓安装
		(2) 室外地下式消火栓安装
		(3) 室外地上式消火栓安装
		(4) 消防水泵接合器安装
		9. 室内消防水炮安装
		10. 隔膜式气压水罐安装（气压罐）

注：套管、支架、水箱等项目参照给水排水工程。

4.3.2　水灭火消防工程工程量计算方法详解

1. 水灭火系统管道安装

（1）计量单位：10m。

（2）项目划分：区分管材、连接方式、管径。

（3）工程量计算规则：

管道安装按设计管道中心长度，以“10m”为计量单位，不扣除阀门、管件及各种组件所占长度。

（4）章说明：

1）消火栓系统的管道、阀门、法兰、支架、套管等分别执行本册定额第一章、第二章相应子目。

2）本节镀锌钢管安装定额也适用于镀锌无缝钢管，其对应关系见表 4-3。

无缝钢管直径对照表　　表 4-3

公称直径（mm）	15	20	25	32	40	50	70	80	100	150	200
无缝钢管外径（mm）	20	25	32	38	45	57	76	89	108	159	219

3）镀锌钢管（卡箍连接）已包含卡箍连接件安装的人工费，但未包括材料费，应按实计算。本定额未包括管件安装，管件安装按设计数量执行本章管件连接定额。

4）镀锌钢管（法兰连接）定额，管件是按成品、弯头两端是按接短管焊法兰考虑的，定额中包括了直管、管件、法兰等预装和安装的全部工作内容，但管件、法兰及螺栓的主材数量应按设计数量另行计算。

5）本节定额包括工序内一次性水压试验。

6）室外消防给水管道安装，执行本册第一章相应子目。

（5）计算要点：

基本计算方法同给水排水管道，水平敷设管道应根据平面图上标注的尺寸计算或利用比例尺进行计量。垂直安装管道，按系统轴测图、剖面图，与标高尺寸配合计算。计算管道延长米时，除了应按照定额将不同材质、管径、连接方式的管道分开计算以外，而且为方便计算刷油工程量，还应将各种管材的管子按明装与暗装、地上与地下分开计算。

消防管道室内外界线划分为：

1）室内外界线以建筑物外墙皮 1.5m 为界，入口处设阀门者以阀门为界。

2）设在高层建筑物内的消防泵间管道与本章管道界线，以泵间外墙皮为界。

2. 卡箍管件安装

（1）计量单位：个。

（2）项目划分：区分连接方式、管径。

（3）工程量计算规则：

镀锌钢管卡箍管件，按图纸设计数量以“个”为计量单位。

（4）章说明：

已包含卡箍及管件安装的人工费但未包括材料费，应按实计算。

3. 自动喷水灭火系统管网水冲洗

（1）计量单位：100m。

（2）项目划分：区分管径。

（3）工程量计算规则：

自动喷水灭火系统管网水冲洗，区分不同规格以“100m”为计量单位。

（4）章说明：

本定额是按水冲洗考虑的，若采用水压气动冲洗法时，可按施工方案另行计算。此定额只适用于自动喷水灭火系统。

4. 喷头安装

（1）计量单位：10个。

（2）项目划分：区分有无吊顶、管径。

（3）工程量计算规则：

喷头安装按有吊顶、无吊顶分别以“10个”为计量单位。

（4）章说明：

喷头、报警装置及水流指示器安装定额均按管网系统试压、冲洗合格后安装考虑的，定额中包括丝堵、临时短管的安装、拆除及其摊销。

5. 湿式报警装置安装

（1）计量单位：组。

（2）项目划分：区分管径。

（3）工程量计算规则：

报警装置安装按成套产品以“组”为计量单位。

（4）章说明：

1）雨淋、干式（干湿两用）及预作用报警装置，其安装执行湿式报警装置安装定额，其人工乘以系数1.2，其他不变。

2）报警装置成套产品包括的内容详见表4-4报警装置成套产品包括内容。

报警装置成套产品包括内容　　表4-4

序号	项目名称	包括内容
1	湿式报警装置	湿式阀、装配管、供水压力表、装置压力表、试验阀、泄放试验阀、泄放试验管、试验管流量计、过滤器、延时器、水力警铃、报警截止阀、漏斗、压力开关等
2	干湿两用报警装置	两用阀、装置截止阀、装配管、加速器、加速器压力表、供水压力表、试验阀、泄放试验阀（湿式）、泄放试验阀（干式）、挠性接头、泄放试验管、试验管流量计、排气阀、截止阀、漏斗、过滤器、延时器、水力警铃、压力开关等
3	电动雨淋报警装置	雨淋阀、装置管、压力表、泄放试验阀、流量表、截止阀、注水阀、止回阀、丢电磁阀、排水阀、应急手动球阀、报警试验阀、漏斗、压力开关、过滤器、水力警铃
4	预作用报警装置	干式报警阀、压力表（两块）、流量表、截止阀、排放阀、注水阀、止回阀、泄放阀、报警试验阀、液压切断阀、装配管、供水检验管、气压开关（两个）、试压电磁阀、应急手动试验器、漏斗、过滤器、水力警铃

3）报警装置安装定额均按管网系统试压、冲洗合格后安装考虑的，定额中包括丝堵、临时短管的安装、拆除及其摊销。

6. 温感式水幕装置安装

（1）计量单位：组。

（2）项目划分：区分管径。

（3）工程量计算规则：

温感式水幕装置安装，按不同型号和规格以“组”为计量单位。

（4）章说明：

温感式水幕装置安装定额中包括给水三通至喷头、阀门间的管道、管件、阀门、喷头等全部安装内容。但管道的主材数量按设计管道中心长度另加损耗计算；喷头数量按设计数量另加损耗计算。

7. 水流指示器安装

（1）计量单位：个。

（2）项目划分：区分连接方式、管径。

（3）工程量计算规则：

水流指示器安装，按不同规格以“个”为计量单位。

（4）章说明：

水流指示器安装定额均按管网系统试压、冲洗合格后安装考虑的，定额中包括丝堵、临时短管的安装、拆除及其摊销。

8. 减压孔板安装

（1）计量单位：个。

（2）项目划分：区分管径。

（3）工程量计算规则：

减压孔板安装，按不同规格以“个”为计量单位。

9. 末端试水装置安装

（1）计量单位：组。

（2）项目划分：区分管径。

（3）工程量计算规则：

末端试水装置安装，按不同规格以“组”为计量单位。

10. 集热板制作、安装

（1）计量单位：个。

（2）项目划分：区分制作和安装。

（3）工程量计算规则：

集热板制作安装均以“个”为计量单位。

11. 消火栓安装

（1）计量单位：套。

（2）项目划分：区分规格、安装位置等。

（3）工程量计算规则：

室内消火栓安装，区分单栓和双栓以“套”为计量单位。室外消火栓安装，区分不同规格、工作压力和覆土深度以“套”为计量单位。消防水泵接合器安装，区分不同安装方式和规格以“套”为计量单位。

（4）章说明：

1）消火栓成套产品包括内容见表 4-5。

消火栓成套产品包括内容　　表 4-5

序号	项目名称	包括内容
1	室内消火栓	消火栓箱、消火栓、水枪、水龙带、水龙带接扣、挂架、消防按钮
2	室外消火栓	地下式消火栓、法兰接管、弯管底座或消火栓三通
3	室内消火栓带自动卷盘	消火栓箱、消火栓、水枪、水龙带、水龙带接扣、挂架、消防按钮、消防软管卷盘
4	消防水泵接合器	消防接口本体、止回阀、安全阀、闸（蝶）阀、弯管底座、标牌

2）室内消火栓安装所带消防按钮的安装另行计算。

3）室内消火栓组合卷盘安装，执行室内消火栓安装定额乘以系数 1.2。

4）消防水泵接合器安装如设计要求用短管时，其本身价值可另行计算，其余不变。

12. 室内消防水炮安装

（1）计量单位：台。

（2）项目划分：区分进口直径。

（3）工程量计算规则：

消防水炮以“台”为计量单位。

13. 隔膜式气压水罐安装（气压罐）

（1）计量单位：台。

（2）项目划分：区分公称直径。

（3）工程量计算规则：

隔膜式气压水罐安装，区分不同规格以“台”为计量单位。

（4）章说明：

1）隔膜式气压水罐安装的出口法兰和螺栓按设计规定另行计算。

2）本定额中地脚螺栓是按设备带有考虑的，定额中包括指导二次灌浆用工，但二次灌浆费用另计。

14. 管道支架的制作安装、水箱制作安装执行本册定额相应子目。

4.4 消防工程工程量计算实例

某娱乐中心局部消防工程包括消火栓和自动喷水灭火系统，局部图示如图 4-21～图 4-24 所示，建筑物墙厚 300mm，轴线居中，消防管道井距外墙皮 2.5m，消火栓安装距地 1.2m，喷头上方短立管为 *DN*20，长度为 0.2m。消火栓和自动喷水灭火系统管道均为热镀锌钢管，螺纹连接。消火栓采用单栓 *DN*65，消防水泵接合器采用地下式 *DN*100，管道支架系数为 0.5kg/m。

根据已知背景条件，列项计算消防工程工程量，详见表 4-6。

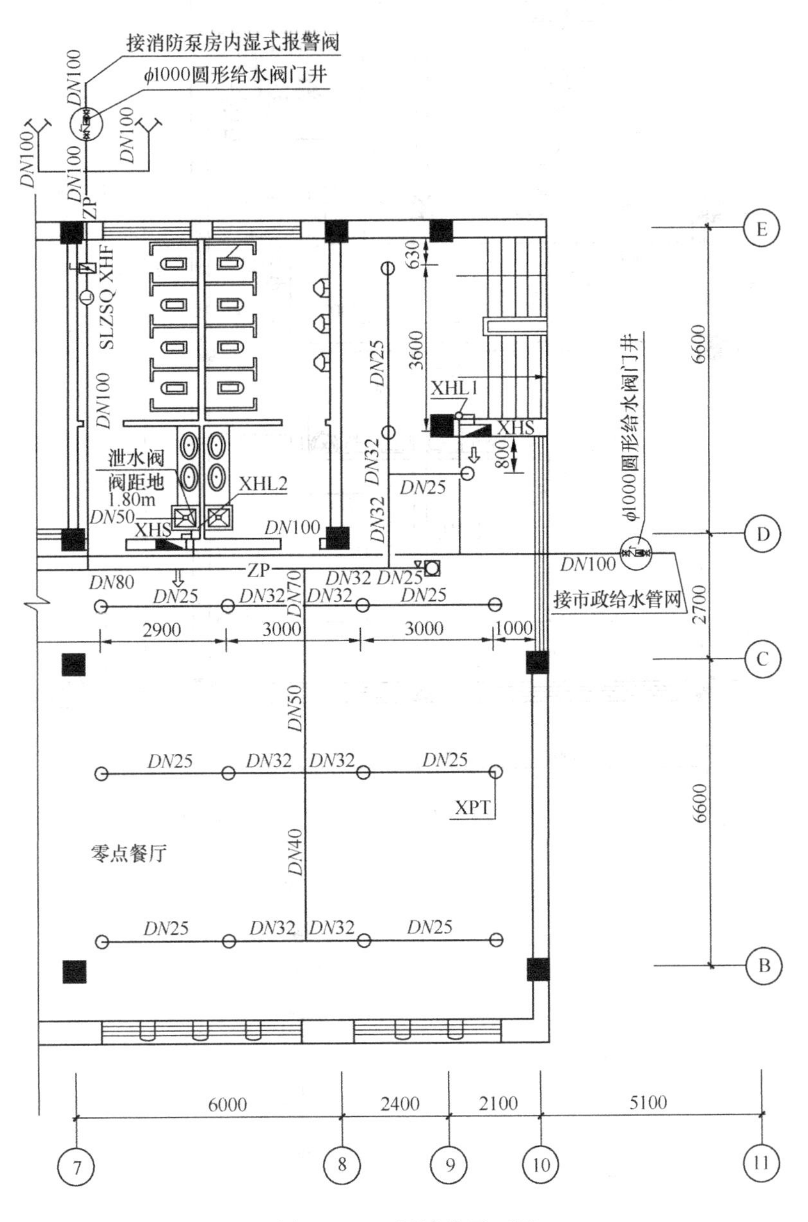

图 4-21　一层消防平面图

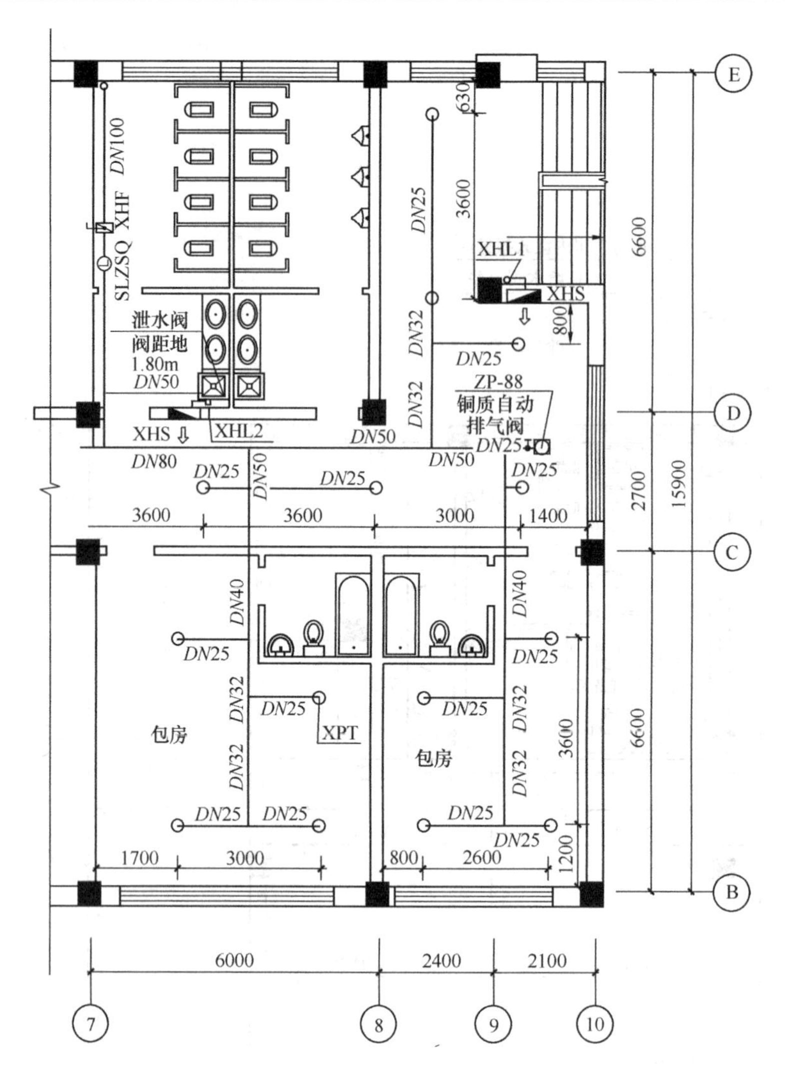

图 4-22　二层消防平面图

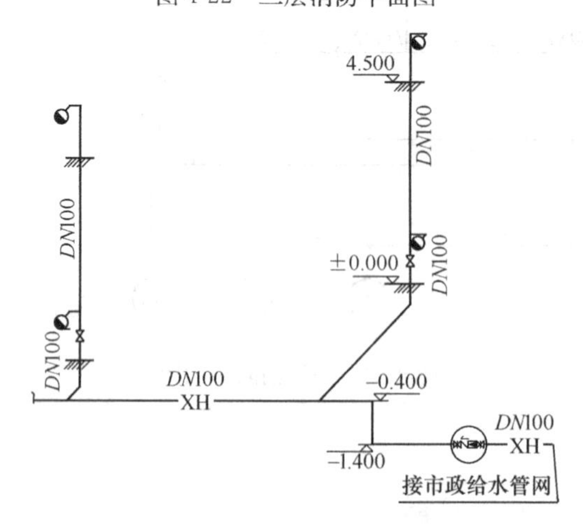

图 4-23　消火栓系统图

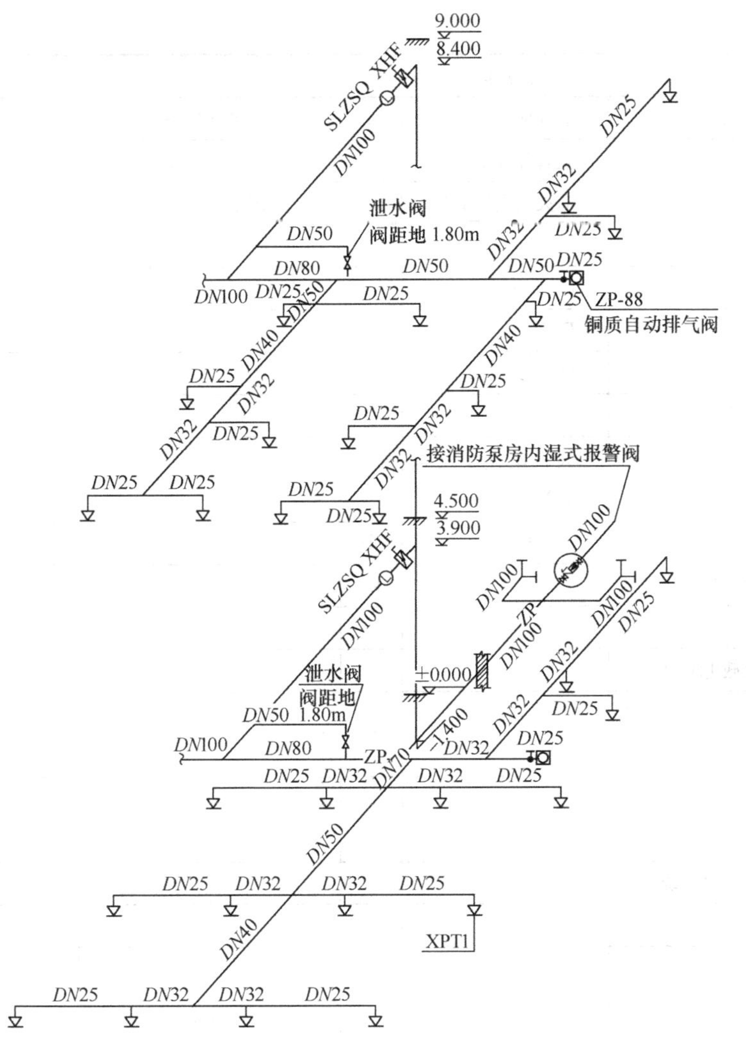

图 4-24　自动喷淋系统图

工程量计算表　　　　　　　　　　　　　　　　**表 4-6**

序号	分项工程名称	计算部位	单位	计算式	数量
一	消火栓系统				
(一)	管道安装				
	热镀锌钢管(螺纹连接)				
1	供水干管 *DN*100		m	2.5(阀门井距外墙皮距离)+0.3(墙厚)+(1.4−0.4)(垂直部分)+(2.1+2.4+6÷2)(图中轴线尺寸)	11.3
2	XHL-1	下部横管	m	(6.6−3.6−0.63)(水平部分图上尺寸)	2.37
		立管部分 *DN*100	m	(4.5+0.4)+1.2(消火栓距地高度)	6.1
		消火栓支管 *DN*65	m	0.5(图上量取)×2(层数)	1

续表

序号	分项工程名称	计算部位	单位	计算式	数量
2	XHL-2	下部横管	m	0.4(水平部分图上尺寸)	0.4
		立管部分 DN100	m	(4.5+0.4)+1.2(消火栓距地高度)	6.1
		消火栓支管 DN65	m	0.5(图上量取)×2(层数)	1
	管道汇总				
		DN100	m	11.3+6.1+6.1	23.5
		DN65	m	1+1	2
(二)	管道消毒、冲洗	DN100 以内	m	23.5+2	25.2
(三)	钢套管制作安装				4
		入户柔性防水套管 DN100	个	2	2
		穿楼板 DN100	个	2(层数)×2	4
(四)	管道支架制作安装		kg	25.2×0.5	12.6
(五)	阀门				
	螺纹截止阀 DN100		个	2	2
(六)	消火栓安装(单栓65)		套	4	4
(七)	消防水泵接合器安装	地下式 100	套	1	1
二	自动喷淋系统				
(一)	管道安装				
	热镀锌钢管(螺纹)				
1	引入管 DN100		m	2.5(阀门井距外墙皮距离)+0.3(墙厚)+4.35(接消防水泵接合器部分管段)	7.15
2	总立管 DN100		m	8.4+1.4	9.8
3	一层横支管				
		DN100	m	6.6(图中尺寸)	6.6
		DN80	m	2.9+3÷2(图中尺寸)	4.4
		DN70	m	0.75(图中量取)	0.75
		DN50	m	2.4(图中量取)+(3.9—1.8)(竖直段)+3.9(图中量取)	7.4
		DN40	m	3.9(图中量取)	3.9
		DN32	m	3(图中尺寸)×3+(1.95+3)(图中量取)	13.95
		DN25	m	2.9(图中尺寸)×3+3(图中尺寸)×3+3.6(图中尺寸)+(1.5+0.9)(图中量取)	23.7
		喷头短立管 DN20	m	0.2(喷头上方短立管长度)×15	3

续表

序号	分项工程名称	计算部位	单位	计算式	数量
4	二层横支管				
		*DN*100	m	6.6(图中尺寸)	6.6
		*DN*80	m	3.15(图中量取)	3.15
		*DN*50	m	2.4(图中量取)+(3.9—1.8)(竖直段)+(0.75+5.7)(图中量取)	10.95
		*DN*40	m	(3.5+4.4)(图中量取)	7.9
		*DN*32	m	(4.2+3+3.5)(图中量取)	10.7
		*DN*25	m	3.6(图中尺寸)+3(图中尺寸)×2+2.6(图中尺寸)×2+3.6(图中尺寸)(0.45+0.3)(图中量取)	19.15
		喷头短立管 *DN*20	m	0.2(喷头上方短立管长度)×14	2.8
	管道汇总				
		*DN*100	m	7.15+9.8+6.6+6.6	30.15
		*DN*80	m	4.4+3.15	7.55
		*DN*70	m	0.75	0.75
		*DN*50	m	7.4+10.95	18.35
		*DN*40	m	3.9+7.9	11.8
		*DN*32	m	13.95+10.7	24.65
		*DN*25	m	23.7+19.15	21.85
		*DN*20	m	3+2.8	5.8
(二)	自动喷水灭火系统管网水冲洗				
		*DN*100 以内	m	30.15	30.15
		*DN*80 以内	m	7.55+0.75	8.3
		*DN*50 以内	m	18.35+11.8+24.65+21.85+5.8	82.45
(三)	管道支架制安		kg	(30.15+8.3+18.35+11.8)×0.5	34.3
(四)	阀门安装				
1	螺纹信号蝶阀 *DN*100		个	2	2
2	螺纹泄水阀 *DN*50		个	2	2
3	螺纹自动排气阀 *DN*25		个	2	2
(五)	组件及装置安装				
1	喷头安装	*DN*20	个	29	29
2	水流指示器安装	*DN*100	个	2	2
(六)	消防水泵接合器	*DN*100	套	2	2

第5章 采暖工程工程量计算

5.1 采暖工程基本知识

5.1.1 采暖工程的概念

采暖工程是指利用管道中的热媒（如水或蒸汽）将热能从热源输送到建筑物内各用户的散热设备，以补偿房间热量的损耗，使室内保持人们所需要的空气温度的供热系统安装工程。主要有以下组成部分：①热源：锅炉房、热电站等。②供暖管道：室内外供暖管道。③散热设备：散热器、暖风机等，如图5-1所示。

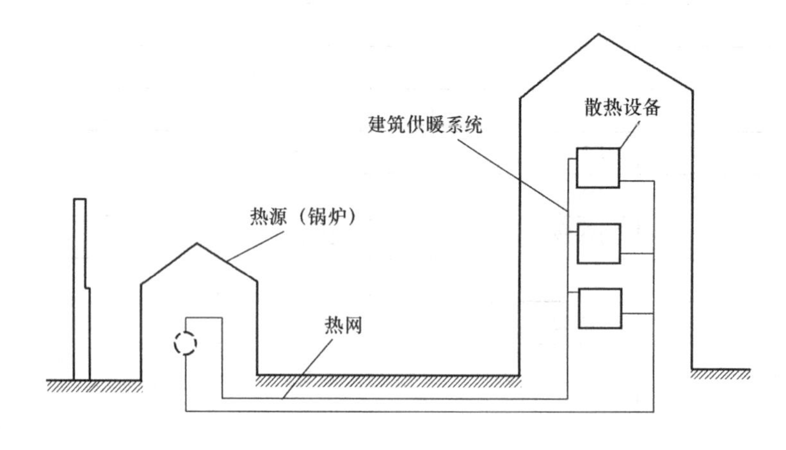

图5-1 采暖工程组成示意图

5.1.2 采暖系统的分类

（1）根据供热范围（作用范围）的大小不同，采暖系统一般可分为局部采暖系统、集中采暖系统和区域采暖系统。

（2）根据使用热媒不同，采暖系统一般分为热水采暖系统、蒸汽采暖系统、热风采暖系统和烟气采暖系统。

（3）根据每组主管根数（回水方式）不同，采暖系统一般可分为单管系统和双管系统。

（4）根据循环动力不同，采暖系统一般分为自然循环（重力循环）采暖系统和机械循环采暖系统。

（5）根据管道敷设方式不同，采暖系统一般可分为垂直式采暖系统和水平式采暖系统。

（6）根据供水管环路流程不同，采暖系统一般可分为同程式采暖系统和异程式采暖系统。

5.1.3　采暖系统的供热方式

采暖系统的供热方式常见的有以下四种。

1. 上供下回式

上供下回式是指供水干管敷设于最高层散热器上部，与供水立管顶端相接，而回水干管敷设于最低端散热器下部与回水立管低端相连。其形式有上供下回双管系统和上供下回单管垂直串联系统、上供下回单管垂直跨越式系统、上供下回同程式系统，分别如图 5-2～图 5-5 所示。双管系统仅适用于三层及三层以下的建筑，单管系统广泛用于住宅和公共建筑中。

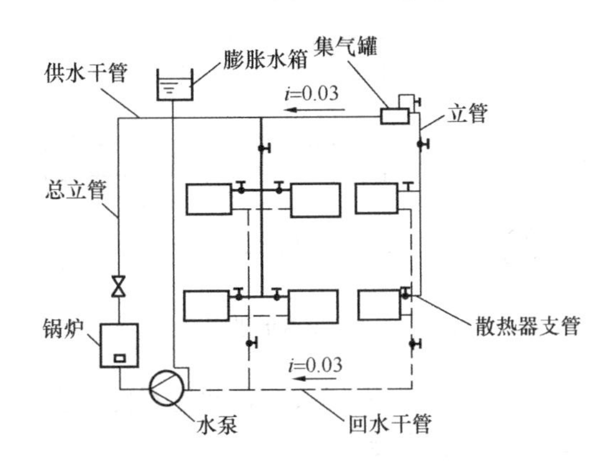

图 5-2　上供下回双管热水供暖系统

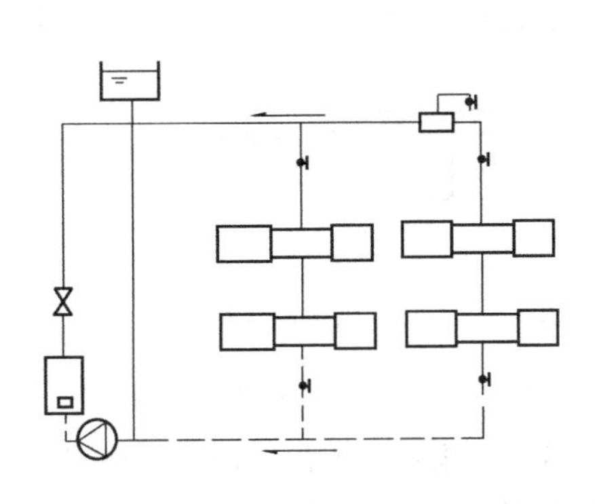

图 5-3　上供下回单管垂直串联式热水供暖系统

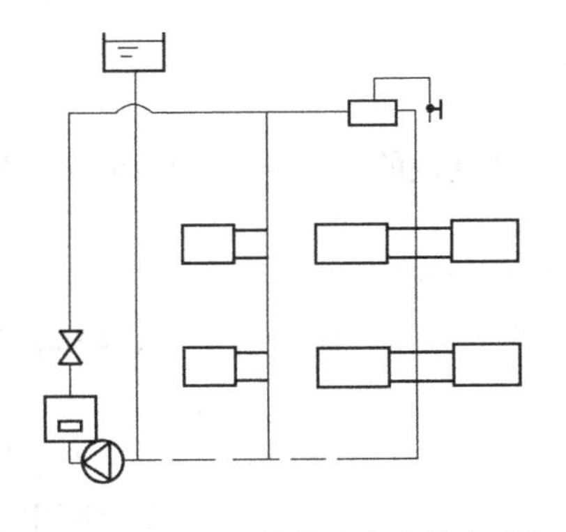

图 5-4　上供下回单管垂直跨越式系统

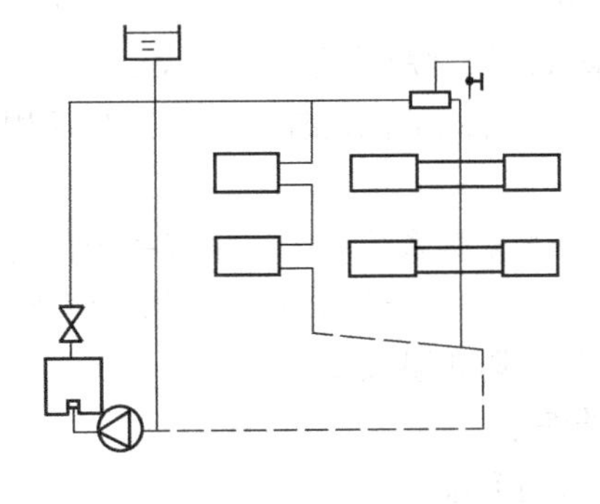

图 5-5　上供下回同程式系统

2. 下供上回式

下供上回式的供热方式是将热媒用管道从室外先送入建筑物的底层，然后再由底层分别送到各层的散热器中，如图 5-6 所示。与上供下回式相反，又称倒流式。常用于高温水供暖系统。

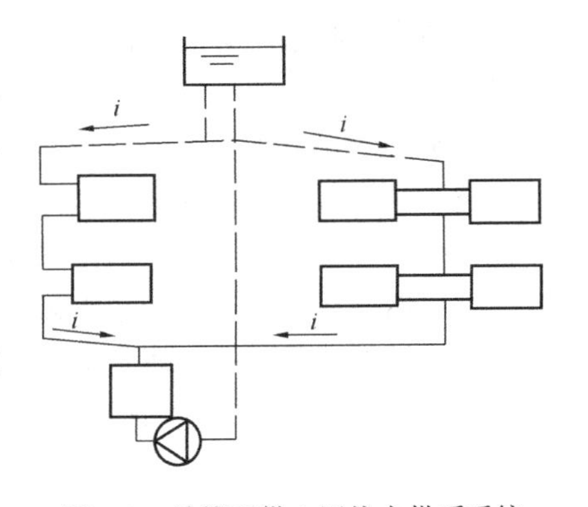

图 5-6　单管下供上回热水供暖系统

3. 下供下回式

如图 5-7 所示，顶层天棚下难以布置管路而不能采用上供式时常用此方式。

4. 中供式

中供式的供热方式是将热媒用管道从室外先送

入建筑物的中层，然后再由中层分别送到各层的散热器中，如图 5-8 所示。当建筑物顶层大梁底标高过低，以至采用上供下回式有困难时采用此式。

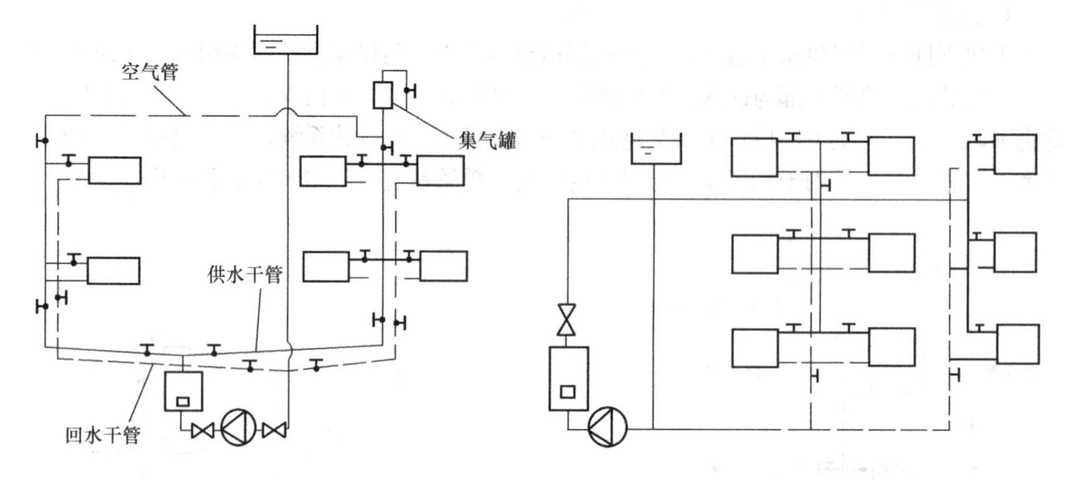

图 5-7　双管下供下回式热水供暖系统　　　图 5-8　中供式热水供暖系统

除以上四种以外，供暖方式还有水平式、分层（区）式、双线式等，此处不再赘述。

5.1.4　采暖系统常用管材、阀门、辅助设备、支架和主要设备

1. 采暖系统常用管材

采暖系统常用管材有无缝钢管和焊接钢管。通常蒸汽采暖系统和高层建筑采暖系统常采用无缝钢管，普通热水采暖系统常采用焊接钢管。

2. 采暖系统常用阀门和辅助设备

除第 3 章介绍的阀门外，采暖系统还用到了一些其他的阀门和辅助设备，具体分为以下三大类。

（1）热水采暖系统和蒸汽采暖系统都有的阀门和辅助设备

1）安全阀。安全阀又称保险阀，用于锅炉、管道和各种压力容器中，控制压力不超过允许数值，防止事故发生。

2）伸缩器。伸缩器又称补偿器，它的作用是设置在管道上，补偿管道的热伸长，以避免供热管道升温时，由于管道热伸长或温度应力而引起管道变形或破坏。常用的补偿器有自然补偿、方形补偿器、波纹补偿器、套筒补偿器几种。

（2）热水采暖系统有而蒸汽采暖系统没有的阀门和辅助设备

1）膨胀水箱。

膨胀水箱的作用主要有：

①膨胀水箱可以容纳管道系统受热后的膨胀水量；

②在系统温度降低时，热量体积收缩或系统水量漏失时，由膨胀水箱向系统补水；

③在自然循环系统中，膨胀水箱还起到排除系统中空气的作用；

④在机械循环系统中，膨胀水箱起到定压的作用。

膨胀水箱应安装在系统的最高处，箱底距系统最高点应不小于 600mm。

2）排气装置：

①集气罐。集气罐用于机械循环系统中的排气。它一般设置在采暖系统水平干管的最

高点。

②排气阀。排气阀的主要作用是排除散热器中的空气，或可以简称其作用为排气阻水。它分为手动排气阀和自动排气阀两种。

③除污器。

除污器的作用是阻留采暖系统所接的供水管网中的污物。它一般安装在采暖系统用户入口处的供水总管上，而且设有旁通管，以便进行清洗和检修。

(3) 蒸汽采暖系统有而热水采暖系统没有的阀门和辅助设备

1) 疏水器。疏水器又称为回水盒，它的作用是自动间歇的排除蒸汽管道、加热器等蒸汽设备系统中的冷凝水，从而防止蒸汽排出，或可以简称其作用为排水阻汽。它有高压和低压之分。

2) 减压阀。减压阀的作用是自动降低设备和管道内的蒸汽压力，使介质压力符合使用要求。

3. 采暖管道用支座（架）

见第3.1.8节中所述管支架。

4. 采暖系统中的散热终端

(1) 散热器

常见散热器的分类见图5-9。

1) 铸铁散热器。

这种散热器在早期使用十分广泛，在散热器技术还不完善的时代，铸铁散热器由于其价格低，耐腐蚀等优点，所以长期以来一直是我国市场上的主导产品。但随着散热器技术的发展，这种传统散热器弊端充分暴露出来，铸铁散热器承压低，体积重，外形粗陋，生产能耗高等诸多无法克服的劣势，将逐渐被市场淘汰。

铸铁散热器的主要类型有柱型散热器和翼型散热器。柱型散热器是呈柱状的单片散热器，用对丝将单片组成所需散热面积，如图5-10所示。外表面光滑，每片各有几个中空的立柱相互连通。我国目前常用的柱型散热器主要有二柱、四柱两种类型散热器，如图5-11、图5-12所示。国内散热器标准规定柱型散热器有五种规格，相应型号标准记为：TZ2—5—5 (8)；TZ4—3—5 (8)；TZ4—5—5 (8)；TZ4—6—5 (8)；TZ4—9—5 (8)。标记TZ4—6—5，TZ4表示灰铸铁四柱型，6表示同侧进出口中

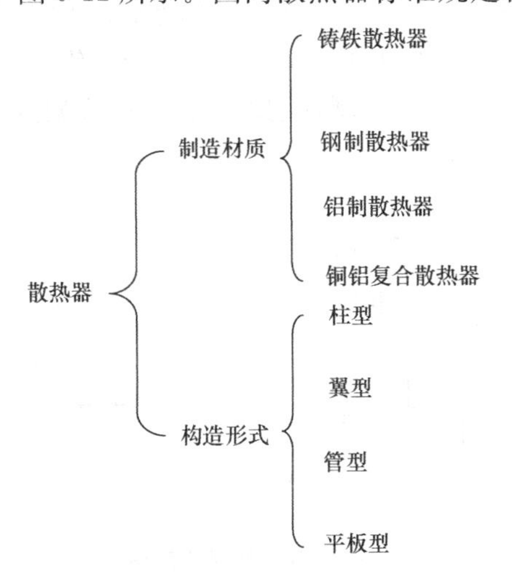

图5-9　常用散热器分类

图5-10　铸铁柱型散热器

心距为 600 mm，5 表示最高工作压力 0.5MPa。柱型散热器有带脚和不带脚的两种片型，便于落地或挂墙安装。翼型散热器又分为圆翼型和长翼型两种，如图 5-13、图 5-14 所示。

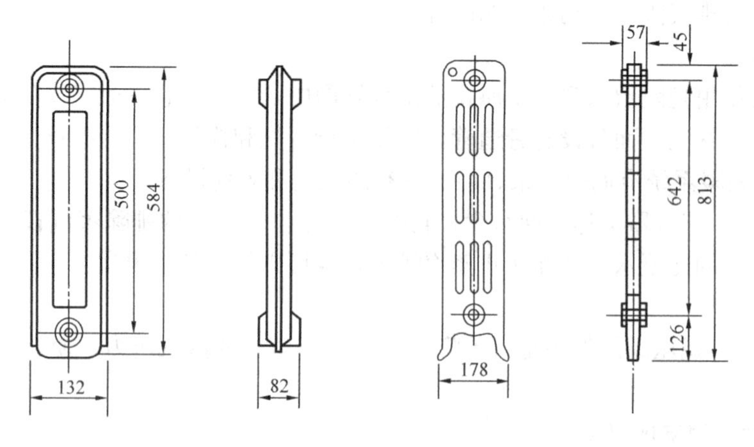

500
584
132
82

图 5-11　二柱 M-132 型散热器

57
45
642
813
126
178

图 5-12　四柱 813 型散热器

圆翼型散热器最高工作压力：热媒为热水，水温低于150℃，P_b=0.6MPa。热媒为蒸汽，P_b=0.4MPa。
圆翼型型号标记为：TY0.75–6(4)和TY1.0–6(4)。

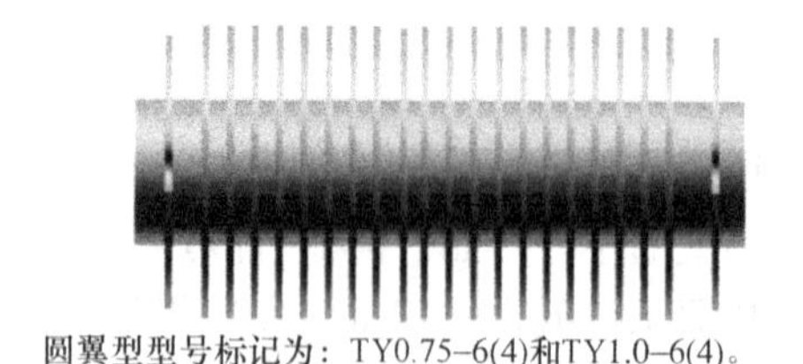

图 5-13　圆翼型散热器

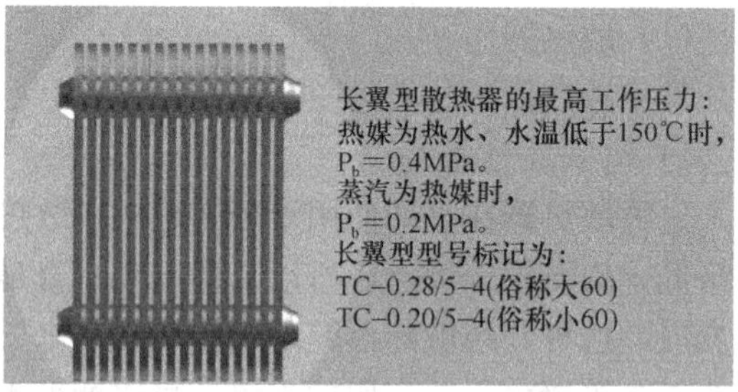

长翼型散热器的最高工作压力：
热媒为热水、水温低于150℃时，
P_b=0.4MPa。
蒸汽为热媒时，
P_b=0.2MPa。
长翼型型号标记为：
TC–0.28/5–4(俗称大60)
TC–0.20/5–4(俗称小60)

图 5-14　长翼型散热器

2）钢制散热器。

钢制散热器相对于铸铁散热器来说具有金属耗量少、耐压强度高、外形美观整洁、占地小、便于布置的优点。同时也具有容易被腐蚀，使用寿命比铸铁散热器短，不宜在蒸汽供暖系统中和具有腐蚀性气体的生产厂房或相对湿度较大的房间使用的缺点。钢制散热器主要形式有闭式钢串片对流散热器、钢制板型散热器、钢制柱型散热器、扁管型散热器、光面管（排管）散热器等，如图 5-15～图 5-18 所示。

640
ϕ40

图 5-15　钢制柱式散热器

50
540
50
100
30
240
120
150
140
ϕ2
50
50
L

图 5-16　闭式钢串片对流散热器

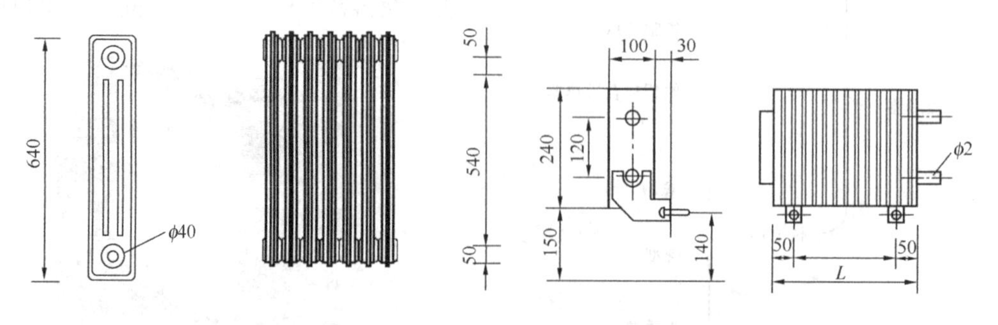

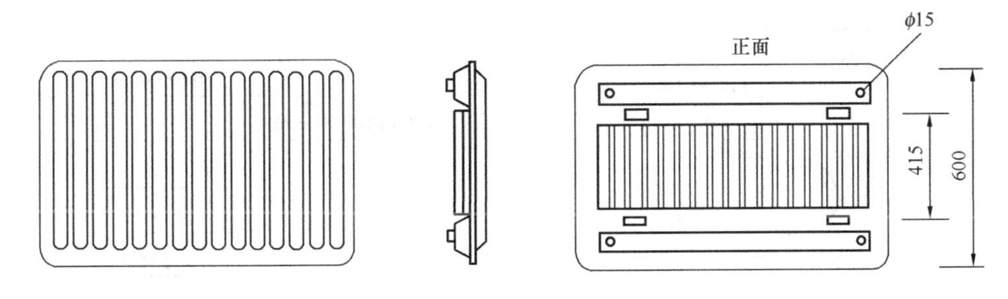

图 5-17　钢制板式散热器

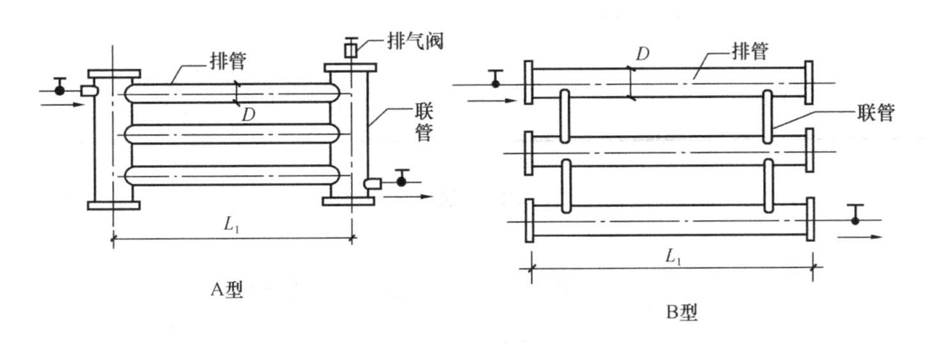

图 5-18　钢制光排管散热器

3）铝制散热器。

铝制散热器具有金属耗量少，重量轻、外表美观、造价高、易腐蚀的特点。

4）铜铝复合散热器。

铜铝复合散热器具有金属热强度高、美观、耐压强度高、不易腐蚀及造价高的特点。

（2）低温地板辐射采暖系统

低温地板辐射采暖是以不高于 60℃的低温热水为热媒将加热管埋设在地板中，以整个地面为散热面，地板在通过对流换热加热周围空气的同时，还与四周的围护结构进行辐射换热，从而使四周的围护结构表面温度升高。具有节能、舒适、美观、健康、安全可靠、时尚的特点。

低温地板辐射采暖系统的施工方法分为干法施工和湿法施工。干法地暖是地暖管铺设在龙骨之间，在龙骨上安装地板，不用覆盖水泥层，如图 5-19 所示。湿法地暖是地暖管铺设在水泥层里面，在水泥层上直接铺地板或地砖，如图 5-20 所示。施工顺序为：施工准备→固定分、集水器→铺设保温层和地暖反射膜→铺设埋地管材→设置过门伸缩缝→中间验收（一次水压试验）→回填细石混凝土层→完工验收（二次水压试验 ）。

低温地板辐射采暖系统主要材料包括加热管、分水器、集水器及连接件和绝热材料。

1）加热管。

地暖管常用管材有交联聚乙烯（PE-X)、铝塑复合管（PAP)、耐冲击共聚聚丙烯(PP-B，韩国曾经称之为 PP-C)、无规共聚聚丙烯（PP-R)、聚丁烯耐高温（PB）和聚乙烯管（PE-RT)。

地暖管路的铺设可以有多种形式，但是它既要保证向房间提供足够的热量，又要满足人们对于舒适感的要求，所以在选择布管形式以及管路间距时根据具体情况而定，不能千

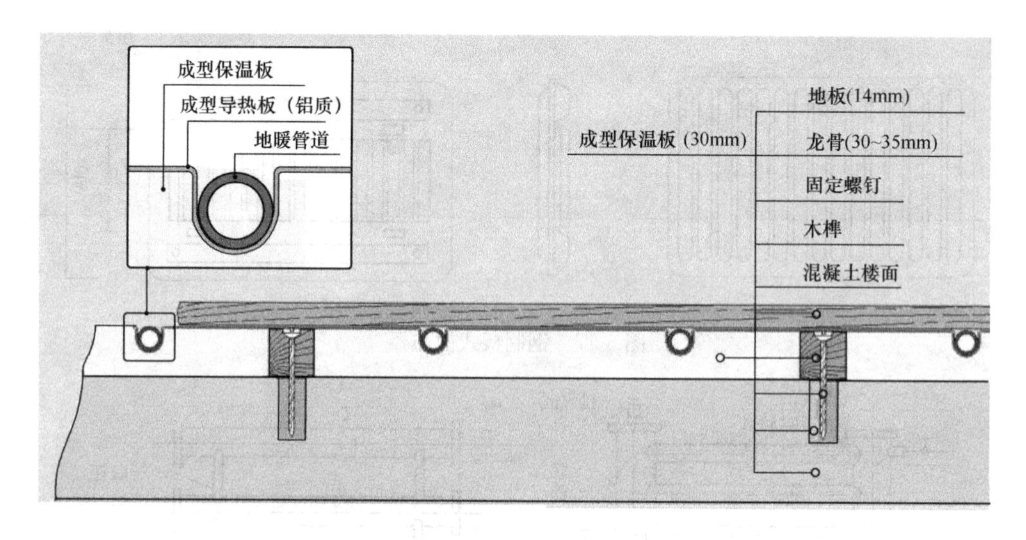

图 5-19　地暖干法施工剖面图

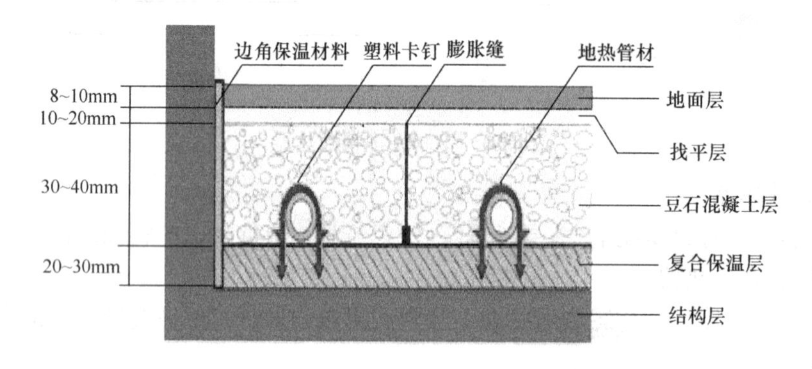

图 5-20　地暖湿法施工剖面图

篇一律。典型的敷设方式有以下两种：

①螺旋式，如图 5-21 所示。这种方式通常可以产生均匀的地面温度，并可通过调整管间距来满足局部区域特殊要求，由于采用螺旋形布管时管路只弯曲了 90°，材料所受弯曲应力较小，所以我们推荐这种方式。

②迂回形布管，如图 5-22、图 5-23 所示。这种方式通常产生的温度一端高一端低，而且布管时管路要弯曲 180°，材料所受应力较大，所以我们只推荐在较狭小空间内采用。

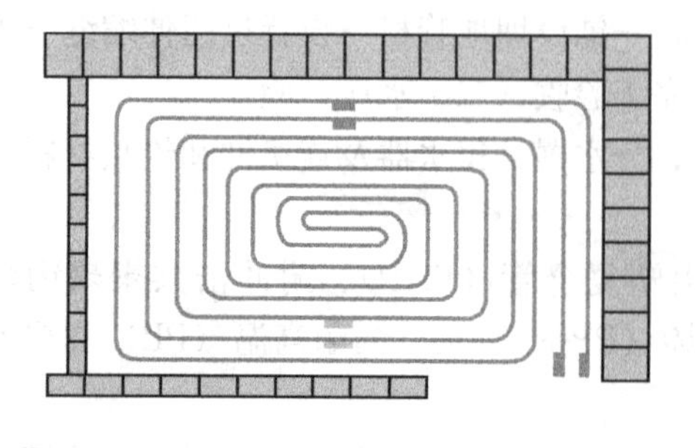

图 5-21　螺旋式地暖敷设图

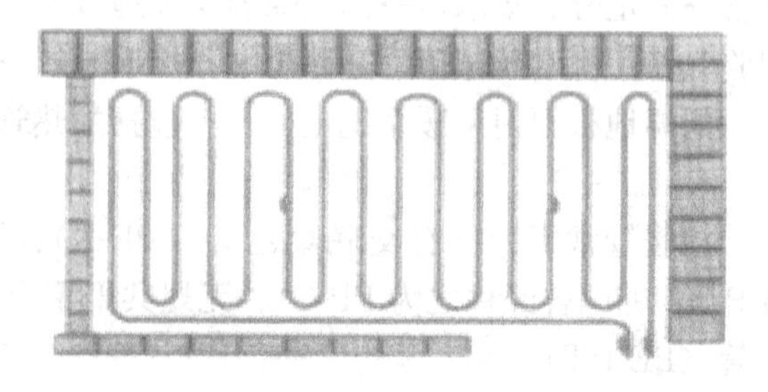

图 5-22　单迂回式地暖敷设图

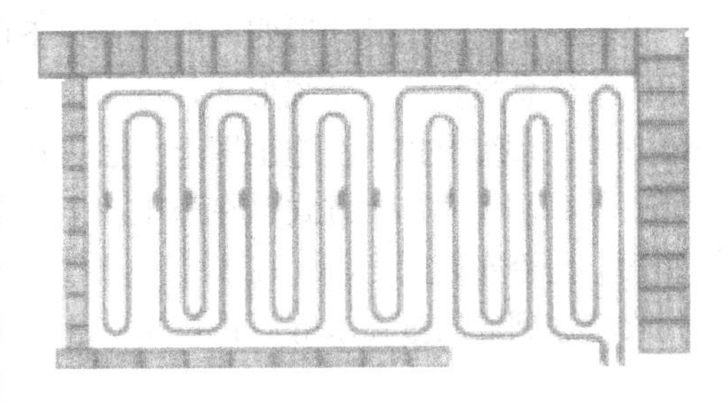

图5-23　双迂回式地暖敷设图

由于房间结构复杂多样，除上述典型布管方式外，以上两种布管方式的混合布管方式也经常被采用。

地暖盘管的注意事项有：地暖盘管长度最好不要超过120m；每路盘管的长度最好一致，相差最好不要超过10%；地暖盘管中间绝对不能有接口；地暖盘管穿过变形缝需加波纹套管。

2）分、集水器。

地暖分、集水器是水系统中用于连接各路加热管供、回水的配、集水装置，按进回水分为分水器、集水器，所以称为分集水器或集分水器，俗称分水器，如图5-24所示。分、集水器的组成配件主要有分水器、集水器、过滤器、阀门、排气阀、锁闭阀、活接头、内接头、热能表等。其功能有增压、减压、稳压、分流四项基本功能。垂直安装时应高于地板加热管，分、集水器下端距地面应不小于150mm。分水器每组最多设置8路，路数过多会使各支路抢水，造成地暖局部热局部不热等现象。在材质方面最好选用铜质分集水器，分、集水器的上部应设手动排气装置。

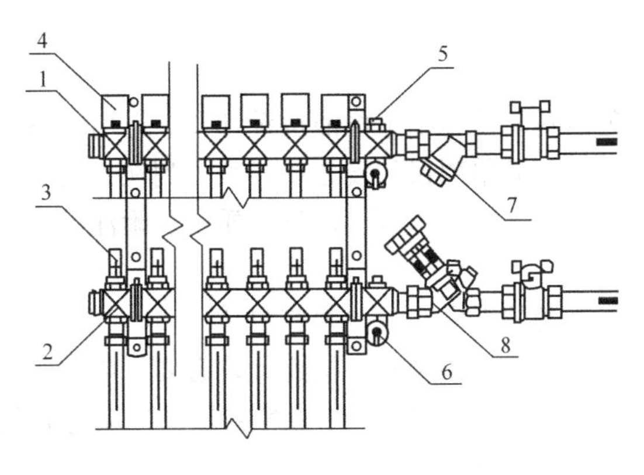

图5-24　地暖分、集水器

1—分水器；2—集水器；3—流量计；4—电热执行器；5—排气阀；6—泄水阀；7—Y型过滤器；8—水力平衡

3）绝热材料。

地暖绝热材料在实际施工中可以有两种选择：一是使用国标规定的厚度为20mm的聚苯乙烯泡沫塑料板。二是根据国标相关技术指标，使用厚15mm挤塑板。还可铺设镀铝聚酯薄膜面层，增强绝热板材的整体强度，并便于安装和固定加热管。

5.1.5　建议自学资料

标准图集甘02N1《供暖工程》和《建筑给水排水及采暖工程施工质量验收规范》(GB 50242—2002)、《地面辐射供暖技术规程》(JGJ 142—2004)等。

5.2　采暖工程识图

5.2.1　采暖工程施工图的组成与识图方法

采暖工程施工图由文字部分和图示部分组成。文字部分包括设计施工说明、图纸目录、图例及设备材料表等，图示部分主要包括平面图、系统图和详图。在识图时，需要特别注意的是，不管哪一种部分图都不是和其他图割裂开单独来识读的，而是要根据要读取的信息、各部分图的特点，综合各部分图一起来看的。

1. 图纸设计说明、目录、设备图例表

(1) 施工设计说明

供暖系统的施工设计说明一般包括以下内容：建筑物的采暖面积、热源的种类、热媒参数、系统总热负荷；系统形式，进出口压力差；各房间设计温度；采用散热器的型号及安装方式、系统形式；在施工图上无法表达的内容，如管道防腐、保温的做法等；所采用的管道材料及管道连接方式；在施工图上未作表示的管道附件安装情况，如在散热器支管与立管上是否安装阀门等；在安装和调整运转时应遵循的标准和规范；施工注意事项，施工验收应达到的质量要求等。识读采暖工程施工图时，要遵循先文字、后图形的原则。

（2）图纸目录

包括设计人员绘制部分和所选用的标准图部分。

（3）图例

采暖施工图中的管道及附件、管道连接、阀门、采暖设备及仪表等，采用《暖通空调制图标准》中统一的图例表示，凡在标准图例中未列入的可自设，但在图纸上应专门画出图例，并加以说明。常见图例见表 5-1。

（4）主要设备材料表

为了便于施工备料，保证安装质量和避免浪费，使施工单位能按设计要求选用设备和材料，一般的施工图均应附有设备及主要材料表，简单项目的设备材料表可列在主要图纸内。设备材料表的主要内容有编号、名称、型号、规格、单位、数量、质量、附注等。

2. 平面图

室内供暖平面图表示建筑各层供暖管道与设备的平面布置。内容包括：

（1）建筑物的平面布置，其中应注明轴线、房间主要尺寸、指北针，必要时应注明房间名称。建筑各房间分布、门窗和楼梯间位置等，在图上应注明轴线编号、外墙总长尺寸、地面及楼板标高等与采暖系统施工安装有关的尺寸。

（2）热力入口位置，供、回水总管名称、管径。

（3）干、立、支管位置和走向，管径以及立管（平面图上为小圆圈）编号。

（4）散热器(一般用小长方形表示)的类型、位置和数量。各种类型的散热器规格和数量标注方法如下：① 柱型、长翼型散热器只注数量(片数)；② 圆翼型散热器应注根数、排数，如 3×2(每排根数×排数)；③ 光管散热器应注管径、长度、排数，如*D*108×200×4[管径(mm)×管长(mm)×排数]；④ 闭式散热器应注长度、排数，如 1.0×2[长度(m)×排数]；⑤ 膨胀水箱、集气罐、阀门位置与型号；⑥ 补偿器型号、位置，固定支架位置。

（5）对于多层建筑，各层散热器布置基本相同时，也可采用标准层画法。在标准层平面图上，散热器要注明层数和各层的数量。

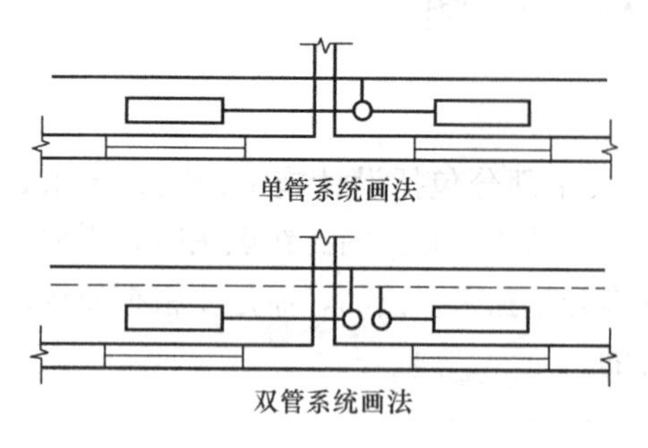

图 5-25　散热器与管道连接图

（6）平面图中散热器与供水（供汽）、回水（凝结水）管道的连接按图 5-25 所示方式绘制。

（7）当平面图、剖面图中的局部要另绘详图时，应在平面图或剖面图中标注索引符号，标明详图编号及所在图纸号，或详图所在标准图或通用图图集号及图纸号。

（8）主要设备或管件（如支架、补偿器、膨胀水箱、集气罐等）在平面上的位置。

（9）用细虚线画出的采暖地沟、过门地沟的位置。

3. 系统图

系统图与平面图配合，表明了整个采暖系统的全貌。供暖工程系统图应以轴测投影法绘制，并宜用正等轴测或正面斜轴测投影法。当采用正面斜轴测投影法时，y轴与水平线的夹角可选用45°或30°。系统图的布置方向一般应与平面图一致。系统图包括水平方向和垂直方向的布置情况。散热器、管道及其附件（阀门、疏水器）均在图上表示出来。此外，还标注了各立管编号、各段管径和坡度、散热器片数、干管的标高。

系统图内容包括：

(1) 采暖管道的走向、空间位置、坡度，管径及变径的位置，管道与管道之间连接方式。

(2) 散热器与管道的连接方式，例如是竖单管还是水平串联的，是双管上分或是下分等。

(3) 管路系统中阀门的位置、规格。

(4) 集气罐的规格、安装形式（立式或是卧式）。

(5) 蒸汽供暖疏水器和减压阀的位置、规格、类型。

(6) 节点详图的索引号。

(7) 按规定对系统图进行编号，并标注散热器的数量。柱型、圆翼型散热器的数量标注在散热器内，如图5-26所示；光排管式、串片式散热器的规格及数量应注在散热器的上方，如图5-27所示。

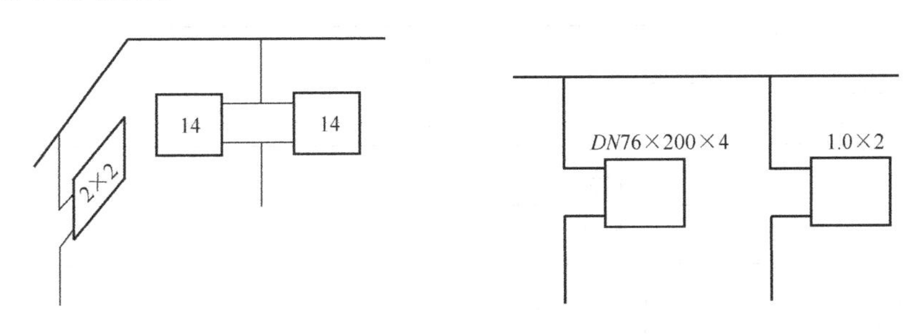

图5-26 柱型、圆翼型散热器画法　　图5-27 光排管式、串片式散热器画法

(8) 采暖系统编号、入口编号由系统代号和顺序号组成。室内采暖系统代号为“N”。

(9) 竖向布置的垂直管道系统，标注有立管号，为避免引起误解，一般只标注了序号。

4. 详图

在供暖平面图和系统图上表达不清楚、用文字也无法说明的地方，可用详图画出。详图是局部放大比例的施工图，因此也叫做大样图。它能表示采暖系统节点与设备的详细构造及安装尺寸要求，例如，一般供暖系统入口处管道的交叉连接复杂，因此需要另画一张比例比较大的详图。它包括节点图、大样图和标准图。

(1) 节点图。

能清楚地表示某一部分采暖管道的详细结构和尺寸，但管道仍然用单线条表示，只是将比例放大，使人能看清楚。

（2）大样图。

管道用双线图表示，看上去有真实感。

（3）标准图。

它是具有通用性质的详图，一般由国家或有关部委出版标准图案，作为国家标准或部标准的一部分颁发。

5.2.2 采暖工程施工图常用图例

采暖工程施工图常用图例见表5-1。

采暖工程施工图常用图例 表5-1

序号	名称	图　例	附　注
1	阀门（通用）、截止阀		1. 没有说明时，表示螺纹连接 法兰连接时 焊接时 2. 轴侧图画法 阀杆为垂直 阀杆为水平
2	闸阀		
3	手动调节阀		
4	球阀、转心阀		
5	蝶阀		
6	角阀	或	
7	平衡阀		
8	三通阀	或	
9	四通阀		
10	节流阀		
11	膨胀阀	或	也称“隔膜阀”

续表

序号	名称	图　　例	附　　注
12	旋塞	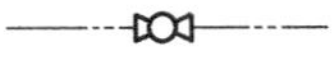	
13	快放阀		也称快速排污阀
14	止回阀		左图为通用，右图为升降式止回阀，流向同左。其余同阀门类推
15	减压阀	 或 	左图小三角为高压端，右图右侧为高压端。其余同阀门类推
16	安全阀		左图为通用，中图为弹簧安全阀，右图为重锤安全阀
17	疏水阀	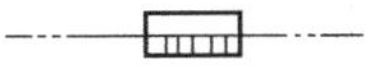	在不致引起误解时，也可用  表示，也称“疏水器”
18	浮球阀	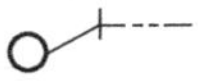 或 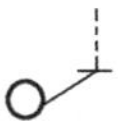	
19	集气罐、排气装置	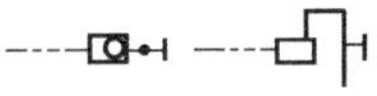	左图为平面图
20	自动排气阀		
21	附污器（过滤器）	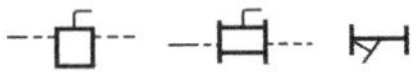	左为立式除污器，中为卧式除污器，右为 Y 型过滤器
22	节流孔板、减压孔板	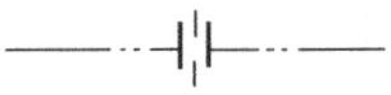	在不致引起误解时，也可用 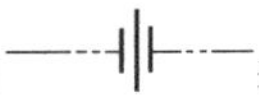 表示
23	补偿器		也称“伸缩器”
24	矩形补偿器		
25	套管补偿器	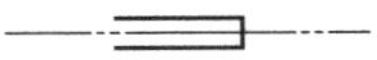	
26	波纹管补偿器		
27	弧形补偿器		
28	球形补偿器	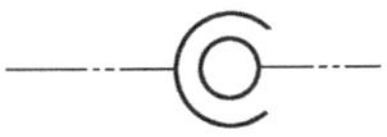	
29	变径管异径管		左图为同心异径管，右图为偏心异径管

续表

序号	名称	图　　例	附　　注
30	活接头	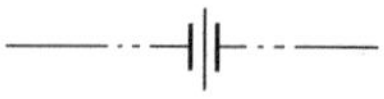	
31	法兰	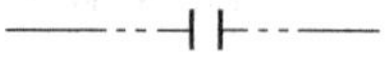	
32	法兰盖	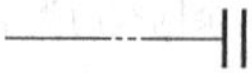	
33	丝堵		也可表示为： 
34	可属挠橡胶软接头		
35	金属软管		也可表示为： 
36	绝热管		
37	保护套管		
38	伴热管	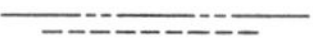	
39	固定支架	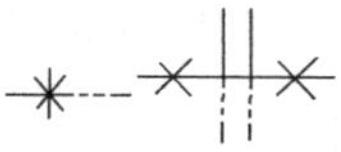	
40	介质流向	或 	在管道断开处时，流向符号宜标注在管道中心线上，其余可同管径标注位置
41	坡度及坡向	i=0.003  或 i=0.003	坡度数值不宜与管道起、止点标高同时标注。标注位置同管径标注位置

5.2.3　采暖工程施工图实例识读

某三层建筑供暖工程如图 5-28～图 5-31 所示。供暖管道采用焊接钢管，管径小于或等于 32mm 者采用螺纹连接；管径大于 32mm 者采用焊接或法兰连接。散热器采用 M132 型，挂装于半砖深的墙槽内；集气罐采用卧式集气罐，放气管引至开水间污水池上方；供暖管道和散热器均除锈后，刷红丹防锈漆两遍，银粉漆两遍（保温管道除外）。

识图过程如下：

该建筑是一栋三层楼房，朝向正面朝南，锅炉房设于该建筑的北面，顶屋平面图表明布置有供水干管，且该干管末端设有集气罐。底层平面图上也表明布置干管，则说明该系

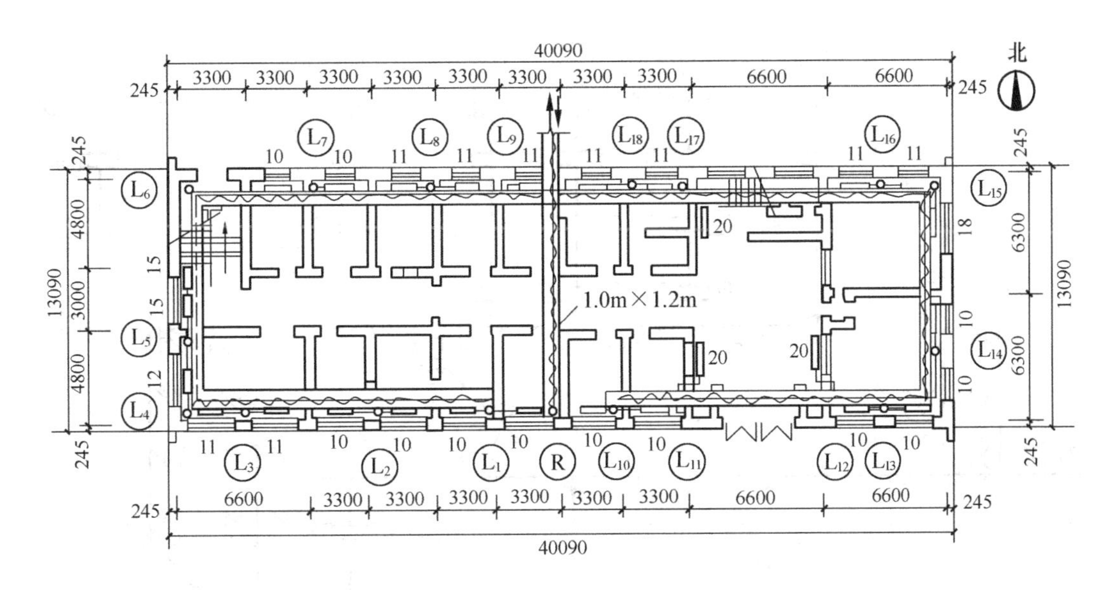

图 5-28　首层采暖平面图

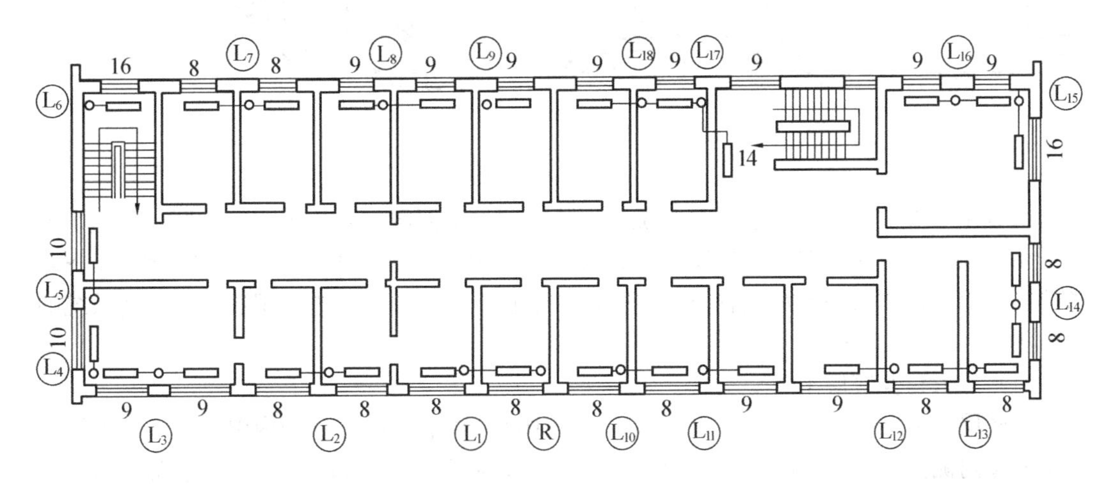

图 5-29　二层采暖平面图

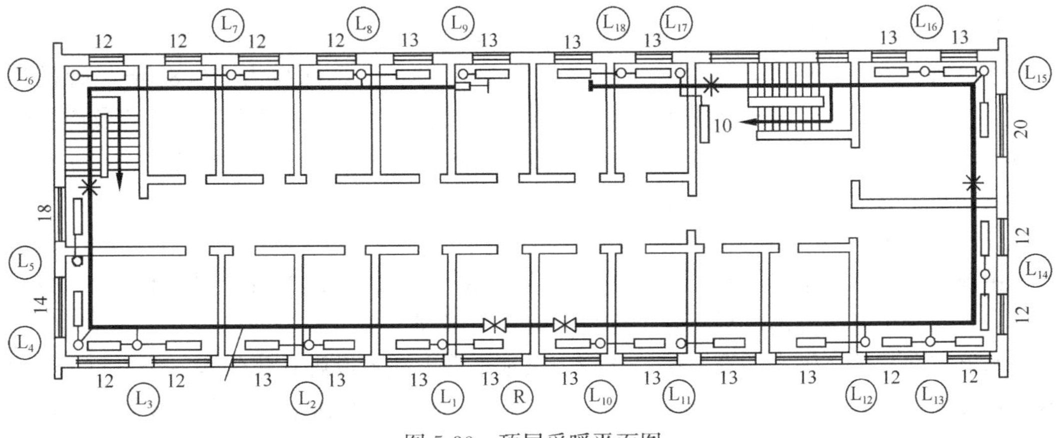

图 5-30　顶层采暖平面图

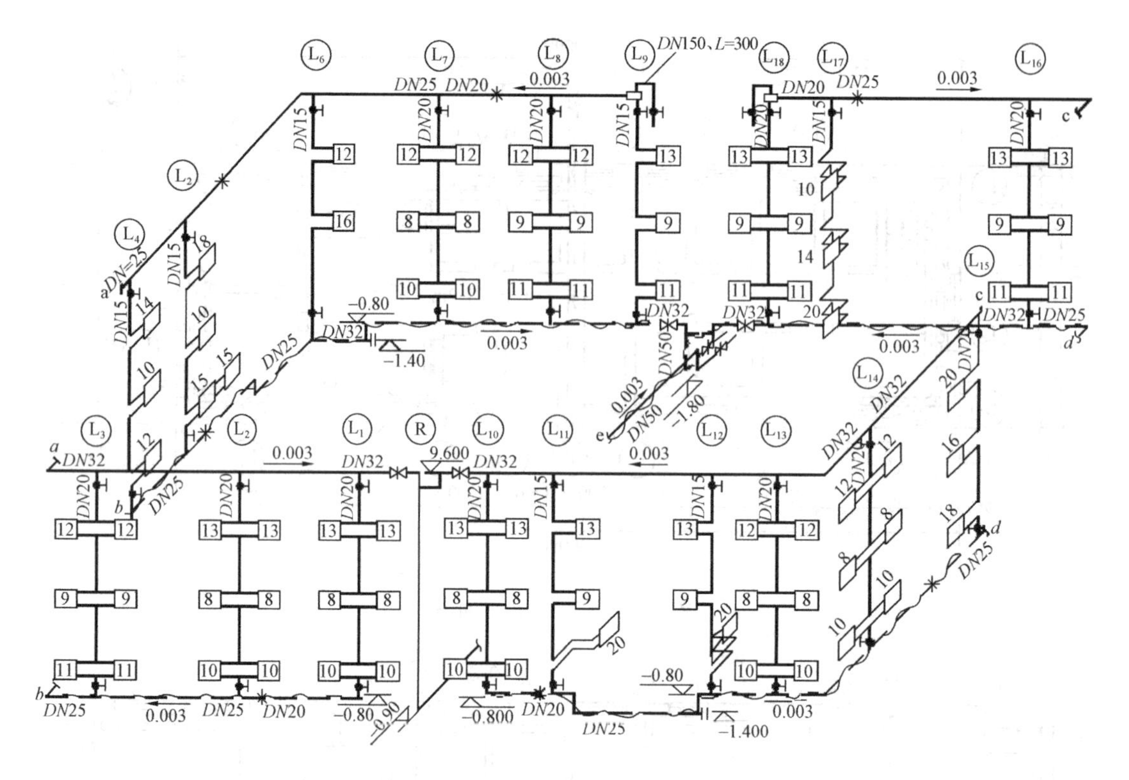

图 5-31 采暖系统图

统为机械循环上供下回式热水供暖系统。识读时，将平面图与系统图相互对照，从热媒入口开始，顺水流方向，按下列顺序：热媒入口→供水总管 R→供水干管→各立管 Ln→各散热器支管→散热器→回水支管→立管→回水干管→热媒出口，进行识读，以弄清系统的来龙去脉。

（1）热入口及底层干管

从底层平面图知道，热入口设于该建筑的中部，由北往南在管沟内引入，一直沿管沟到南外墙内侧止。从标注的 1.0m×1.2m，可知管沟宽 1.0m，高 1.2m。回水总管出口与供水总管入口在同一位置，且可看出，保温的回水干管沿该建筑四周外墙内侧全部安装于 1.0m×1.2m 的管沟内。

热入口处的供水总管和回水总管 *DN*50，标高为－1.800m。热入口到南外墙地沟内的供水总管管径为 *DN*50，标高为－0.900m。底层回水干管标高为－0.800m。管径为 *DN*20、*DN*25、*DN*32 三种，坡度为 0.003，坡向回水总管出口穿过大厅，东侧及西侧两个楼梯间的回水干管，由于该处地面标高较室内地坪标高低 0.6m，故管沟也深，标高也较别处回水干管低，并在最低点设泄水阀一个。

（2）顶层干管

由顶层平面图和系统图看出来，供水总立管 R 由标高－0.900m 上升至标高 9.600m 处，向东西两个方向分出水平干管，干管起端各设闸阀一个，干管坡度为 0.003，坡度方向与水流方向相反，供水干管上接各立管。供水干管末端各设卧式集气罐一个，型号为 2 号，尺寸为：*DN*150、*L*＝300mm，放气管接至本层楼开水间污水池上方，放气管管径一般为 *DN*15。

（3）立管

由平面图和系统图看出，立管编号有 R、L1～L18，共 19 根立管，R 立管为 *DN*50、L4、L5、L6、L7、L11、L12、L17 7 根立管径为 *DN*15，其余 11 根立管管径均为 *DN*20。两个楼梯间散热器分别接于单独设置的立管 L6、L17。除 L3、L14 为沿两外窗之间的墙面中心线布置外，其余各立管均布置于外墙角。各立管均为单管，各层散热器均串联于单立管上，故为单管垂直串联方式。顶层供水干管与底层回水干管水流方向相同，各循环环路所经过的路径长短相同，故该系统为上供下回单管垂直串联同程式的机械循环低温热水供暖系统。

（4）散热器安装

从各层平面图看出，各散热器均设在外窗的窗台下。各组所需散热器片数均可在平面图中散热器相应外窗外侧标注的数字或在系统图散热器图例符号内所注数字查得。从图纸说明可知，散热器为 M132，挂装于外墙窗台下半砖深的墙槽内。

5.3　采暖工程工程量计算方法

5.3.1　采暖工程工程量计算列项

室内采暖工程工程量计算首先要做的第一项工作是准确列项，对于初学者，可按照定额顺序列项，并注意，一般来说，定额中有的，图纸中也有的项目才可以列出（补充定额子目列项的除外），而且定额说明中指出的“已包括的”内容不能单独列项，“未包括”的须另计的内容需单独列项。室内采暖工程选用《甘肃省安装工程预算定额》第四册给水排水、采暖、消防、燃气管道及器具安装工程，其中采暖工程常用项目见表 5-2 采暖工程常用定额项目表。

采暖工程常用定额项目表　　　　表 5-2

章名称	节名称	分项工程列项
第一章 给水排水、采暖 管道安装	一、室内管道安装	1. 镀锌钢管（螺纹连接）
		2. 焊接钢管（螺纹连接）
		3. 钢管（焊接）
	二、管道消毒冲洗及压力试验	1. 管道消毒、冲洗
		2. 管道压力试验
	三、穿墙及过楼板套管	1. 镀锌薄钢板套管制作
		2. 钢管套管制作、安装
	四、管道支架制作、安装	一般管架制作安装
第二章 阀门及法兰安装	一、阀门安装	1. 螺纹阀
		2. 螺纹法兰阀、焊接法兰阀
		3. 法兰阀（带短管甲乙）
		4. 法兰浮球阀
		5. 沟槽式阀门
		6. 沟槽法兰阀
	二、法兰安装	1. 铸铁法兰（螺纹连接）
		2. 碳钢法兰（焊接）

续表

章名称	节名称	分项工程列项
第四章 供热器具安装	一、铸铁散热器组成、安装	
	二、光排管散热器制作、安装	1. A 型（2～4m）
		2. A 型（4.5～6m）
		3. B 型（2～4m）
		4. B 型（4.5～6m）
	三、钢制闭式散热器安装	
	四、钢制板式散热器安装	
	五、钢制壁式散热器安装	
	六、钢制柱式散热器安装	
	七、高频焊翅片管散热器安装	
	八、多柱式钢管散热器	
	九、暖风机安装	
	十、热空气幕安装	
	十一、低温地板辐射采暖及分集水器安装	1. 低温地板辐射采暖管安装
		2. 分集水器安装
	十二、地源热泵机组安装	
第五章 水暖器具组成与安装	一、低压器具、水表组成与安装	1. 减压器组成、安装
		（1）减压器（螺纹连接）
		（2）减压器（焊接）
		2. 疏水器组成、安装
		（1）疏水器（螺纹连接）
		（2）疏水器（焊接）
	二、伸缩器制作、安装	1. 螺纹连接法兰式套管筒伸缩器安装
		2. 螺纹法兰式套管筒伸缩器安装
		3. 波纹伸缩器安装（法兰连接）
		4. 方形伸缩器制作．安装
		（1）煨制
		（2）机械煨弯
		（3）压制弯头组成
	四、集气罐制作、安装	1. 集气罐制作
		2. 集气罐安装
	五、用户热量表组成、安装	

5.3.2 室内给排水工程工程量计算方法详解

5.3.2.1 给水排水、采暖管道安装

1. 室内采暖管道

（1）计量单位：10m。

（2）项目划分：区分管材、连接方式、管径。

（3）工程量计算规则：

1）各种管道，均以施工图所示中心长度，以“10m”为计量单位，不扣除阀门、管件（包括减压器、疏水器、水表、伸缩器等组成安装）所占的长度。

2）方形伸缩器的两臂，按臂长的两倍合并在管道长度内计算。

（4）章说明：

1）本节定额包括以下内容：

①管道及接头零件安装。

②水压试验。

③钢管及铜管包括弯管制作与安装（伸缩器除外），无论是现场煨制或成品弯管均不得换算。

2）本节定额不包括以下内容：

①室内外管道沟土方及管道基础，应执行《甘肃省建筑工程消耗量定额》。

②管道安装中的法兰、阀门及伸缩器的制作安装，应按本册定额相应项目另计。

③室内楼地面内敷设管适用于无管件连接要求的生活给水管、采暖管，当两种不同材质管道连接时，其转换接头价格应另行计算，出地面时如需加装套管，其套管本身价格应另行计算。

（5）计算要点：

1）基本计算方法。

基本计算方法同给水排水管道，水平敷设管道，应根据平面图上标注的尺寸计算或利用比例尺进行计量。垂直安装管道，按系统图标高差计算。计算管道延长米时，除了应按照定额将不同材质、管径、连接方式的管道分开计算以外，而且为方便计算刷油工程量，还应将各种管材的管子按明装与暗装、地上与地下分开计算。

2）采暖管道界限划分：

①室内外界线以入口阀门或建筑物外墙皮 1.5m 为界。

②锅炉房或泵站管道与本章界线以外墙皮 1.5m 为界。

③工厂车间内采暖管道以采暖系统与工业管道碰头点为界。

④设在高层建筑物内的加压泵间管道与该章界线，以泵间外墙皮为界。

3）具体计算方法。采暖管道的计算顺序为：入户管→供水干管→供回水立管→散热器支管→回水干管→出户管。

①入户管、供水干管、回水干管、出户管计算。

计算这些管道时一方面要注意管道界线划分问题，另一方面由于这些管道埋地或暗装较多，因此注意将管道按照明装和暗装、埋地与不埋地分开计算，便于计算采暖管道的保温和刷油工程量。

②立管计算：

A. 单管顺流式系统。

如图 5-32 所示：单根立管长度＝立管上、下端标高差＋管道的各种煨弯增加长度－散热器上、下口中心距×该根立管所带散热器组数量。其中立管乙字弯和括弯增加长度为60mm，下同。

B. 单管跨越式系统。

如图 5-33 所示：单根立管长度＝立管上、下端标高差＋管道的各种煨弯增加长度

C. 双管系统。

如图 5-34 所示：供回水立管长度＝立管上、下端标高差＋管道的各种煨弯增加长度＋（最上一组散热器下出水口标高－最下一组散热器上进水口标高）

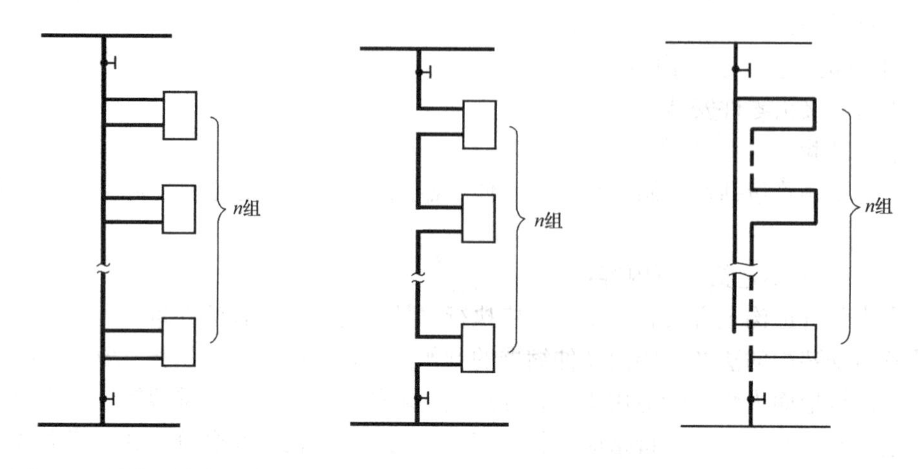

图 5-32　单管顺流式系统　　图 5-33　单管跨越式系统　　图 5-34　双管系统

③支管计算：

由于各房间散热器数量不同，立管的安装位置各异，支管按平面图尺寸丈量其数量很不准确，应按建筑平面图各房间分段尺寸，结合散热器及立管的安装位置分别计算。现举例说明不同情况的支管延长米计算方法。

【例 5-1】 立管位置在墙角，暖气片装在窗中，单立管单面连接暖气片见图 5-35 暖气片窗中单侧安装图。

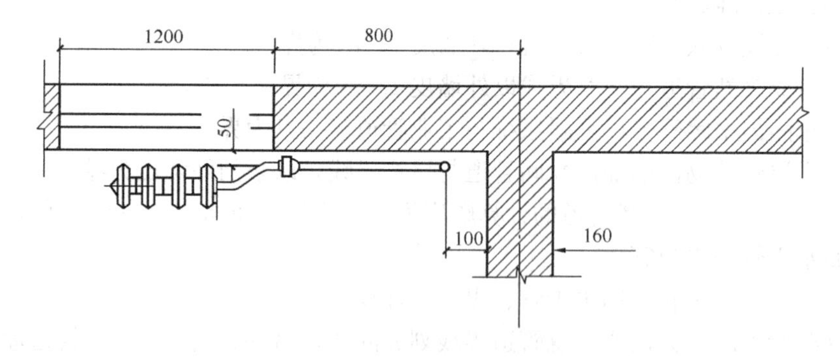

图 5-35　暖气片窗中单侧安装图

813 型散热器：一层 10 片，二层 9 片，三层 8 片，四层 8 片，五层 9 片。

其支管安装计算式：［内墙轴线距窗尺寸＋半窗宽尺寸(内半墙厚＋墙皮距立管中心长度)＋乙字弯长度］×2×暖气片组数－暖气片总长＝支管总长度(米)，其中支管乙字弯增加长度为 35mm，支管括弯增加长度为 50mm，以下相同。

按图套入上式：［0.8＋0.6－(0.08＋0.1)＋0.035］×2×5－0.057×44＝10.04(m)

【例 5-2】 立管位置在墙角，暖气片装在窗边，单立管单面连接气片，见图 5-36 暖气

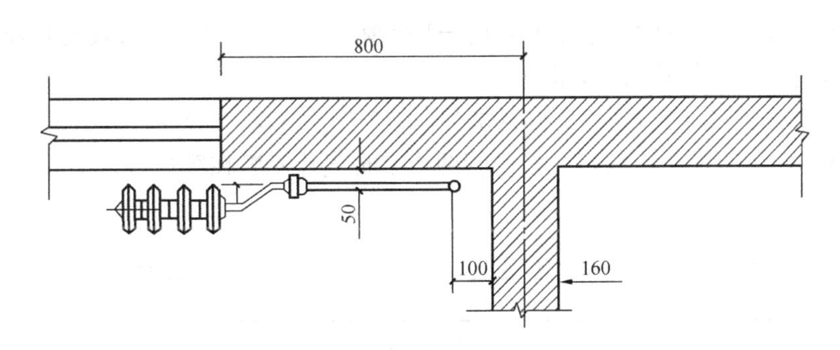

图 5-36　暖气片窗边单侧安装图

片窗边单侧安装图。

其支管安装计算式：

[内墙轴线距窗边长度＋乙字弯长度－(内半径墙厚＋内墙皮距立管中心长度)]×2×暖气片组数＝支管总长度(米)

按图套入上式：[0.8＋0.035－(0.08＋0.1)]×2×5＝6.55(m)

【例 5-3】 暖气片安装在内墙左侧，单管单面连接暖气片，见图 5-37 暖气片在内墙左侧安装图。

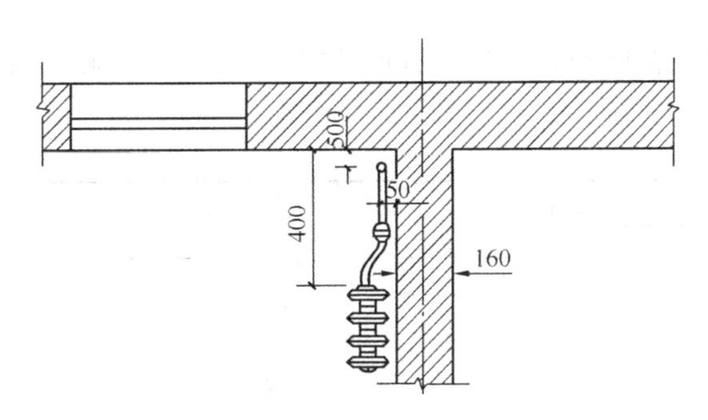

图 5-37　暖气片在内墙左侧安装图

其支管安装计算式：(外墙内皮距暖气片边之间长度－外墙内皮距立管中间长度＋乙字弯长度)×2×暖气片组数＝支管总长度(米)

按图套入上式：(0.4－0.1＋0.035)×2×5＝3.35(m)

【例 5-4】 立管位置在墙角，一根立管两边带暖气片安装在窗中，见图 5-38 暖气片窗中双侧安装图。

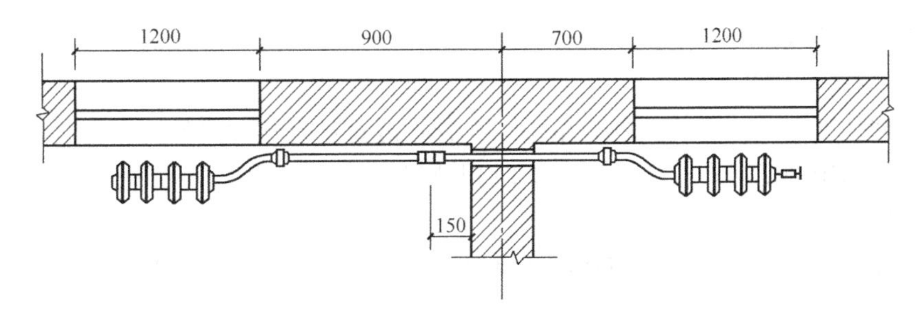

图 5-38　暖气片窗中双侧安装图

其支管安装计算式：(两窗边中间长度+1个窗宽长度+2×乙字弯长度)×2×暖气片组数－暖气片总长=支管总长度(米)

按图套入上式：(1.6+1.2+2×0.035)×2×5－(0.057×88)=23.68(m)

【例5-5】 立管位置在墙角，一根立管两边带暖气片安装在窗边，见图5-39暖气片窗边双侧安装图。

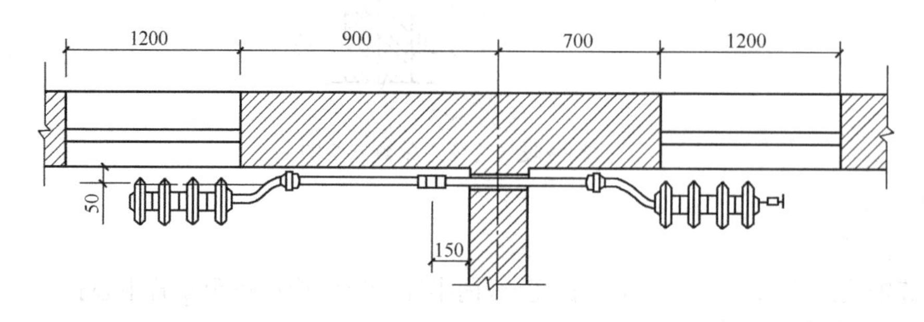

图5-39　暖气片窗边双侧安装图

其支管安装计算式：(两窗边中间长度+2×乙字弯长度)×2×暖气片组数=支管总长度(米)

按图套入上式：1.6×2×5=16(m)

【例5-6】 立管位置在墙角，一根立管两边带暖气片装在内墙两侧，见图5-40暖气片在内墙两侧安装图。

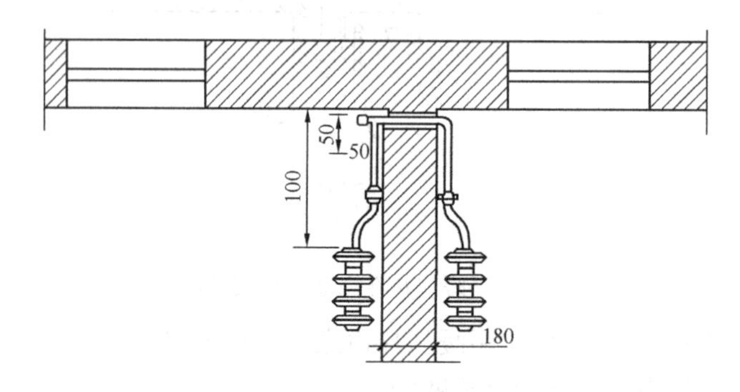

图5-40　暖气片在内墙两侧安装图

其支管安装计算式：[(暖气片边距边墙内皮长度－立管距外墙内皮长度+乙字弯长度)×2+(立管距内墙皮长度+内墙厚+内墙皮距支管中心长度)]×2×暖气片组数=支管总长度(米)

按图暖气片装内墙两侧套入上式：[(10.4－0.05+0.035)×2+(0.15+0.18+0.05)]×2×5=11.5(m)

以上所列的是以一根立管为计算单位，支管一般常见安装方式的计算方法，必须熟练地掌握它，并运用到实际工作中去，才能收到效果。一栋楼由几十根立管组成一个系统，要结合不同的设计图纸，简化计算程序。

④若采暖系统中设有膨胀水箱和循环管时，其水箱连接管和循环管也应按以上方法分别计算延长米。

2. 管道消毒冲洗及压力试验

（1）计量单位：100m。

（2）项目划分：区分管径。

（3）工程量计算规则：管道消毒、冲洗、压力试验，均按管道长度以“100m”为计量单位，不扣除阀门、管件所占的长度。

3. 穿墙及过楼板套管

（1）计量单位：个。

（2）项目划分：区分材质、管径，具体项目划分包括镀锌薄钢管套管制作、钢管套管制作安装、塑料套管制作安装、带填料塑料套管制作安装、阻火圈安装。

（3）工程量计算规则：镀锌薄钢管套管制作以“个”为计量单位，钢套管、塑料套管制作安装以“个”为计量单位。

（4）章说明：

穿墙及过楼板薄钢管套管安装人工已包括在管道定额内，不得另行计算。

4. 管道支架制作安装

（1）计量单位：100kg。

（2）项目划分：一般管支架制作安装（1项）。

（3）工程量计算规则：管支架支座安装以“100kg”为计量单位。

（4）章说明：

室内 *DN*32 以内钢塑复合管、不锈钢管、铝合金衬塑给水管，*DN*32 以内螺纹连接的钢管、铜管均包括管卡及托钩安装。但其除锈、刷油应另行计算。

（5）计算要点：

计算原理同给水排水工程管支架，即分步进行，先统计不同规格的支架数量，再根据标准图集查找每个支架重量，最后计算总重量。即管支架重量＝∑(某种规格管支架个数×该规格管支架单个重量)。

1）采暖水平干管管支架。

采暖水平干管管支架分为固定支架和活动支架两种。

固定支架数量从图上根据其图例符号读取；

活动支架数量可按以下式子计算：

单管活动支架个数$=\dfrac{\text{某规格管子的长度}}{\text{该规格管子的最大支架间距}}-$该管段固定支架个数（得数有小数就进1取整）

多管活动支架个数$=\dfrac{\text{共架管段长度}}{\text{其中较细管的最大支架间距}}-$该管上固定支架的个数（得数有小数就进1取整）

上式中，管支架间距见表5-3所示，管支架单个重量可参照表5-4。

水平钢管管支架间距表（单位：m）　　**表5-3**

管子公称直径（mm）		15	20	25	32	40	50	70	80	100	125	150
支架最大间距（m）	保温管	1.5	2	2	2.5	3	3	4	4	4.5	5	6
	非保温管	2.5	3	3.5	4	4.5	5	6	6	6.5	7	8

安装在墙上的单管支架主材规格及重量表（单位：kg） **表 5-4**

公称直径（mm）	滑动支架				固定支架			
	支架横梁规格		每个支架重量		支架横梁及加固梁规		每个支架重重	
	保温管	不保温管	保温管	不保温管	保温管	不保温管	保温管	不保温管
15	∟25×4	∟25×4	0.574	0.416	∟25×4	∟25×4	0.489	0.416
20	∟25×4	∟25×4	0.574	0.416	∟30×4	∟30×4	0.598	0.509
25	∟30×4	∟30×4	0.719	0.527	∟35×4	∟30×4	0.923	0.509
32	∟35×4	∟30×4	1.086	0.634	∟40×4	∟30×4	1.005	0.634
40	∟40×4	∟30×1	1.194	0.634	∟50×5	∟35×4	1.565	0.769
50	∟40×4	∟30×4	1.291	0.705	∟50×5	∟45×4	1.715	1.331
70	∟50×5	∟40×4	2.092	1.078	∟65×6	∟65×5	2.885	1.905
80	∟65×5	∟45×4	2.624	1.128	∟75×6	∟65×6	3.487	2.603
100	∟65×5	∟50×5	3.073	2.300	∟90×6	∟80×6	5.678	4.719
125	∟75×5	∟65×5	4.709	3.037	∟90×8	∟80×8	7.662	6.085
150	∟80×8	∟76×6	7.638	4.523	∟100×8	∟90×8	8.900	7.170

注：本表据《采暖通风国家标准图集》N112 编制。

2）采暖立管管支架。

采暖立管管卡设置，楼层层高≤5m 时，每层设一个，楼层层高＞5m 时，每层不得少于两个。

3）散热器支管管支架。

散热器支管长度大于 1.5m 时，应在中间安装管卡活钩钉。

5.3.2.2 阀门及法兰安装

1. 阀门安装

（1）计量单位：个。

（2）项目划分：区分种类、连接方式、管径。

（3）工程量计算规则：各种阀门安装分规格及连接方式均以“个”为计量单位。

（4）章说明：

1）螺纹阀门安装适用于各种内外螺纹连接的阀门安装。

2）法兰阀门安装适用于各种法兰阀门的安装，如仅为一侧法兰连接时，定额中的法兰、带帽螺栓及钢垫圈数量减半。

3）温控阀适用于各种温控阀安装，分手动、自动两种，自动温控阀所带的电信号等的接线、校线执行定额第二册《电气设备安装工程》相应项目。

4）各种阀门连接用垫片均按石棉橡胶板计算，如用其他材料，可换算材料费，人工机械不变。

5）过滤器执行相应阀门安装子目。

6）自动排气阀安装已包括支架的制作安装，不得另行计算。

7）浮球阀安装已包括了联杆及浮球的安装，不得另行计算。

2. 法兰安装

（1）计量单位：付。

（2）项目划分：区分连接方式、法兰材料、管径，具体项目划分包括铸铁法兰（螺纹连接）、焊钢法兰（焊接）。

（3）工程量计算规则：法兰安装分规格及连接方式以“付”计算。

（4）章说明：各种法兰连接用垫片均按石棉橡胶板计算，如用其他材料，可换算材料费，人工机械不变。

5.3.2.3　供热器具安装

1. 铸铁散热器组成安装

（1）计量单位：10 片。

（2）项目划分：区分安装方式。

（3）工程量计算规则：铸铁散热器组成安装均按安装类型以“10 片”为计量单位。

（4）章说明：

1）铸铁散热器不分明装或暗装，按安装类型分别编制。

2）铸铁散热器适用于各种柱型、辐射对流型散热器。

3）铸铁散热器安装用拉条时，拉条另行计算。

4）定额中列出的接口密封材料，均采用成品汽包胶垫，如采用其他材料，不作换算。

2. 光排管散热器制作、安装

（1）计量单位：10m。

（2）项目划分：A 型或 B 型、长度。

（3）工程量计算规则：光排管散热器制作安装以“10m”为计量单位。

（4）章说明：

光排管制作安装项目，单位每 10m 系指光排管长度，联管已作为未计价材料列入定额，不得重复计算。

3. 钢制闭式、钢制板式散热器、多柱式钢管散热器安装

（1）计量单位：组。

（2）项目划分：规格型号。

（3）工程量计算规则：钢制闭式、钢制板式散热器安装以“组”为计量单位。

（4）章说明：

钢制板式散热器定额中已包括了托钩的安装人工和材料，闭式散热器如主材价格不包括托钩者，托钩价格另行计算。

4. 钢制壁式散热器安装

（1）计量单位：组。

（2）项目划分：区分重量。

（3）工程量计算规则：钢制壁式散热器安装以“组”为计量单位。

（4）章说明：

钢制壁式散热器定额中已包括了托钩的安装人工和材料。

5. 钢制柱式散热器安装

（1）计量单位：组。

（2）项目划分：区分片数。

（3）工程量计算规则：钢制柱式散热器安装以“组”为计量单位。

6. 高频焊翅片管散热器安装

（1）计量单位：组。

（2）项目划分：区分排管根数、长度。

（3）工程量计算规则：高频焊翅片管散热器安装以“组”为计量单位。

（4）章说明：

高频焊翅片管散热器安装，定额中综合了防护罩的安装费，但不包括其本身价值。

7. 暖风机安装

（1）计量单位：台。

（2）项目划分：区分重量。

（3）工程量计算规则：暖风机安装以“组”为计量单位。

（4）章说明：

暖风机安装定额中不包括支架制作、安装，按设计要求另行计算。

8. 暖风机安装、热空气幕安装

（1）计量单位：台。

（2）项目划分：区分重量。

（3）工程量计算规则：暖风机安装以“组”为计量单位。

（4）章说明：

暖风机安装、热空气幕安装定额中不包括支架制作、安装，按设计要求另行计算。

9. 低温地板辐射采暖管安装

（1）计量单位：m。

（2）项目划分：区分敷设方式、管径。

（3）工程量计算规则：低温地板辐射采暖管安装以“组”为计量单位。

（4）章说明：

低温地板辐射采暖管安装，适用于铝塑复合管、聚丁烯、聚丙烯、聚乙烯管等管道的安装。定额中已包括地面浇筑配合用工，保温层及防潮层执行第十一册《刷油、防腐蚀、绝热工程》相应子目。

10. 分集水器安装

（1）计量单位：组。

（2）项目划分：分（集）水器（1项）。

（3）工程量计算规则：分集水器安装以“组”为计量单位。

11. 地源热泵机组安装

（1）计量单位：台。

（2）项目划分：区分设备重量。

（3）工程量计算规则：地源热泵机组安装以“组”为计量单位。

5.3.2.4 采暖器具组成与安装

1. 减压器、疏水器组成安装

（1）计量单位：组。

（2）项目划分：区分连接方式、公称直径。

（3）工程量计算规则：减压器安装以“组”为计量单位。

（4）章说明

1）减压器、疏水器组成安装如设计组成与定额不同时，阀门和压力表数量可按设计用量进行调整，其余不变。

2）减压器安装按高压侧的直径计算。

3）减压器、疏水器单体安装时，可执行相应阀门安装子目。

2. 伸缩器制作、安装

（1）计量单位：个。

（2）项目划分：区分连接方式、种类、公称直径。

（3）工程量计算规则：伸缩器制作、安装以“个”为计量单位。

（4）章说明：

波纹伸缩器安装，不分材质、形式，均按规格执行相应子目。

5.4　采暖工程工程量计算实例

某四层住宅楼采暖工程如图5-41～图5-44所示。该采暖工程为机械循环热水采暖，管材均为焊接钢管，$DN \geqslant 32$mm时采用焊接连接，其余为丝接，管径除图上注明者外，L2立管为$DN25$，其余立管及接散热器支管均为$DN20$。所有接散热器立管的顶端和下端安装丝扣铜球阀各一个，规格同管径。L2、L5、L6立管接散热器供、回水支管上均安

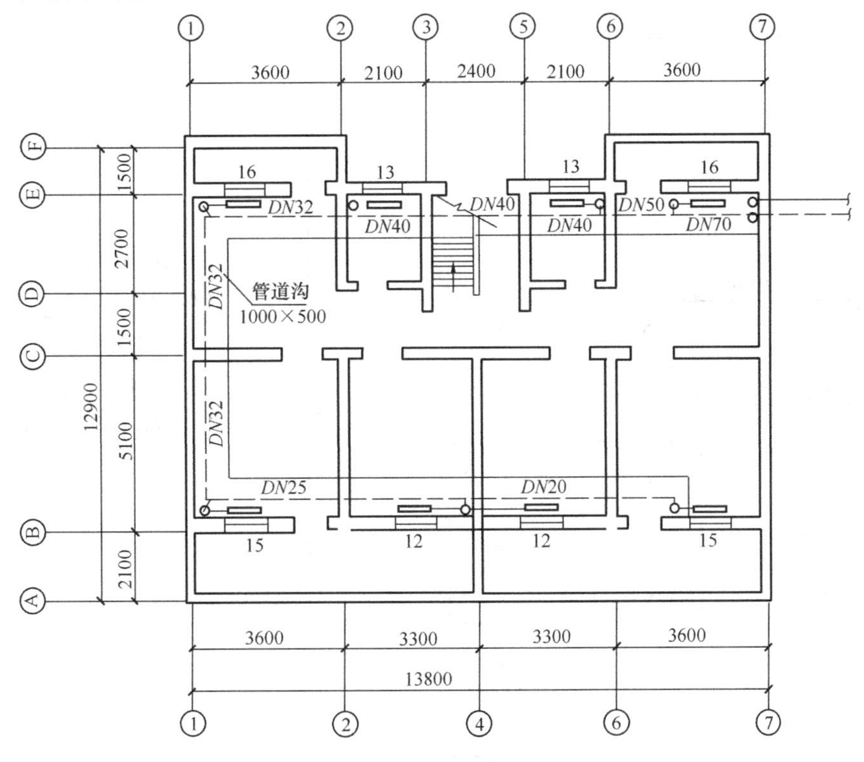

图5-41　首层采暖平面图

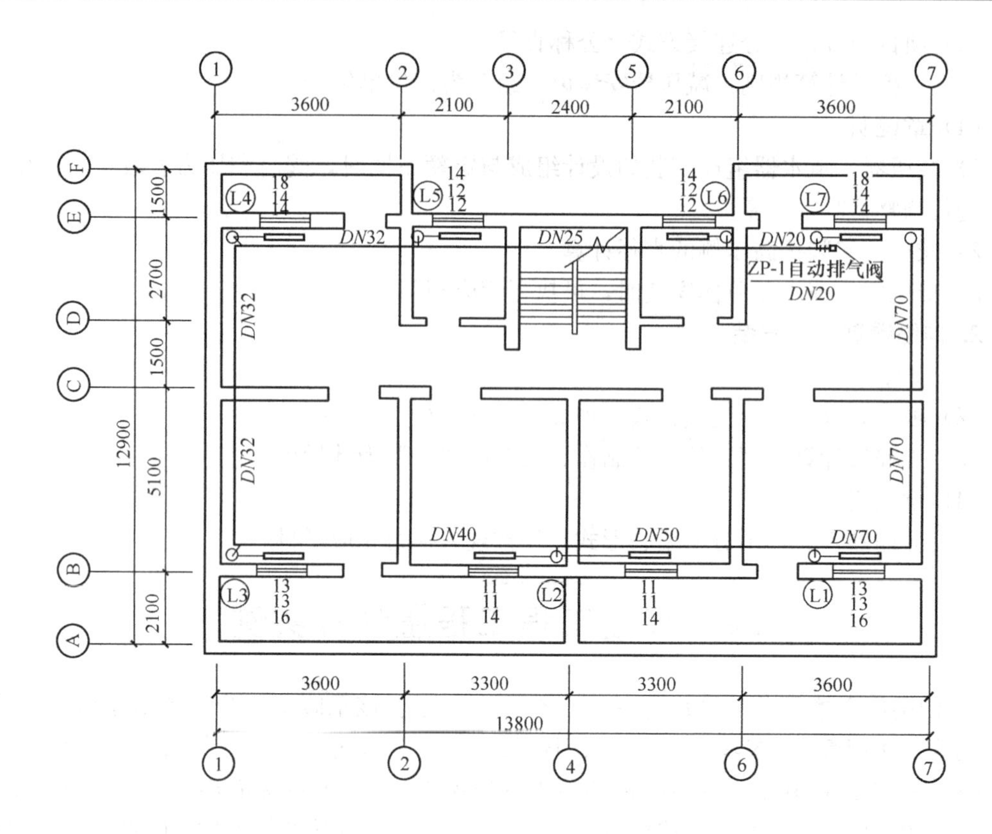

图 5-42　四层采暖平面图

注：二层、三层采暖平面图除不包括水平供水干管外，其余管道及散热器布局同四层采暖平面图，此处不画出。

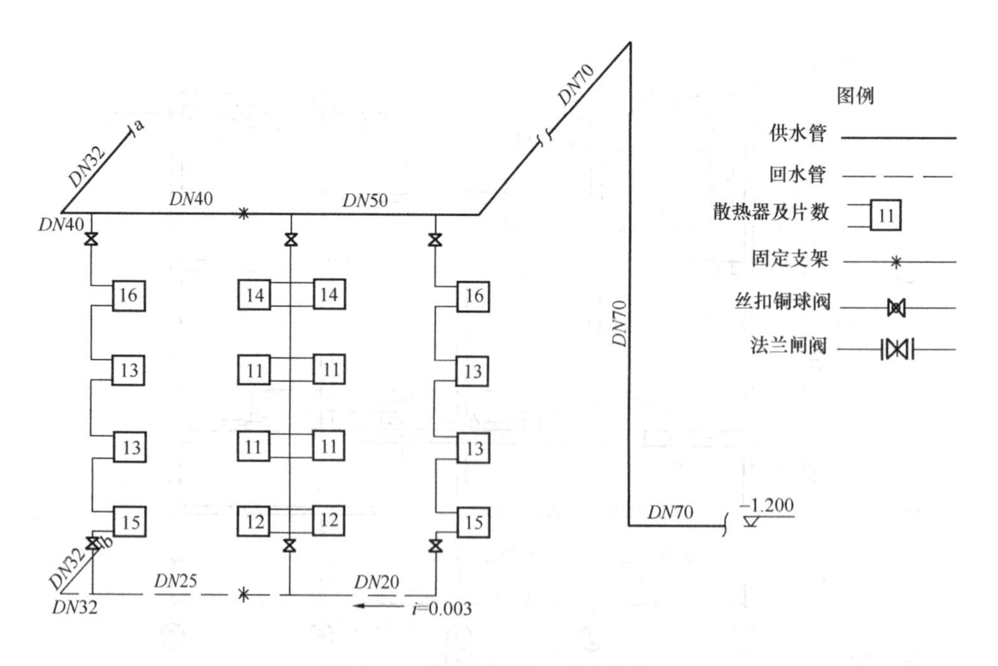

图 5-43　采暖系统图（前半部分）

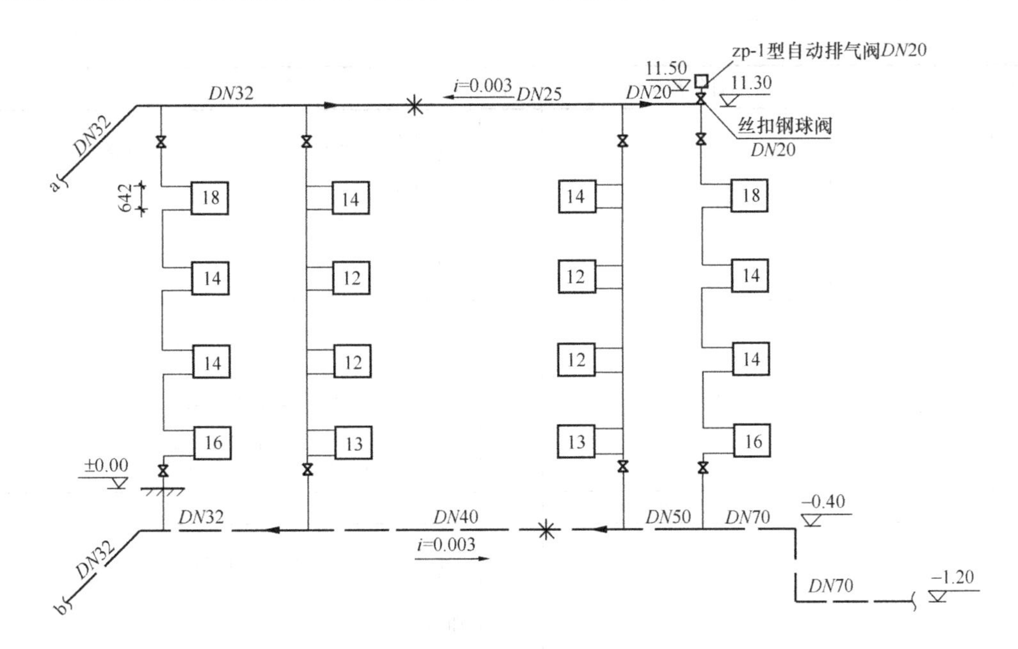

图 5-44　采暖系统图（后半部分）

装丝扣铜球阀一个，规格同管径。散热器为四柱 813 型散热器，每片厚度 57mm，安装在地面或楼板上，每组散热器均安装 ϕ10 手动放风阀一个。管道穿墙、梁及楼板、地面加钢套管。

根据已知背景条件，列项计算采暖工程工程量，见表 5-5。

工程量计算表　　　　**表 5-5**

序号	分项工程名称	计算部位	单位	计　算　式	数量
一	室内采暖管道安装				
1	焊接钢管（焊接）	引入管 DN70	m	1.5（室内外界线）+0.3（墙厚）	1.8
2		供水总立管 DN70	m	1.2+11.3	12.5
3		供水总干管 DN70	m	(5.1+1.8+2.7−0.3)（按轴线尺寸取定）+1.5（按图中变径处量取）	10.8
		DN50	m	4.7（按图中变径处量取）	4.7
		DN40	m	6.3（按图中变径处量取）	6.3
		DN32	m	(5.1+1.8+2.7−0.3+3.6)（按轴线尺寸取定）	12.9
		DN25	m	(2.1+2.4+2.1)（按轴线尺寸取定）	6.6
		DN20	m	1.3（按图中尺寸量取）	1.3
4		立管（L1、L3、L4、L7）DN20	m	[(11.3+0.4)（立管上下端标高差）−0.642×4（供回水上下口中心距）+0.06×2（立管上下端乙字弯增加长度）]×4（4 根立管）	37.01
		立管(L2)DN25	m	(11.3+0.4)（立管上下端标高差）+0.06×2（立管上下端乙字弯增加长度）	11.82
		立管(L5、L6) DN20	m	[(11.3+0.4)（立管上下端标高差）+0.06×2（立管上下端乙字弯增加长度）]×2（2 根立管）	23.64

续表

序号	分项工程名称	计算部位	单位	计 算 式	数量
5		(L1)支管 *DN*20	m	$\left(\frac{3.6}{4}\right.$(轴线尺寸)+0.035(乙字弯增加长度)×2(供回水支管)×4(4层)−(15+13+13+16)(L2上散热器片数总和)×0.057(每片散热器厚度)$\left.\right)$	4.231
		(L2)支管 *DN*20	m	$\left(\frac{3.3}{2}\right.$×2(轴线尺寸)+0.035×2(乙字弯增加长度)$\left.\right)$×2(供回水支管)×4(4层)−(12+11+11+14)×2(L2上散热器片数总和)×0.057(每片散热器厚度)	21.49
		(L3)支管 *DN*20	m	同(L1)支管	4.231
		(L4)支管 *DN*20	m	$\left(\frac{3.6}{4}\right.$(轴线尺寸)+0.035(乙字弯增加长度)$\left.\right)$×2(供回水支管)×4(4层)−(16+14+14+18)(L4上散热器片数总和)×0.057(每片散热器厚度)	3.95
		(L5)支管 *DN*20	m	$\left(\frac{2.1}{2}\right.$(轴线尺寸)+0.035(乙字弯增加长度)$\left.\right)$×2(供回水支管)×4(4层)−(13+12+12+14)(L5上散热器片数总和)×0.057(每片散热器厚度)	5.77
		(L6)支管 *DN*20	m	同(L5)支管	5.77
		(L7)支管 *DN*20	m	同(L4)支管	3.95
6		回水干管 *DN*20	m	4.7(按图中变径处量取)	4.7
		*DN*25	m	6.3(按图中变径处量取)	6.3
		*DN*32	m	(5.1+1.8+2.7−0.3+3.6−0.3)(按轴线尺寸取定)	12.6
		*DN*40	m	(2.1+2.4+2.1)(按轴线尺寸取定)	6.6
		*DN*50	m	1.6(按图中变径处量取)	1.6
		*DN*70	m	2(按图中变径处量取)	2
7		回水立管 *DN*70	m	1.2−0.4	0.8
8		出户管 *DN*70	m	0.3+1.5	1.8
	汇总(注:上表中带下划线的管道为地下管道)	地下管道 *DN*70		1.8+1.2+2+0.8+1.8	7.6
		*DN*50		1.6	1.6
		*DN*40		6.6	6.6
		*DN*32		12.6	12.6
		*DN*25		6.6+11.82	18.42
		*DN*20		4.7	4.7
		地上管道 *DN*70		11.3+10.8	22.1
		*DN*50		4.7	4.7
		*DN*40		6.3	6.3

续表

序号	分项工程名称	计算部位	单位	计　算　式	数量
		DN32		12.9	12.9
		DN25		6.6+11.82	18.42
		DN20		1.3+37.01+23.64+4.23+21.49+4.23+3.95+5.77+5.77+3.95	111.34
二	压力试验 DN100 以内		m	汇总以上所有管道，总长度为 227.28m	227.28
三	钢套管	DN70	个	4(供水总立管穿地面、楼板)+1(穿墙或梁)	5
		DN50	个	2(穿墙或梁)	2
		DN40	个	1(穿墙或梁)	1
		DN32	个	2(穿墙或梁)	2
		DN25	个	3(穿墙或梁)+4(L2 穿楼板、地面)	7
		DN20	个	4(1 根立管穿楼板、地面)×6(L1、L3～L7)+2×4(L2 支管穿墙)	32
四	管道支架				
1		引入管 DN70	kg	1 个(支架个数)×2.092 kg/个(单个支架重量)	2.09
2		供水总立管 DN70	kg	4 个(每层设一个)×1.078kg/个	4.31
3		供水总干管 DN70	kg	固定支架：无 活动支架：(10.8÷6)(支架个数，向上取整)×1.078 kg/个(单个支架重量)	2.16
		DN50	kg	固定支架：无 活动支架：(4.7÷5)(支架个数，向上取整)×0.705 kg/个(单个支架重量)	0.71
		DN40	kg	固定支架：1 个(图示个数)×0.769kg/个(单个支架重量) 活动支架：(6.3÷4.5−1 个)(支架个数，向上取整)×0.634 kg/个(单个支架重量)	1.40
4		回水总干管 DN40	kg	固定支架 1 个(图示个数)×1.565kg/个(单个支架重量) 活动支架(6.6÷3−1 个)(支架个数，向上取整)×1.194 kg/个(单个支架重量)	3.95
		DN50	kg	固定支架：无 活动支架：(1.6÷3)(支架个数，向上取整)×1.291 kg/个(单个支架重量)	1.29
5		回水干管、立管出户管 DN70	kg	固定支架：无 活动支架：[(2+0.8+1.8)÷4](支架个数，向上取整)×2.092kg/个(单个支架重量)	2.09
	管道支架汇总(注：上表中带下划线的管支架为地下管支架)	地下管支架	kg	2.09+3.95+1.29+2.09	9.42
		地上管支架	kg	4.31+2.16+0.71+1.40	8.58

续表

序号	分项工程名称	计算部位	单位	计 算 式	数量
五	阀门				
1	丝扣铜球阀 *DN*25		个	2(L2 上下端)	2
2	丝扣铜球阀 *DN*20		个	2(立管上下端)×6(L1、L3～L7)+1(L7 上端)+(2×4×4)(L2、L5、L6 散热器支管上)	45
3	ZP-1 型自动排气阀 *DN*20		个	1	1
4	手动放风阀 ϕ10		个	4(四层)×8(8 列)	32
六	供暖器具	铸铁柱形散热器	片	(15+13+13+16+12+11+11+14+12+11+11+14+15+13+13+16+16+14+14+18+13+12+12+14+13+12+12+14+16+14+14+18)(散热器总片数)	416

第6章　通风空调工程工程量计算

6.1　通风空调工程基本知识

6.1.1　通风系统

1. 通风系统的概念

为实现送风和排风，所采用的一系列设备装置的总体称为通风系统。

2. 通风系统的分类

（1）按室内通风系统的动力不同，可分为自然通风和机械通风，如图6-1～图6-4所示。

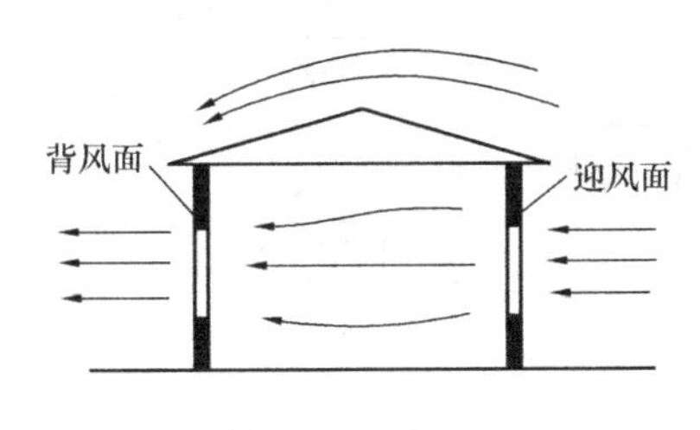

图6-1　风压自然通风

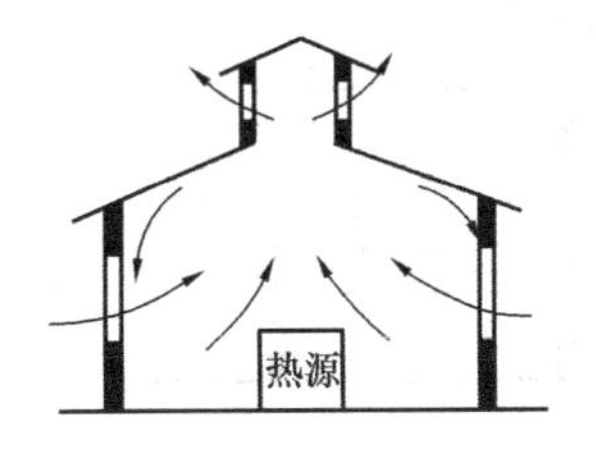

图6-2　热压自然通风

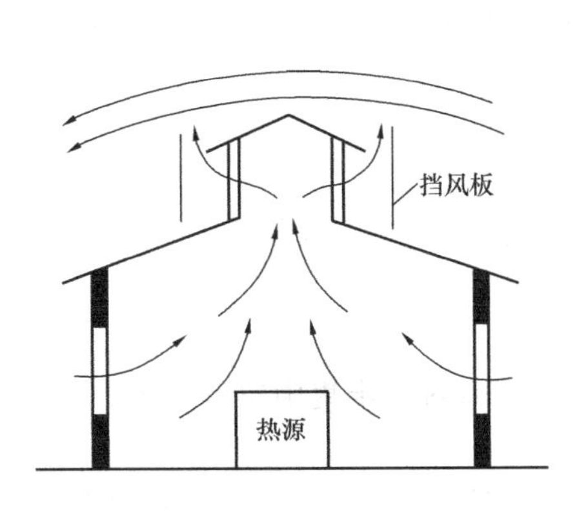

图6-3　利用风压和热压的自然通风

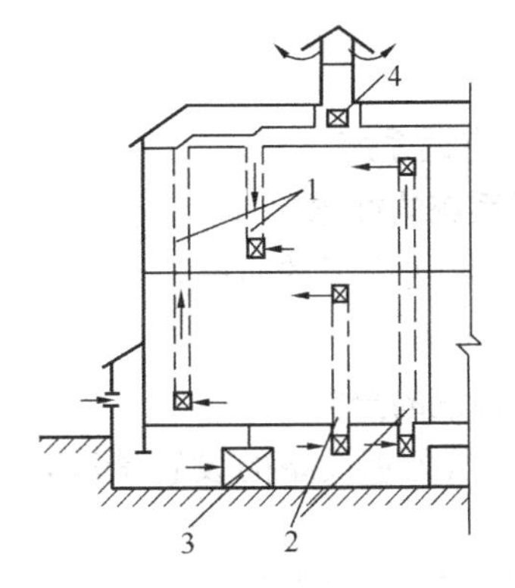

图6-4　管道式自然通风系统

1—排风管道；2—送风管道；3—进风加热设备；4—排风加热设备（为增大热压用）

（2）按通风系统的作用范围分，可将通风系统分为全面通风和局部通风，如图6-5～图6-8所示。

3. 通风系统的组成

（1）送风系统一般由进气口、进风室、通风机、通风管道、调节阀、出风口等部件组成。

（2）排风系统一般由排气罩、风管、通风机、风帽组成，有除尘要求的排风系统还要装除尘器。

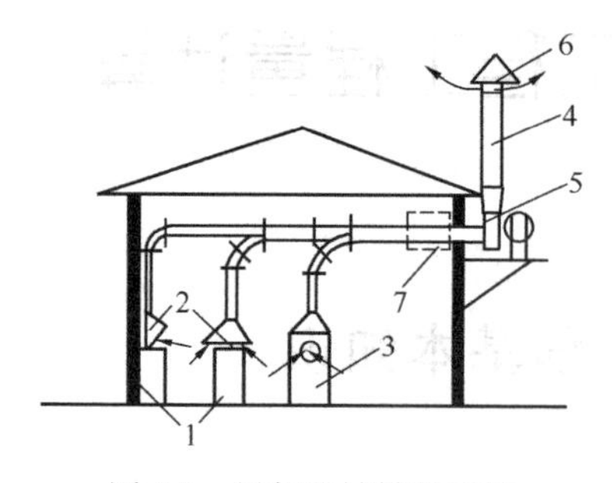

图 6-5　局部机械排风系统

1—工艺设备；2—局部排风罩；3—排风柜；4—风道；5—风机；6—排风帽；7—排风处理装置

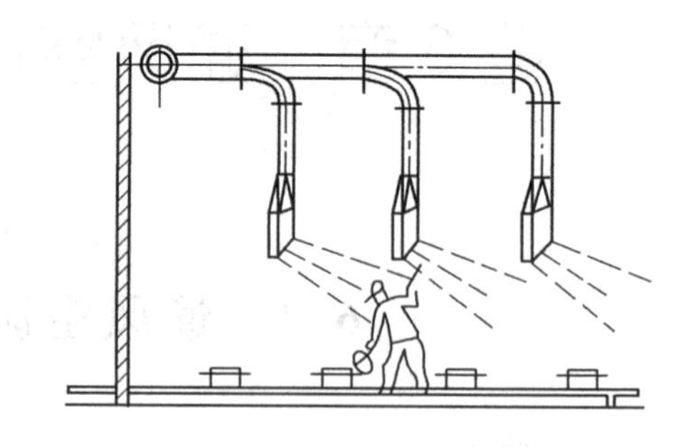

图 6-6　局部机械送风系统

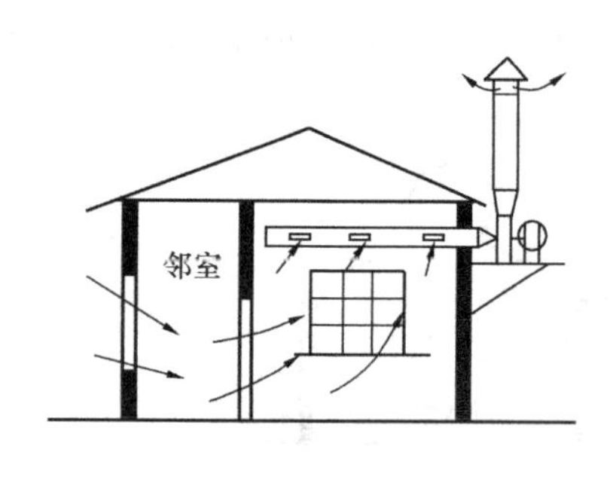

图 6-7　全面机械排风系统

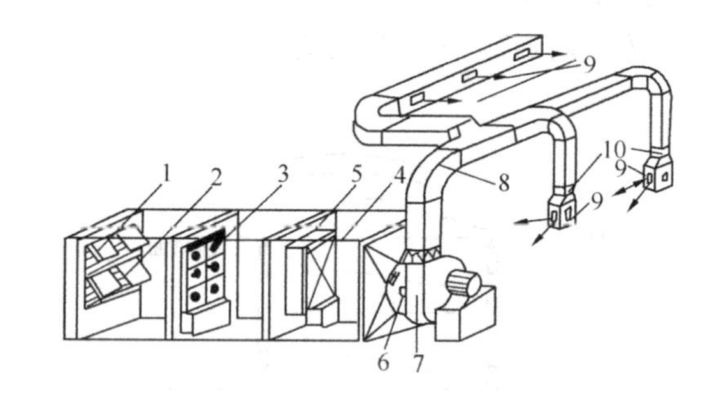

图 6-8　全面机械送风系统

1—百叶窗；2—保温阀；3—过滤器；4—空气加热器；5—旁通阀；6—启动阀；7—风机；8—风道；9—送风口；10—调节阀

6.1.2　空调系统

1. 空调系统的概念

空调系统是更高级的通风，它不仅能保证送入室内空气的温度和洁净度，又能保持空气的干湿度和速度。

2. 空调系统的分类

（1）按空气处理设备的设置情况，分为集中空调系统、半集中空调系统和局部空调系统。

（2）按使用新风量划分，分为直流式空调系统、部分回风式空调系统和全回风式空调系统。

（3）按承担热湿负荷所用的介质划分，分为全空气式空调系统、空气—水空调系统、全水式空调系统和制冷剂式空调系统。

3. 空调系统的组成

以集中空调系统为例，其由下列内容组成：新风入口，空气过滤器，喷水室，加热器，送风机，送风管道，送风口，回风口，回风管道，回风机，排风机，冷冻水管，热水或蒸汽管等。

6.1.3　通风空调工程管道、部件及设备

1. 通风管道

（1）通风管道材料：制作风管和管件的材料常采用普通薄钢板、镀锌薄钢板、塑料复合钢板、不锈钢板和铝板等材料。

（2）通风管道形状：有圆形、矩形两种。圆形风管以外径 D 表示；矩形风管以外边长 $A\times B$ 表示。

（3）通风管道管件：有三通、四通、弯头、变径管、天圆地方等。

（4）通风管道的连接：金属薄板制作的风管可采用咬口连接、铆接和焊接等。塑料风管采用热风焊接，塑料复合钢板只能用咬口连接和铆接。

2. 通风常用设备和部件

通风系统形式不同，通风系统常用设备和构件也有所不同。自然通风只需进、排风窗及附属开关等简单装置。机械通风和管道式自然通风系统，则需要较多的设备和构件。

（1）室内送、排风口

室内送风口是在送风系统中把风道输送来的空气以适当的速度分配到各指定地点的风道末端装置。室内排风口是把室内被污染的空气通过排风口进入排风管道。

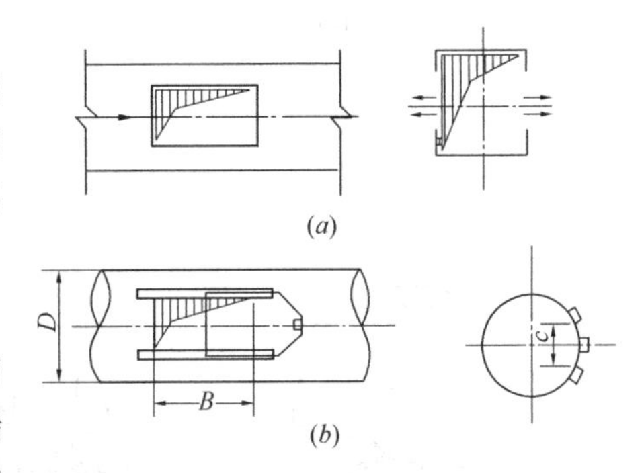

图 6-9　简单的送风口

（a）风管侧送风口；（b）插板式送、吸风口

室内送、排风口的种类很多，比较常用的有简单的送风口（见图 6-9）和百叶式送风口（见图 6-10）。

（2）阀门

阀门安装在通风系统的风道上，用以关闭风道、风口和调节风量。常用的阀门有闸板阀、防火阀、蝶阀和调节阀等。几种阀门如图 6-11～图 6-14 所示。

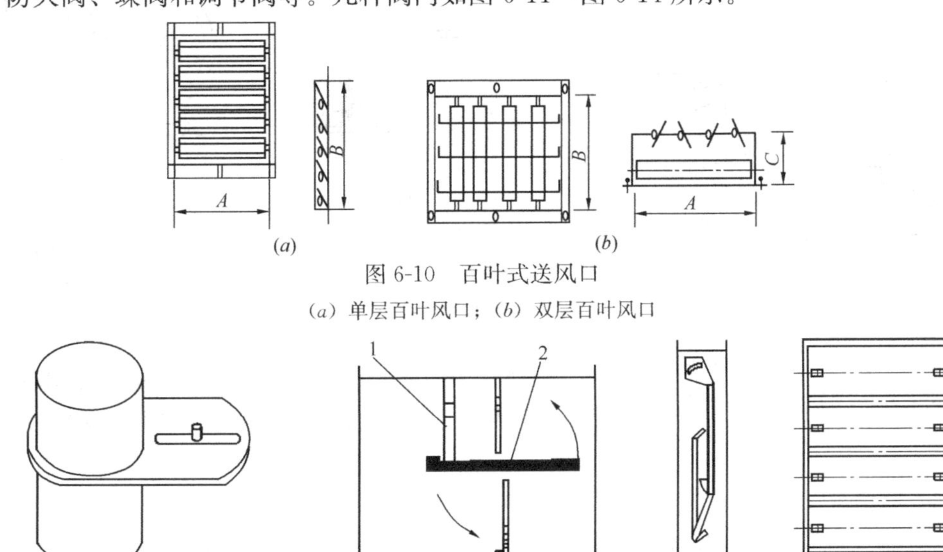

图 6-10　百叶式送风口

（a）单层百叶风口；（b）双层百叶风口

图 6-11　闸板阀

图 6-12　圆形风管防火阀

1—易熔片；2—阀门

图 6-13　矩形对开多叶调节阀

（3）风机

风机是机械通风系统和空调工程中必需的动力设备。

风机的类型：按风机的作用原理分为离心式、轴流式和贯流式三类。轴流风机构造和长轴式轴流风机、离心式风机、贯流式风机示意图如图 6-15～图 6-19 所示。

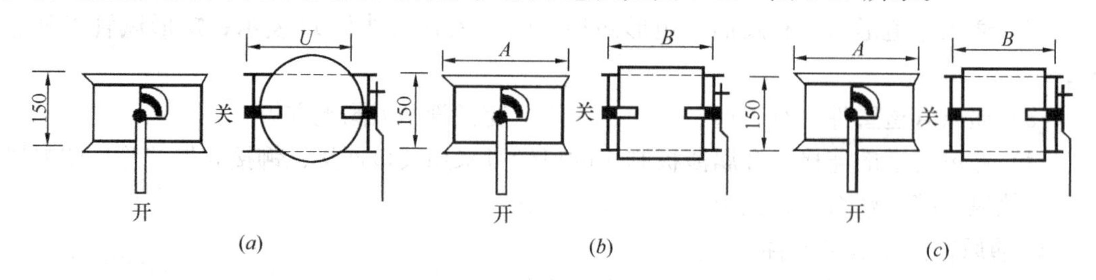

图 6-14 圆形风管防火阀

（a）圆形；（b）方形；（c）矩形

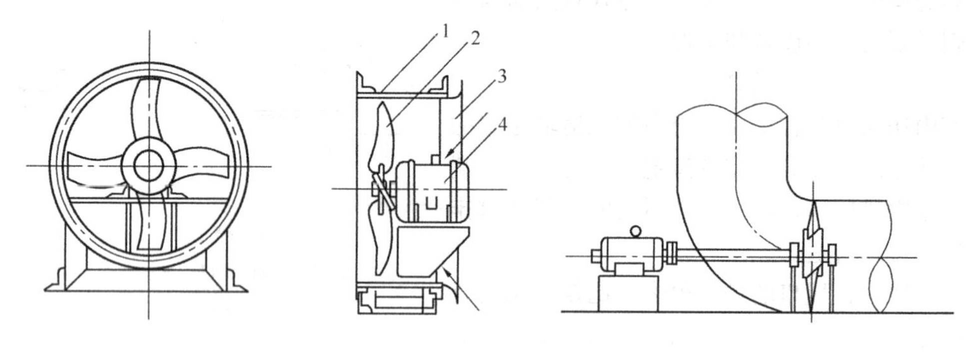

图 6-15 轴流风机的构造简图

1—圆筒形机壳；2—叶轮；3—进口；4—电动机

图 6-16 长轴式轴流风机

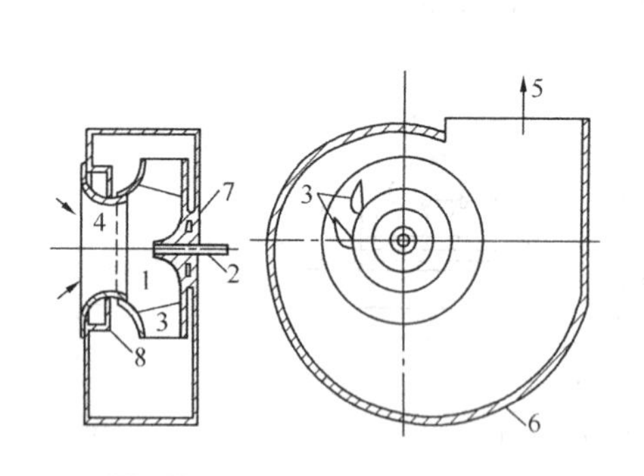

图 6-17 离心式风机构造示意图

1—叶轮；2—机轴；3—叶片；4—吸气口；5—出口；6—机壳；7—轮毂；8—扩压环

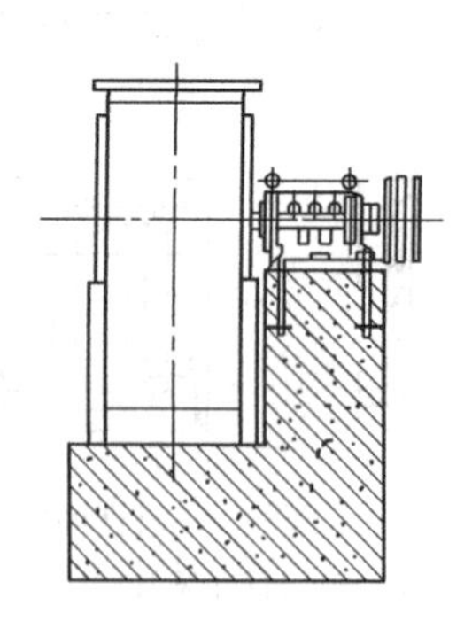

图 6-18 轴流风机在混凝土基础上安装

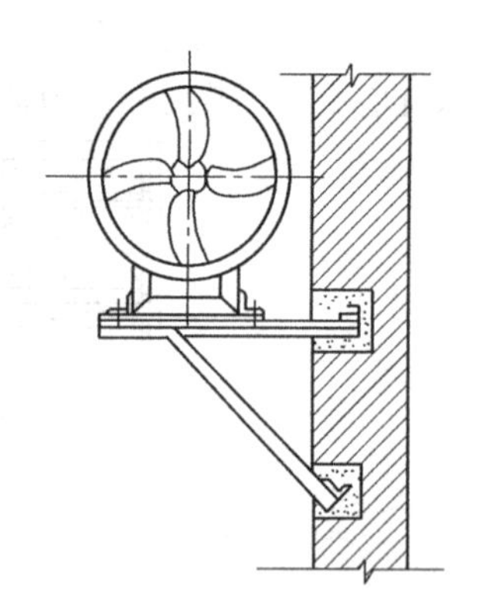

图 6-19 离心风机在墙上安装

（4）散流器

散流器是空调房间中装在顶棚上的一种送风口，其作用是使气流从风口向四周辐射状射出，诱导室内空气与射流迅速混合。散流器送风分平送和下送两种方式。平送散流器和流线型散流器构造示意图如图 6-20、图 6-21 所示。

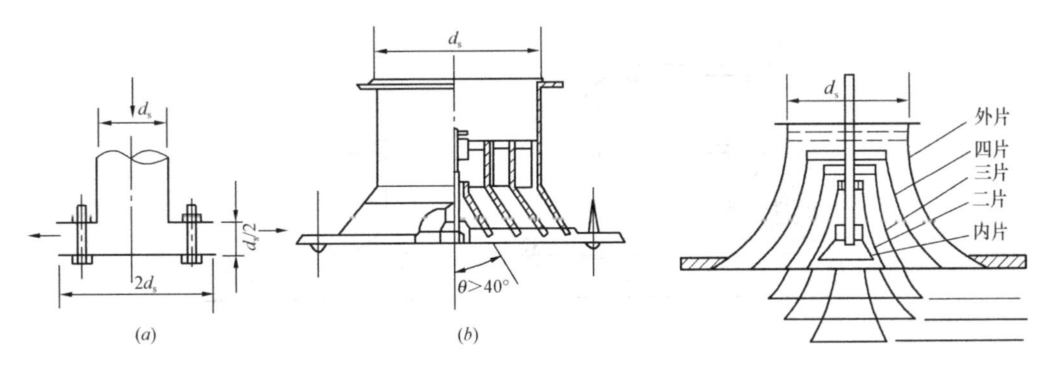

图 6-20　平送散流器示图
(a) 盘式；(b) 圆形直片式

图 6-21　流线型散流器构造示意图

另外，在空调房间除设散流器送风外，还有孔板送风、喷口送风、回风口等。孔板材料可采用胶合板、硬质塑料板和铝板等。回风口通常设在房间的下部，孔口上一般要装设金属网，以防杂物吸入。

(5) 消声减振器具

设于空调机房和制冷机房内的风机、水泵、压缩机等在运行中会产生噪声和振动，将影响人们的生活或工作，需采取消声减振措施。

常用的消声器有阻性消声器、共振性消声器、抗性消声器和宽频带复合消声器等。消声器构造示意图见图 6-22，减振器如图 6-23 和图 6-24 所示。

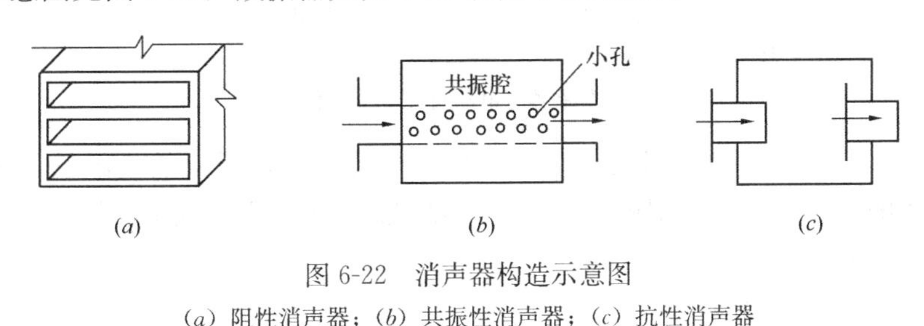

图 6-22　消声器构造示意图
(a) 阻性消声器；(b) 共振性消声器；(c) 抗性消声器

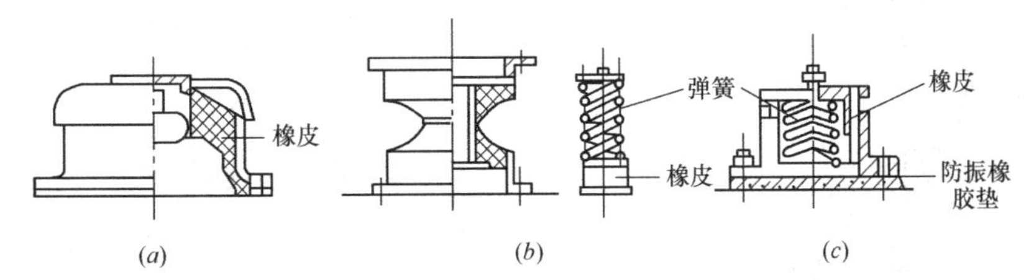

图 6-23　几种不同类型减振器结构示意图
(a) 压缩型；(b) 剪切型；(c) 复合型

3. 空调装置

(1) 空调箱

空调箱是集中设置各种空气处理设备的专用小室或箱体。空调箱外壳可用钢板或非金属材料制成。

(2) 室外进、排风装置

进风装置一般由进风口、风道，以及在进口处装设木制或薄钢板制百叶窗组成。

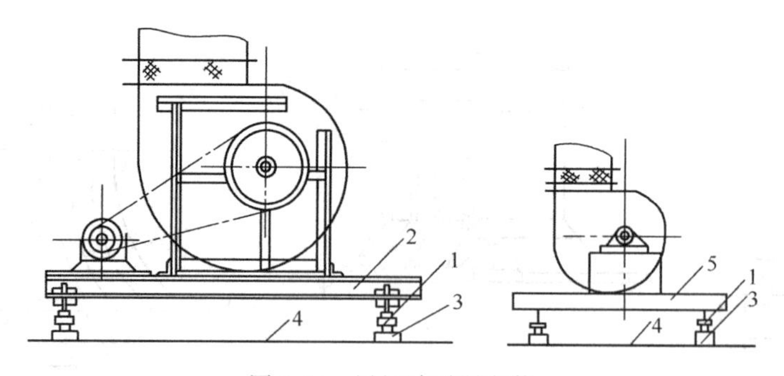

图 6-24　风机减震器安装

1—减震器；2—型钢支架；3—混凝土支墩；4—支承结构；5—钢筋混凝土板

(3) 空调机组

1) 风机盘管机组。风机盘管机组由低噪声风机、盘管、过滤器、室温调节器和箱体等组成，有立式和卧式两种。风机盘管机组构造如图 6-25 所示。

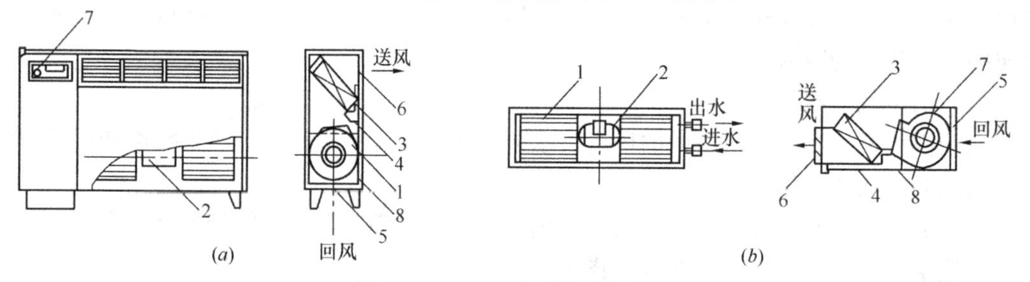

图 6-25　FP-5 型风机盘管机组

1—双进风多叶离心式风机；2—低噪声电动机；3—盘管；4—混水盘；5—空气过滤器；6—出风格栅；7—控制器（电动阀）；8—箱体

2) 局部空调机组。空调机组是把空调系统（含冷源、热源）的全部设备或部分设备配套组装而成的整体。局部空调机组分为柜式和窗式两类。立柜式恒温恒湿空调机组见图 6-26，热泵型窗式空调器如图 6-27 所示。

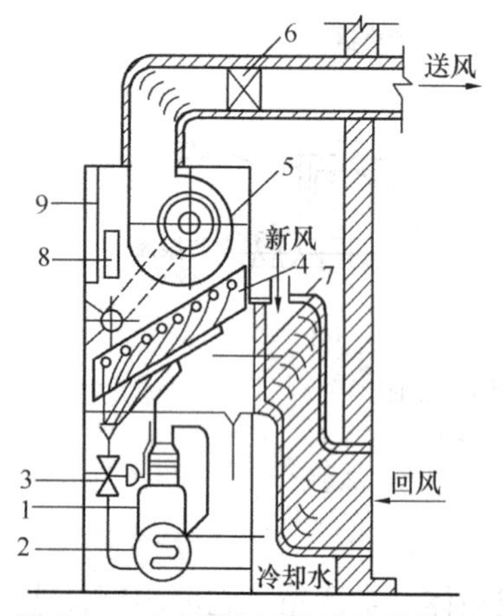

图 6-26　立柜式恒温恒湿空调机组

1—氟利昂制冷压缩机；2—水冷式冷凝器；3—膨胀阀；4—蒸发器；5—风机；6—电加热器；7—空气过滤器；8—电加湿器；9—自动控制屏

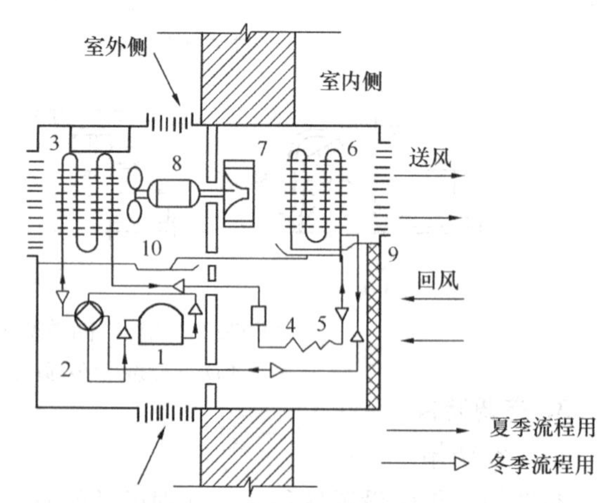

图 6-27　热泵型窗式空调器

1—全封氟利昂压缩机；2—四通换向阀；3—室外侧盘管；4—制冷剂过滤器；5—节流毛细管；6—室内侧盘管；7—风机；8—电动机；9—空气过滤器；10—混水盘

6.1.4　建议自学资料

标准图集甘 02N2《通风与空调工程（风管、水管、配件）》、《通风与空调工程施工质量验收规范》（GB 50243—2002）等。

6.2　通风空调工程识图

6.2.1　通风空调工程施工图的组成与识图方法

通风空调工程施工图由文字部分和图示部分组成。文字部分包括设计施工说明、图纸目录、图例及设备材料表等，图示部分主要包括平面图、剖面图、系统图和详图。在识图时需要特别注意的是，不管哪一种部分图都不是和其他图割裂开单独来识读的，而是要根据要读取的信息、各部分图的特点综合各部分图一起来看的。

1. 图纸设计说明、目录、设备图例表

（1）施工设计说明

通风空调工程施工图设计说明，表明风管采用材质、规格、防腐和保温要求，通风机等设备采用类型、规格，风管上阀件类型、数量、要求，风管安装要求，通风机等设备基础要求等。

（2）图纸目录

包括设计人员绘制部分和所选用的标准图部分。

（3）图例

通风空调工程施工图中的管道及附件、管道连接、阀门、通风空调设备及仪表等，采用《暖通空调制图标准》中统一的图例表示，凡在标准图例中未列入的可自设，但在图纸上应专门画出图例，并加以说明。常见图例见表 6-1。

（4）主要设备材料及部件表

为了便于施工备料，保证安装质量和避免浪费，使施工单位能按设计要求选用设备和材料，一般的施工图均应附有设备及主要材料表，简单项目的设备材料表可列在主要图纸内。通风空调工程设备材料及部件表表明主要设备类型、规格、数量、生产厂家，部件类型规格、数量等。

2. 平面图

通风空调工程平面布置图主要表明通风管道平面位置、规格、尺寸，管道上风口位置、数量，风口类型，回风道和送风道位置，空调机、通风机等设备布置位置、类型，消声器、温度计等安装位置等。

3. 剖面图

剖面图表明通风管道安装位置、规格、安装标高，风口安装位置、标高、类型、数量、规格、空调机、通风机等设备安装位置、标高及与通风管道的连接，送风道、回风道位置等。

4. 系统图

通风系统图表明通风支管安装标高、走向、管道规格、支管数量，通风立管规格、出屋面高度，风机规格、型号、安装方式等。

5. 详图

通风空调详图包括风口大样图，通风机减震台座平、剖面图等。风口大样图主要表明风口尺寸、安装尺寸、边框材质、固定方式、固定材料、调节板位置、调节间距等。通风机减震台座平面图表明台座材料类型、规格、布置尺寸。通风机械台座剖面图表明台座材料、规格（或尺寸）、施工安装要求方式等。

6.2.2 通风空调工程施工图常用图例

通风空调工程施工图常用图例见表 6-1。

通风空调工程施工图常用图例　　表 6-1

序号	名称	图例	附注
1	砌筑风、烟道		其余均为
2	带导流片弯头		
3	消声器消声弯管		也可表示为
4	插板阀		
5	天圆地方		左接矩形风管，右接圆形风管
6	蝶阀		
7	对开多叶调节阀		左为手动，右为电动
8	风管止回阀		
9	三通调节阀		
10	防火阀	70℃	表示 70℃动作的常开阀。若因图面小，可表示为 70℃，常开

续表

序号	名　称	图　例	附　注
11	排烟阀	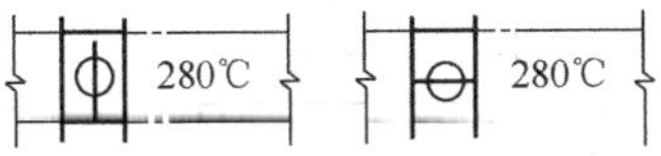 280℃　280℃	左为 280℃动作的常闭阀，右为常开阀。若因图面小，表示方法同上
12	软接头	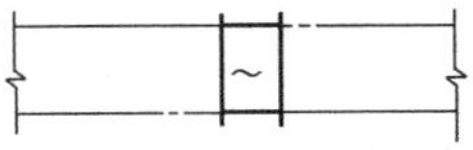 ~	也可表示为 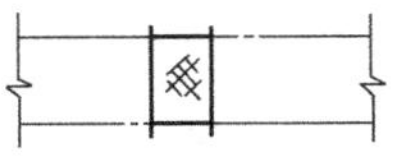
13	软管	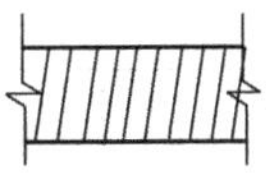 或光滑曲线(中粗)	
14	风口（通用）	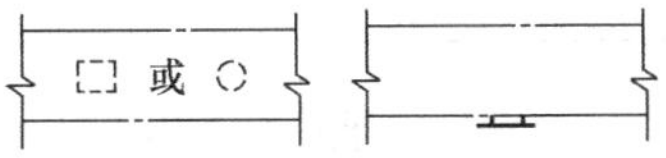 或	
15	气流方向		左为通用表示法，中表示送风，右表示回风
16	百叶窗		
17	散流器	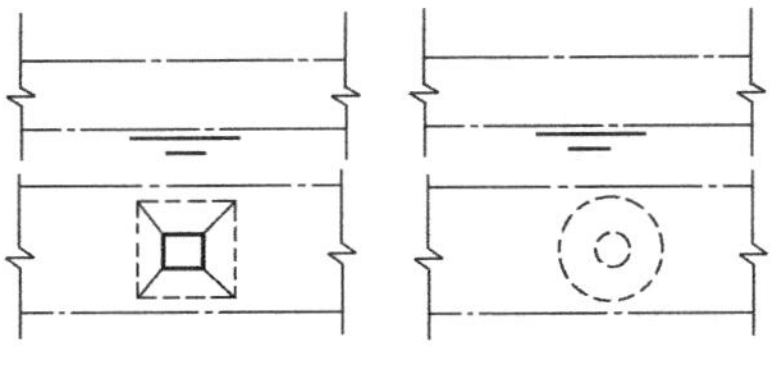	左为矩形散流器，右为圆形散流器。散流器为可见时，虚线改为实线

续表

序号	名　称	图　例	附　注
18	检查孔、测量孔	检 测 检 测	
19	轴流风机	或	
20	离心风机		左为左式风机，右为右式风机
21	水泵		左侧为进水、右侧为出水
22	空气加热、冷却器		左、中分别为单加热、单冷却，右为双功能换热装置
23	板式换热器		
24	空气过滤器		左为粗效，中为中效，右为高效
25	电加热器		
26	加湿器		
27	挡水板		
28	窗式空调器		
29	分体空调器		
30	风机盘管		可标注型号，如：FP-5
31	减振器		左为平面图画法，右为剖面图画法

6.2.3　通风识图实例

某车间的通风空调工程平面图、剖面图和系统图如图 6-28～图 6-30 所示。

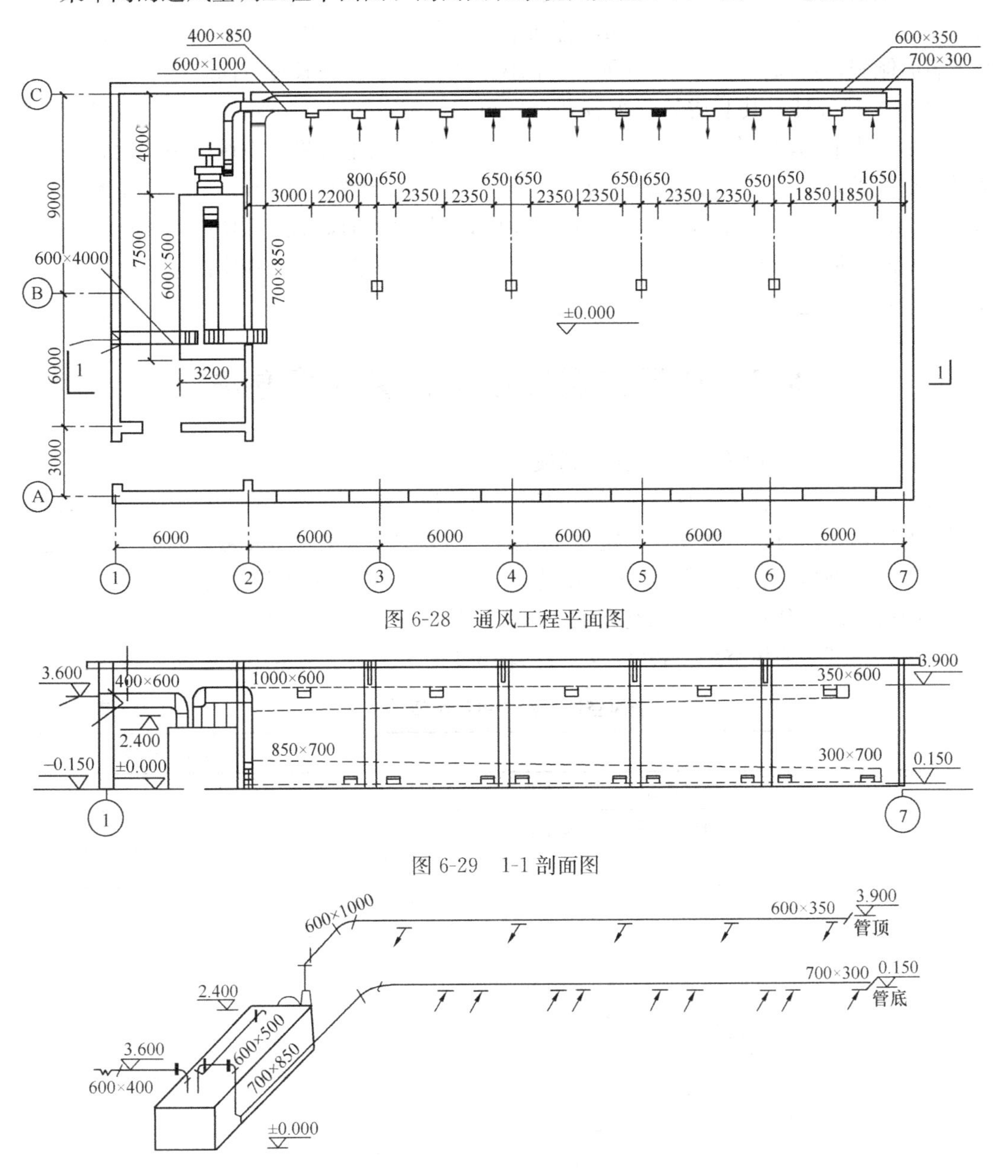

图 6-28　通风工程平面图

图 6-29　1-1 剖面图

图 6-30　通风工程系统图

识图过程如下：

图 6-28 表明风管、风口、机械设备等在平面中的位置和尺寸，图 6-29 表示风管设备等在垂直方向的布置和标高，图 6-30 中可清楚地看出管道的空间曲折变化。

该系统由设在车间外墙上端的进风口吸入室外空气，经新风管从上方送入空气处理室，依要求的温度、湿度和洁净度进行处理，经处理后的空气从处理室箱体后部由通风机送出。送风管经两次转弯后进入车间，在顶棚下沿车间长度方向暗装于隔断墙内，其上均匀分布五个送风口（500mm×250mm），装设在隔断墙上露出墙面，由此向车间送出处理过的达到室内要求的空气。送风管高度是变化的，从处理室接出时是 600mm×1000mm，向末端逐步减小到 600mm×350mm，管顶上表面保持水平，安装在标高 3.900m 处，管底下表面倾斜，送风口与风管顶部取齐。回风管在平行于车间长度方向暗装于隔断墙内的地面之上 0.15m 处，其上均匀分布着九个回风口（500mm×200mm）露出于隔断墙面，由此将车间内的污浊空气汇集于回风管，经四次转弯，由上部进入空调机房，然后转弯向下进入空气处理室。回风管截面高度尺寸是变化的，从始端的 700mm×300mm 逐步增加为 700mm×850mm，管底保持水平，顶部倾斜，回风口与风管底部取齐。当回风进入空气处理室时，回风分两部分循环使用，一部分与室外新风混合在处理室内进行处理，另一部分通过跨越连通管与处理室后的空气混合，然后再送入室内。

6.3 通风空调工程工程量计算方法

6.3.1 通风空调工程工程量计算列项

通风空调工程工程量计算首先要做的第一项工作是准确列项，对于初学者，可按照定额顺序列项，并注意，一般来说，定额中有的，图纸中也有的项目才可以列出（补充定额子目列项的除外），而且定额说明中指出的“已包括的”内容不能单独列项，“未包括”的须另计的内容需单独列项。通风空调工程选用《甘肃省安装工程预算定额》第六册通风空调安装工程，其中通风空调工程常用项目见表 6-2 通风空调工程常用定额项目表。

通风空调工程常用定额项目表 **表 6-2**

章名称	节名称	分项工程列项
第一章　薄钢板通风管道制作安装	一、镀锌薄钢板圆形风管制作（δ=1.2mm 以内咬口）	
	二、镀锌薄钢板矩形风管制作（δ=1.2mm 以内咬口）	
	三、薄钢板圆形风管制作（δ=2mm 以内焊接）	
	四、薄钢板矩形风管制作（δ=2mm 以内焊接）	
	五、薄钢板圆形风管制作（δ=3mm 以内焊接）	
	六、薄钢板矩形风管制作（δ=3mm 以内焊接）	
	七、镀锌薄钢板圆形风管安装（δ=1.2mm 以内咬口）	
	八、镀锌薄钢板矩形风管安装（δ=1.2mm 以内咬口）	
	九、薄钢板圆形风管安装（δ=2mm 以内焊接）	
	十、薄钢板矩形风管安装（δ=2mm 以内焊接）	
	十一、薄钢板圆形风管安装（δ=3mm 以内焊接）	
	十二、薄钢板矩形风管安装（δ=3mm 以内焊接）	
	十三、柔性软风管安装	
	十四、柔性软风管阀门安装	
	十五、弯头导流叶制作安装	
	十六、软管接口制作安装	
	十七、风管检查孔制作安装	
	十八、温度、风量测定孔制作安装	

续表

章名称	节名称	分项工程列项
第二章　调节阀安装	一、调节阀安装	1. 空气加热器上通阀、旁通阀
		2. 圆形瓣式气动阀
		3. 风管蝶阀
		4. 圆、方形风管止回阀
		5. 密闭式斜插板阀
		6. 对开多叶调节阀
		7. 风管防火
		8. 余压阀
	二、三通调节阀制作安装	
第三章　风口安装	一、百叶风口	
	二、带调节阀百叶风口	
	三、散流器	
	四、带调节阀散流器	
	五、旋转风口	
	六、孔板风口	
	七、网式风口制作安装	
	八、金属网框架制作安装	
第四章　风帽制作安装	一、圆伞形风帽	
	二、锥形风帽	
	三、筒形风帽	
	四、铝板圆伞形风帽	
	五、不锈钢圆伞形风帽	
	六、玻璃钢风帽安装	
	七、筒形风帽滴水盘	
	八、风帽筝绳、泛水	
第五章　罩类制作安装	一、皮带防护罩，电动机防雨罩	
	二、一般排气罩	1. 侧吸罩
		2. 中小型零件焊接台排气罩
		3. 整体、分组式槽边侧吸罩
		4. 吹、吸式槽边通风罩
		5. 风罩调节阀
		6. 条缝槽边抽风罩
		7. 泥心烘炉排气罩
		8. 升降式回转排气罩
		9. 上下吸式圆形回转罩
		10. 升降式排气罩
		11. 手锻炉排气罩

续表

章名称	节名称	分项工程列项
第六章　消声器制作安装	一、消声器制作安装	1. 片式消声器
		2. 矿棉管式消声器
		3. 聚酯泡沫管式消声器
		4. 卡普隆纤维消声器
		5. 弧形声流式消声器
		6. 阻抗复合式消声器
	二、成品消声器安装	
	三、消声弯头安装	
第七章　空调部件及设备支架制作安装	一、钢板密闭门安装	
	二、钢板挡水板安装	
	三、滤水器　溢水盘制作安装	
	四、电加热器外壳、金属空调壳制作安装	
	五、设备支架制作安装	
第八章　通风空调设备安装	一、空气加热器（冷却器）安装	
	二、离心式通风机安装	
	三、轴流式通风机安装	
	四、屋顶式通风机安装	
	五、卫生间通风机安装	
	六、除尘设备安装	
	七、空调器安装安装	
	八、风机盘安装	
	九、分段组装式空调器安装	
第九章　净化通风管道及部件制作安装	一、净化风管制作	
	二、净化风管安装	
	三、静压箱制作安装	
	四、过滤器框架制作安装	
	五、过滤器安装	
	六、净化工作台、风淋室安装	
第十章　不锈钢板通风管道及部件制作安装	一、不锈钢板风管制作（电焊）	
	二、不锈钢板风管安装（电焊）	
	三、法兰制作安装（手工氩弧焊、电焊）	
	四、吊托支架制作安装	
第十一章　铝板通风管道及部件制作安装	一、铝板圆形风管制作（气焊）	
	二、铝板矩形风管制作（气焊）	
	三、铝板圆形风管安装（气焊）	
	四、铝板圆形风管安装（气焊）	
	五、圆、矩形法兰制作安装（气焊、手工氩弧焊）	

续表

章名称	节名称	分项工程列项
第十二章　玻璃钢通风管道安装	一、玻璃钢圆形风管安装（$\delta=4$mm以内）	
	二、玻璃钢矩形风管安装（$\delta=4$mm以内）	
	三、玻璃钢圆形风管安装（$\delta=4$mm以上）	
	四、玻璃钢矩形风管安装（$\delta=4$mm以上）	
第十三章　复合型风管制作安装	一、复合型矩形风管制作安装	
	二、复合型圆形风管制作安装	
第十四章　地下人防通风设备及部件安装	一、地下人防设备及支架安装	1. 设备安装
		2. 支架制作安装
	二、密闭套管制作安装	
	三、阀、部件及其他	1. 自动排气阀安装
		2. 手动密闭阀安装
		3. 人防部件及其他
		4. 套筒过滤器制作安装

6.3.2　通风空调工程工程量计算方法详解

6.3.2.1　薄钢板通风管道制作安装

1. 风管制作、风管安装

（1）计量单位：m^2。

（2）项目划分：区分材质、断面形状、管材厚度、连接方式、（圆形风管）直径、（矩形风管）周长。

（3）工程量计算规则：

风管制作按图示内径尺寸以展开面积计算，不扣除检查孔、测定孔、送风口、吸风口等所占面积。

对于圆形风管

$$F = \pi DL$$

对于矩形风管

$$F = (A + B) \times 2L$$

式中　F——圆形风管展开面积（m^2）；

D——圆形风管内径，按图示尺寸为准展开；

A、B——矩形风管内径长、内径宽，按图示尺寸为准展开；

L——风管中心线长度，以施工图示中心线长度为准，主管与支管以其中心线交点划分，包括弯头、三通、变径管、天圆地方等管件的长度，但不包括部件所占长度，咬口重叠部分已包括在风管制作定额内，不得另行增加。

（4）章说明：

1）通风系统设计采用渐缩管均匀送风者，圆形风管按平均直径，矩形风管按平均周长执行相应规格项目，其人工乘以系数2.5。

2）薄钢板风管采用咬口连接时，执行镀锌薄钢板定额子目，主材可以换算。

3）如制作空气幕送风管时，按矩形风管平均周长执行相应风管规格子目，其人工乘以系数3，其余不变。

4）薄钢板通风管道制作项目中，包括弯头、三通、变径管、天圆地方等管件及法兰、加固框的制作；薄钢板通风管道安装项目中，包括吊托支架的制作安装，但不包括过跨风管落地支架，落地支架执行设备支架项目。

5）薄钢板风管项目中的板材，如设计要求厚度不同者可以换算，但人工、机械不变。

2. 柔性软风管安装

（1）计量单位：m。

（2）项目划分：区分直径。

（3）工程量计算规则：柔性软风管安装，按图示管道中心线长度以“m”为计量单位。

（4）章说明：柔性软风管适用于由金属、涂料化纤织物、聚酯、聚乙烯、聚氯乙烯薄膜、铝箔等材料制成的软风管。

3. 柔性软风管阀门安装

（1）计量单位：个。

（2）项目划分：区分直径

（3）工程量计算规则：柔性软风管阀门安装以“个”为计量单位。

4. 弯头导流叶片制作组装

（1）计量单位：m^2。

（2）项目划分：弯头导流叶片（1个项目）。

（3）工程量计算规则：风管导流叶片制作安装按图示叶片的面积计算，以“m^2”为计量单位。

（4）章说明：风管导流叶片不分单叶片和香蕉形双叶片均执行同一子目。

5. 软管接口制作安装

（1）计量单位：m^2。

（2）项目划分：软管接口制作安装（1个项目）。

（3）工程量计算规则：软管接口制作安装，按图示尺寸以“m^2”为计量单位。

（4）章说明：软管接口材料按帆布考虑，如用其他材料，可以换算，人工、机械不变。

6. 风管检查孔制作安装

（1）计量单位：个。

（2）项目划分：区分周长。

（3）工程量计算规则：风管检查孔制作安装，按图示尺寸分规格以“个”为计量单位。

7. 风管检查温度、风量测定孔制作安装

（1）计量单位：个。

（2）项目划分：风管检查温度、风量测定孔（1个项目）。

（3）工程量计算规则：风管检查温度、风量测定孔制作安装，按其型号以“个”为计量单位。

6.3.2.2　调节阀安装

1. 调节阀安装

（1）计量单位：个。

（2）项目划分：区分阀门种类、风管周长、直径。

（3）工程量计算规则：调节阀按图示规格以“个”为计量单位。

（4）章说明：电动对开多叶调节阀执行对开多叶调节阀子目，接线执行第二册《电气设备安装工程》相应子目。

2. 三通调节阀安装

（1）计量单位：个。

（2）项目划分：区分主风管周长。

（3）工程量计算规则：三通调节阀制作安装按调节阀主风管周长以“个”为计量单位。

6.3.2.3　风口安装

1. 风口安装

（1）计量单位：个。

（2）项目划分：区分（圆形风口）直径、（矩形风口）周长。

（3）工程量计算规则：风口安装按图示尺寸以“个”为计量单位。

（4）章说明：

1）百叶风口安装定额，适用于单（双）层固定式、活动式百叶风口、格栅百叶风口等。

2）正压送风口、加压排风口、多叶排风口执行风管防火阀定额子目，其人工乘以系数 1.1，其余不变。

3）不锈钢风口执行百叶风口安装子目，其材料费可以换算，人工不变。

2. 散流器安装

（1）计量单位：个。

（2）项目划分：区分所接风管（圆形风管）直径、（矩形风管）周长。

（3）工程量计算规则：散流器安装按图示尺寸以“个”为计量单位。

3. 金属网框制作安装

（1）计量单位：m^2。

（2）项目划分：区分（圆形）直径、（矩形）周长。

（3）工程量计算规则：金属网框按设计尺寸以“m^2”为计量单位。

（4）章说明：风机出风口或进风口安装安全网框时执行金属网框制作安装定额。

6.3.2.4　风帽制作安装

1. 风帽制作安装

（1）计量单位：个。

（2）项目划分：区分风帽种类、直径。

（3）工程量计算规则：风帽制作安装按图示规格以“个”为计量单位。

2. 筒形风帽滴水盘制作安装

（1）计量单位：个。

（2）项目划分：区分直径。

（3）工程量计算规则：

筒形风帽滴水盘制作安装按图示尺寸以“个”为计量单位。

3. 风帽筝绳制作安装

（1）计量单位：kg。

（2）项目划分：风帽筝绳（1个项目）。

（3）工程量计算规则：风帽筝绳制作安装按图示规格、长度以“kg”为计量单位。

4. 风帽泛水制作安装

（1）计量单位：m^2。

（2）项目划分：风帽泛水（1个项目）。

（3）工程量计算规则：风帽泛水制作安装按图示展开面积以“kg”为计量单位。

6.3.2.5 罩类制作安装

1. 罩类制作安装

（1）计量单位：kg。

（2）项目划分：区分种类。

（3）工程量计算规则：各种消声器制作安装按标准部件成品重量以“kg”为计量单位。

6.3.2.6 消声器制作安装

1. 消声器制作安装

（1）计量单位：kg。

（2）项目划分：区分种类。

（3）工程量计算规则：各种消声器制作安装按标准部件成品重量以“kg”为计量单位。

2. 成品消声器安装、消声弯头安装

（1）计量单位：个。

（2）项目划分：区分消声器长度、法兰周长。

（3）工程量计算规则：成品消声器安装按图示规格尺寸以“个”为计量单位。

3. 消声弯头安装

（1）计量单位：个。

（2）项目划分：区分周长。

（3）工程量计算规则：消声弯头安装按图示规格尺寸以“个”为计量单位。

6.3.2.7 空调部件及设备支架制作安装

1. 钢板密闭门制作安装

（1）计量单位：个。

（2）项目划分：区分种类、规格。

（3）工程量计算规则：钢板密闭门制作安装以“个”为计量单位。

（4）章说明：保温钢板密闭门板执行钢板密闭门相应子目，其材料、机械均乘以系数0.5，机械乘以系数0.45，人工不变。

2. 钢板挡水板制作安装

（1）计量单位：m^2。

（2）项目划分：区分规格

（3）工程量计算规则：挡水板制作安装按空调器断面面积计算，以“m^2”为计量单位。

（4）章说明：玻璃挡水板执行钢板挡水板相应子目，其材料、机械均乘以系数0.45，人工不变。

3. 滤水器制作安装、溢水盘制作安装

（1）计量单位：kg。

（2）项目划分：滤水器（1个项目）、溢水盘（1个项目）。

（3）工程量计算规则：滤水器、溢水盘制作安装以“kg”为计量单位。

4. 电加热器外壳制作安装、金属空调壳体制作安装

（1）计量单位：kg。

（2）项目划分：电加热器外壳（1个项目）、金属空调壳体（1个项目）。

（3）工程量计算规则：电加热器外壳、金属空调壳体制作安装以“kg”为计量单位。

5. 设备支架制作安装

（1）计量单位：kg。

（2）项目划分：区分每个支架重量。

（3）工程量计算规则：设备支架制作安装以“kg”为计量单位。

（4）章说明：

1）清洗槽，浸油槽，晾干架，LWP滤茶器支架制作安装执行设备支架项目。

2）风机减震台座执行设备支架基础上定额中不包括减震器用量，应以设计图纸按实计算。

6.3.2.8　**通风空调设备安装**

1. 空气加热器（冷却器）安装、除尘设备

（1）计量单位：台。

（2）项目划分：区分重量。

（3）工程量计算规则：空气加热器（冷却器）、除尘设备安装按设备重量不同以“台”为计量单位。

（4）章说明：设备安装项目的费用中不包括设备费和应配备的地脚螺栓价值。

2. 通风机安装

（1）计量单位：台。

（2）项目划分：区分种类、型号。

（3）工程量计算规则：风机安装按不同型号以“台”为计量单位。

（4）章说明：

1）通风机安装项目内包括电动机安装，其安装形式包括A、B、C、D型，也适用不锈钢和塑料风机安装。

2）设备安装项目的费用中不包括设备费和应配备的地脚螺栓价值。

3. 空调器安装

（1）计量单位：台。

（2）项目划分：区分安装方式、重量。

（3）工程量计算规则：整体式空调机组、空调器按不同重量和安装方式以“台”为计量单位。

（4）章说明：

1）吊顶式空调器、落地式空调器适用于冷水机组配套的冷冻水介质空调器安装，且以整体安装为准，如解体安装时，定额人工乘以系数1.25。

2）设备安装项目的费用中不包括设备费和应配备的地脚螺栓价值。

4. 风机盘管安装

（1）计量单位：台。

（2）项目划分：区分安装方式。

（3）工程量计算规则：风机盘管安装按安装方式不同以“台”为计量单位。

（4）章说明：

1）诱导器安装套用风机盘管安装项目。

2）风机盘管的配管执行第四册《给水排水，采暖，消防，燃气管道及器具安装工程》相应子目。

3）设备安装项目的费用中不包括设备费和应配备的地脚螺栓价值。

5. 分段组装式空调器安装

（1）计量单位：100kg。

（2）项目划分：分段组装式空调器（1个项目）。

（3）工程量计算规则：分段组装式空调器安装以“100kg”为计量单位。

6.3.2.9 净化通风管道及部件制作安装

1. 净化风管制作、净化风管安装

（1）计量单位：m^2。

（2）项目划分：区分风管周长。

（3）工程量计算规则：

风管制作按图示内径尺寸以展开面积计算，不扣除检查孔、测定孔、送风口、吸风口等所占面积。

对于圆形风管 $$F=\pi DL$$

对于矩形风管 $$F=(A+B)\times 2L$$

式中 F——圆形风管展开面积（m^2）；

D——圆形风管内径，按图示尺寸为准展开；

A、B——矩形风管内径长、内径宽，按图示尺寸为准展开；

L——风管中心线长度，以施工图示中心线长度为准，主管与支管以其中心线交点划分，包括弯头、三通、变径管、天圆地方等管件的长度，但不包括部件所占长度，咬口重叠部分已包括在风管制作定额内，不得另行增加。

（4）章说明：

1）净化通风管道制作项目中，包括弯头、三通、变径管、天圆地方等管件及法兰、加固框的制作；净化通风管道安装项目中，包括吊托支架的制作安装，但不包括过跨风管落地支架，落地支架执行设备支架项目。

2）净化风管子目中的板材，如设计厚度不同者可以换算，但人工、机械不变。

3）风管涂密封胶是按全部口缝外表面涂抹考虑的，如设计要求口缝补涂抹而只在法兰处涂抹着，每10m^2风管应减去密封胶1.5kg，人工0.37工日。

4）风管项目中，型钢未包括镀锌费，如设计要求镀锌时，另加镀锌费。

5）本章定额按空气洁净度100000级编制的。

2. 静压箱制作安装

（1）计量单位：m^2。

（2）项目划分：静压箱（1个项目）。

（3）工程量计算规则：静压箱制作安装，按其展开面积以"m^2"为计量单位，所接风管的开口面积不扣除。

（4）章说明：

本项目中，型钢未包括镀锌费，如设计要求镀锌时，另加镀锌费。

3. 过滤器框架制作安装

（1）计量单位：kg。

（2）项目划分：过滤器框架（1个项目）。

（3）工程量计算规则：过滤器框架制作安装以"kg"为计量单位。

4. 过滤器安装

（1）计量单位：台。

（2）项目划分：区分种类。

（3）工程量计算规则：高、中、低效过滤器安装以"台"为计量单位。

（4）章说明：

1）过滤器安装项目中包括试装，如设计不要求试装着，其人工、材料、机械不变。

2）低效过滤器指：M-A型，WL型，LWP型等系列；中效过滤器指：ZKL型，YB型，M型，ZX-1型等系列；高效过滤器指：GB型，GS型，JX-20型等系列。

5. 净化工作台安装

（1）计量单位：台。

（2）项目划分：净化工作台（1个项目）。

（3）工程量计算规则：净化工作台安装以"台"为计量单位。风淋室安装按不同重量以"台"为计量单位。

（4）章说明：

净化工作台指：XHK型、BZK型、SXP型、SZP型、SZX型、SW型、SZ型、SXZ型、TJ型、CJ型等系列。

6. 风淋室安装

（1）计量单位：台。

（2）项目划分：区分重量。

（3）工程量计算规则：

1）风淋室安装按不同重量以"台"为计量单位。

2）洁净室安装以重量计算，执行定额第八章“分段组装式空调器安装”子目。

6.3.2.10 不锈钢板通风管道及部件制作安装

1. 不锈钢板风管制作、不锈钢板风管安装

(1) 计量单位：m^2。

(2) 项目划分：区分规格（直径×壁厚）。

(3) 工程量计算规则：

风管制作按图示内径尺寸以展开面积计算，不扣除检查孔、测定孔、送风口、吸风口等所占面积，以“m”为计量单位。

对于圆形风管 $$F=\pi DL$$

对于矩形风管 $$F=(A+B)\times 2L$$

式中 F——圆形风管展开面积（m^2）；

D——圆形风管内径，按图示尺寸为准展开；

A、B——矩形风管内径长、内径宽，按图示尺寸为准展开；

L——风管中心线长度，以施工图示中心线长度为准，主管与支管以其中心线交点划分，包括弯头、三通、变径管、天圆地方等管件的长度，但不包括部件所占长度。

(4) 章说明：

1）风管凡以电焊考虑的项目，如须使用手工氩弧焊者，其人工乘以系数 1.238，材料乘以系数 1.163，机械乘以系数 1.673。

2）风管制作安装项目中包括管件，但不包括法兰和吊托支架；法兰和吊托支架应单独列项计算执型相应项目。

3）风管项目中的板材如设计要求厚度不同者可以换算，人工、机械不变。

2. 法兰制作安装（手工氩弧焊、电焊）

(1) 计量单位：kg。

(2) 项目划分：区分重量。

(3) 工程量计算规则：法兰制作安装以“kg”为计量单位。

3. 吊托支架制作安装

(1) 计量单位：kg。

(2) 项目划分：吊托支架制作安装（1 个项目）。

(3) 工程量计算规则：吊托支架制作安装以“kg”为计量单位。

(4) 章说明：不锈钢吊托支架使用本章的项目。

6.3.2.11 铝板通风管道及部件制作安装

1. 铝板风管制作、铝板风管安装

(1) 计量单位：m^2。

(2) 项目划分：区分断面形状、规格（直径×壁厚）。

(3) 工程量计算规则：

风管制作按图示内径尺寸以展开面积计算，不扣除检查孔、测定孔、送风口、吸风口等所占面积，以“m”为计量单位。

对于圆形风管　　　　　　　　　　$F=\pi DL$

对于矩形风管　　　　　　　　　　$F=(A+B)\times 2L$

式中　F——圆形风管展开面积（m^2）；

D——圆形风管内径，按图示尺寸为准展开；

A、B——矩形风管内径长、内径宽，按图示尺寸为准展开；

L——风管中心线长度，以施工图示中心线长度为准，主管与支管以其中心线交点划分，包括弯头、三通、变径管、天圆地方等管件的长度，但不包括部件所占长度。

（4）章说明：

1）风管凡以气焊考虑的项目，如须使用手工氩弧焊者，其人工乘以系数1.154，材料乘以系数0.852，机械乘以系数9.242。

2）风管制作安装项目中包括管件，但不包括法兰和吊托支架，吊托支架应单独列项计算执行第七章相应子目。

3）风管项目中的板材如设计要求厚度不同者可以换算，人工、机械不变。

2. 圆、矩形法兰制作安装（手工氩弧焊、气焊）

（1）计量单位：kg。

（2）项目划分：区分断面形状、重量。

（3）工程量计算规则：法兰制作安装以“kg”为计量单位。

6.3.2.12　玻璃钢通风管道安装

1. 玻璃钢风管安装

（1）计量单位：m^2。

（2）项目划分：区分断面形状、管材厚度、（圆形风管）直径、（矩形风管）周长。

（3）工程量计算规则：

风管制作按图示内径尺寸以展开面积计算，不扣除检查孔、测定孔、送风口、吸风口等所占面积，以“m”为计量单位。

对于圆形风管　　　　　　　　　　$F=\pi DL$

对于矩形风管　　　　　　　　　　$F=(A+B)\times 2L$

式中　F——圆形风管展开面积（m^2）；

D——圆形风管内径，按图示尺寸为准展开；

A、B——矩形风管内径长、内径宽，按图示尺寸为准展开；

L——风管中心线长度，以施工图示中心线长度为准，主管与支管以其中心线交点划分，包括弯头、三通、变径管、天圆地方等管件的长度，但不包括部件所占长度。

（4）章说明：

1）玻璃钢通风管道安装项目中，包括弯头、三通、变径管、天圆地方等管件的安装及法兰、加固框和吊托架的制作安装，不包括过跨风管落地支架，落地支架执行设备支架项目。

2）本定额玻璃钢风管及管件按计算工程量加损耗外加工订做，其价值按实际价格，风管修补应由加工单位负责，其费用按实际价格发生，计算在主材费内。

3）本册定额未考虑预留铁件的制作和埋设，如果设计要求用膨胀螺栓安装吊托支架者，膨胀螺栓可按实际调整，其余不变。

6.3.2.13 复合型风管制作安装

1. 复合型风管制作安装

（1）计量单位：m^2。

（2）项目划分：区分断面形状、（圆形风管）直径、（矩形风管）周长。

（3）工程量计算规则：

风管制作按图示内径尺寸以展开面积计算，不扣除检查孔、测定孔、送风口、吸风口等所占面积，以“m”为计量单位。

对于圆形风管 $F=\pi DL$

对于矩形风管 $F=(A+B)\times 2L$

式中 F——圆形风管展开面积（m^2）；

D——圆形风管内径，按图示尺寸为准展开；

A、B——矩形风管内径长、内径宽，按图示尺寸为准展开；

L——风管中心线长度，以施工图示中心线长度为准，主管与支管以其中心线交点划分，包括弯头、三通、变径管、天圆地方等管件的长度，但不包括部件所占长度。

（4）章说明：

1）风管制作安装项目中包括管件、法兰、加固框、吊托支架。

2）复合风管制作安装定额适用于复合成品板材或管材，在现场制作、安装的项目。

6.3.2.14 地下人防通风设备及部件安装

1. 地下人防通风设备安装

（1）计量单位：台。

（2）项目划分：区分设备种类（过滤吸收器、风机、除湿机）、型号。

（3）工程量计算规则：

过滤吸收器分型号以“台”为计量单位，两用风机、除湿机部分型号，以“台”为计量单位。

2. 地下人防通风设备支架安装

（1）计量单位：台。

（2）项目划分：区分设备种类（过滤器、风机、除湿机）、型号。

（3）工程量计算规则：地下人防通风设备支架以“台”为计量单位。

3. 密闭套管制作安装

（1）计量单位：个。

（2）项目划分：区分型号、直径。

（3）工程量计算规则：密闭套管制作安装按风管直径以“个”为计量单位。

4. 阀、部件及其他安装

（1）计量单位：个。

（2）项目划分：区分种类、规格。

（3）工程量计算规则：手动密闭阀、闸板阀、套筒过滤器分规格以“个”为计量单位，其他阀、部件不分规格以“个”为计量单位。

5. 气密性试验

（1）计量单位：m。

（2）项目划分：气密性试验（1个项目）。

（3）工程量计算规则：气密性试验以“m”为计量单位。

6. 测压装置安装

（1）计量单位：套。

（2）项目划分：测压装置（1个项目）。

（3）工程量计算规则：测压装置以“套”为计量单位。

（4）章说明：

测压装置安装项目中包括了煤气嘴、斜管压力计等安装，但未包括安装煤气嘴的管道安装，应按设计要求另行计算，执行定额第四册《给水排水、采暖、消防、燃气管道及器具安装工程》相应子目。

6.4　通风空调工程工程量计算实例

某化工厂试验办公楼的集中空调通风管道系统如图6-31所示，组成设备及部件附件的规格见表6-3。集中通风空调系统的设备为分段组装式空调器，落地安装。风管及管件采用镀锌钢板（咬口）现场制作安装。风管系统中的软管接口、风管检查孔、温度测定孔、插板式送风口为现场制安。阀门、散流器为供应成品现场安装。风管法兰、加固框、

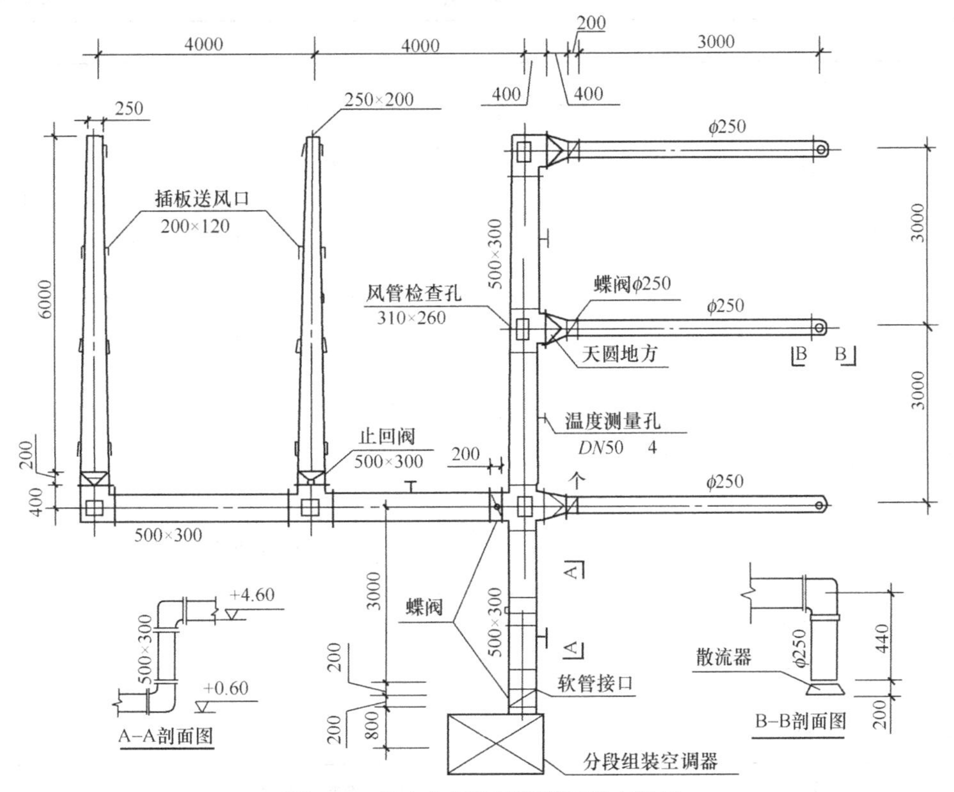

图6-31　集中空调通风管道系统布置图

支托架的除锈刷油及风管保温本题不考虑。

根据已知背景条件，列项计算通风空调工程工程量，见表 6-4。

通风空调设备及部件附件数据表　　表 6-3

序号	名称	规格型号	长度（mm）	单重（kg）
1	空调器	分段组装 ZK-2000		3000
2	矩形风管	500mm×300mm	图示	
3	减缩风管	500mm×300mm/250mm×200mm	图示	
4	圆形风管	ϕ250	图示	
5	矩形蝶阀	500mm×300mm	200	13.85
6	矩形止回阀	500mm×300mm	200	15.00
7	圆形蝶阀	ϕ250	200	3.43
8	插板送风口	200mm×120mm		0.88
9	散流器	ϕ250	200	5.45
10	风管检查孔	310mm×260mm　T-614		4.00
11	温度测定孔	DN50　T-615		0.50
12	软管接口	500mm×300mm	200	

工程量计算表　　表 6-4

序号	分项工程名称	计算部位	单位	计算式	数量
一	风管制作				
1	镀锌薄钢板矩形风管 δ=1.0mm 500mm×300mm		m²	[(0.2+3+4.6−0.6)(第一段)+(4+4+−0.2(阀门长度))(第二段)+(3+3)(第三段)+0.4×2(渐缩风管前)+0.4×3(圆形风管前)](总长度)×(0.5+0.3)×2(风管断面周长)	36.8
2	镀锌薄钢板渐缩风管 δ=1.0mm 500mm×300mm～ 250mm×200mm		m²	(6×2(两段))(总长度)×$\left[\frac{(0.5+0.3)\times2+(0.25+0.2)\times2}{2}\right]$(平均周长)	15
3	镀锌薄钢板圆形风管 δ=1.0mm D250		m²	(3(水平段)+0.44(竖直段))(总长度)×(3.14×0.25)(风管断面周长)×3(三段)	8.1
4	镀锌薄钢板风管 天圆地方管 δ=1.0mm 500mm×300mm～D250		m²	0.4(长度)×3(三段)$\left[\frac{(0.5+0.3)\times2+(3.14\times0.25)}{2}\right]$(平均周长)	1.43
二	风管安装			同风管制作工程量	

续表

序号	分项工程名称	计算部位	单位	计算式	数量
三	风管检查孔制作安装	310mm×260mm T-614	个	5	5
四	温度测定孔制作安装	*DN*50 T-615	个	4	4
五	软管接口 500mm×300mm	*L*=200mm	m^2	(0.5+0.3)×2(风管断面周长)×0.2(长度)	0.32
六	阀门安装				
1	矩形蝶阀	500mm×300mm *L*=200mm	个	2	2
2	圆形蝶阀	ϕ250 *L*=200mm	个	3	3
3	矩形止回阀	500mm×300mm *L*=200	个	2	2
七	风口安装				
1	插板式送风口	200mm×120mm	个	16	16
2	散流器	ϕ250	个	3	3
八	通风空调设备				
1	分段组装式空调器安装	ZK—2000	kg	3000	3000

第7章 室内电气照明工程工程量计算

7.1 室内电气照明工程基本知识

7.1.1 建筑电气安装工程的分类

建筑电气安装工程包括的范围很广，以下从两个方面对电气安装工程进行划分：

1. 按电能转换特点分(见图7-1)

其中，变配电系统是对变、配电系统中的变配电设备进行检查、安装的过程。变配电设备是变电设备和配备设备的总称，其主要作用是变换电压和分配电能，由变压器、断路器、开关、互感器、电抗器、电容器，以及高、低压配电柜等组成。用电系统主要指人类对电能或其转化形式的使用系统。

2. 按电能性质分(见图7-2)

其中，强电系统是指把电能引入建筑物，经过用电设备转换成机械能、热能和光能等的系统。处理对象为电能的传输、转换与使用。特点是电压高、电流大、功率大、频率低。弱电系统是完成建筑物内部以及内部与外部之间的信息传递与交换的系统。处理对象为信息，即信息的传送与控制。特点是电压低、电流小、功率小、频率高。

本章主要介绍建筑室内照明系统这部分电气安装工程。

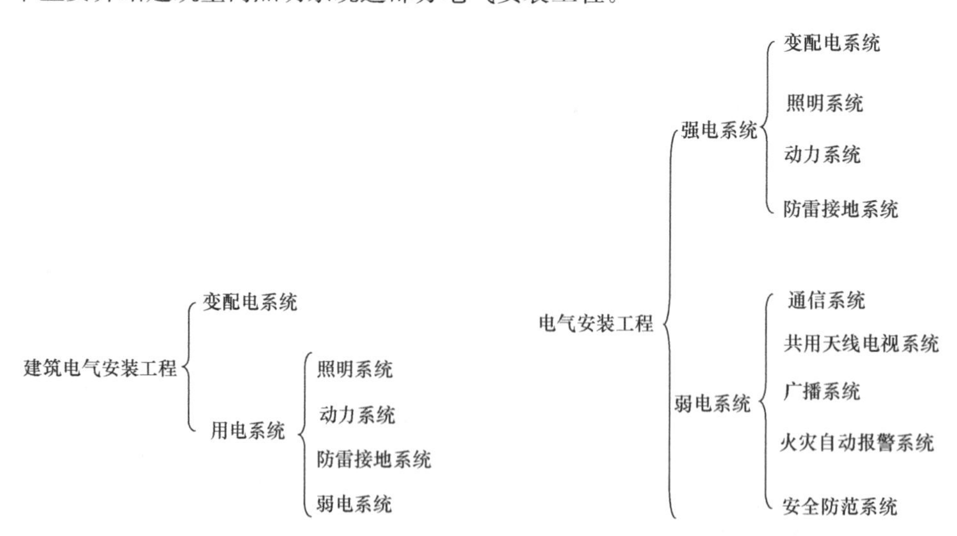

图7-1 建筑电气安装工程按电能转化特点分类　　图7-2 建筑电气安装工程按电能性质分类

7.1.2 室内电气照明工程的组成

室内电气照明工程包括的范围为：电源引入⟶控制设备⟶配电线路⟶照明器具。

1. 电源引入

电源引入需要有进户装置，进户装置即电源从室外低压配电线路接线入户的设施。进户线可通过墙上架立横担架空引入或电缆埋地引入。架空线路通常以进户线横担以前部分为外网安装工程，以后则属于室内照明工程。若采用电缆进线（一般为低压电缆进线），则以进户总配电箱为分界线，配电箱及以内属于照明工程范围。

2. 控制设备

电气照明控制设备主要是指照明配电箱、配电盘、配电板等。配电箱是用来接收和分配电能的装置，内设有保护装置（熔断器）、控制装置（开关）、计量配电装置（电表）、导线（通过接线端子或端子板固定）等，如图 7-3 所示。

图 7-3　配电箱

配电箱根据是否为定型产品可分为标准配电箱（盘）、非标准配电箱（盘）及现场制作组装的配电箱（盘）。标准配电箱（盘）是由工厂成套生产组装的；非标准配电箱（盘）是根据设计或实际需要订制或自行制作。如果设计为非标准配电箱（盘），一般需要用设计的配电系统图到工厂加工订做。根据安装方式可分为明装（悬挂式）和暗装（嵌入式），以及半明半暗装等。根据制作材质可分为铁制、木制及塑料制品，现场运用较多的是铁制配电箱。配电箱的符号表示方式如图 7-4 所示。

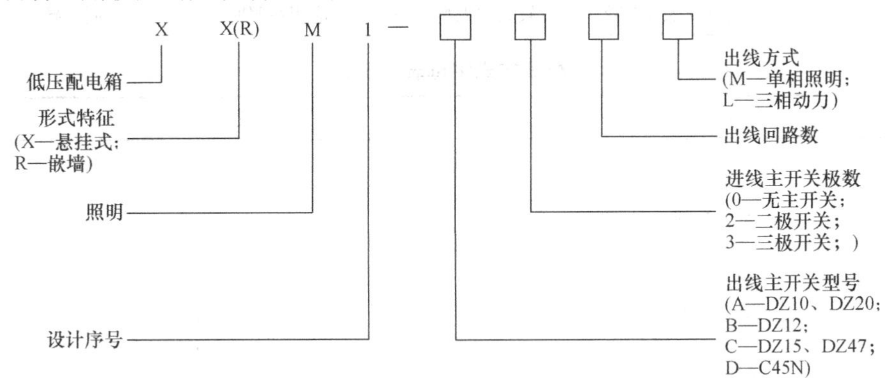

图 7-4　配电箱符号表示含义

在电气安装工艺中，我们需要把导线与设备、控制开关、配电箱等连接在一起。由于导线截面大小的缘故，实际工作中小截面导线一般是单芯线，比如 BV-3×2.5（铜芯塑料绝缘、三根单芯导线），这样的导线与配电箱连接的时候，只要把导线端头的绝缘层剥掉即可与配电箱压接，也就是说导线端头不需要做端子（也叫做线鼻子），这在预算上叫作无端子外部接线。另外，小截面导线也有多股的，比如软导线（BVR），这种导线是由多股细铜丝组成的。当这种电线与设备或开关连接时，多股铜线通常用金属套收拢导接，这个金属套就是接线端子，俗称线鼻子，在预算上这叫作有端子外部接线。当导线截面较大时，这种导线一般都是多股的，必须要做接线端子。接线端子分为焊铜（铝）接线端子和压铜（铝）接线端子。接线端子的材质与导线材质相同，也就是说铜芯导线做铜接线端子，铝芯导线做铝质接线端子，这在预算上叫作焊（压）接线端子。

3. 配电线路

（1）基本介绍

在建筑物内敷设电线（缆），统称室内配线。分明配线和暗配线。明配线是在建筑外表，沿梁、柱、墙布线。暗配线是事先在墙体和楼板中预埋钢管，再进行管内穿导线，与电器插口相连。

配线根据敷设方式分为导管（金属管、塑料管等）配线，即配管配线、瓷夹板配线、绝缘子配线、槽板配线（木槽板、塑料槽板）、护套线配线、线槽配线（金属线槽、塑料线槽）、钢索配线、塑料钢钉线卡配线等形式，各自的适用范围见表 7-1，配线方式在施工图中通常用字母表示，具体表示含义见表 7-2。

常见配线方式及适用范围 **表 7-1**

配线方式	适用范围
金属管配线	适用于导线易受机械损伤、易发生火灾及易爆炸的环境，有明管和暗管配线两种
塑料管配线	适用于潮湿或有腐蚀性环境的室内场所作明管配线或暗管配线，但易受机械损伤的场所不宜采用明敷
木（塑料）槽板配线、护套线配线	适用于负荷较小照明工程的干燥环境，要求整洁美观的场所，塑料槽板适用于防化学腐蚀和要求绝缘性能好的场所
线槽配线	适用于干燥和不易受机械损伤的环境内明敷或暗敷，但对有严重腐蚀场所不宜采用金属线槽配线；对高温、易受机械损伤的场所内不宜采用塑料线槽明敷
钢索配线	适用于层架较高、跨度较大的大型厂房、多数应用在照明配线上，用于固定导线和灯具

配线方式字母表示含义 **表 7-2**

中文名称	文字代号
明敷	E
暗敷	C
瓷瓶配线	K
铝卡线配线	AL
瓷夹配线	PL
塑料夹配线	PCL
穿阻燃半硬塑料管配线	FPC
电线管配线	MT
钢管配线	SC
硬塑料管配线	PC
金属线槽配线	MR
塑料线槽配线	PR
电缆桥架配线	CT
钢索配线	M
金属软管配线	FMC

（2）常用管线

1）电线管。

电线管主要有水煤气管 SC、焊接钢管 SC（厚壁钢管）、电线管（薄壁钢管）TC、硬塑料管 PC、半硬塑料管 FPC、金属软管 CP 等。

2）电缆。

电缆是一种多芯导线，即在一个绝缘软套内裹有多根相互绝缘的线芯。由缆芯、绝缘层、保护层三部分组成。

按照功能和用途，电缆可分为电力电缆、控制电缆、通信电缆等。电力电缆是用来输送和分配大功率电能用的，按电压可分为 500V、1000V、6000V、10000V，以及更高电压的电力电缆。控制电缆是在配电装置中传递操作电流、连接电气仪表、继电保护和控制自动回路用的。通信电缆是用来传输信号的。电缆其他分类可见表 7-3。

电缆分类　　　**表 7-3**

分类方法	类别
按用途分类	电力电缆、控制电缆、通讯电缆
按绝缘分类	油浸纸绝缘、橡皮绝缘、塑料绝缘
按芯数分类	单芯、三芯、五芯
按导线材质分类	铜芯、铝芯
按敷设方式分类	直埋电缆、非直埋电缆

电缆型号表示见图 7-5。

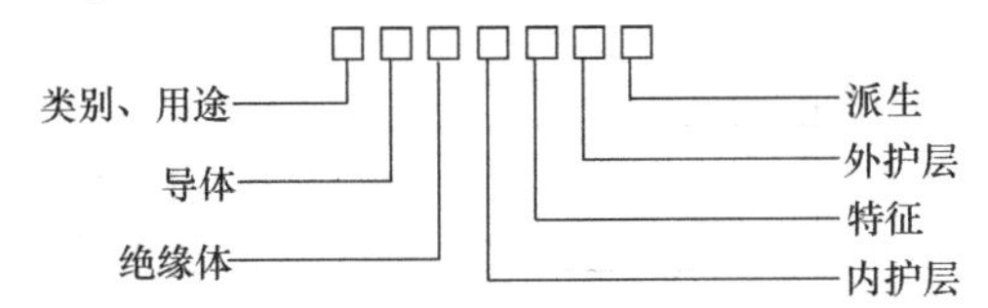

图 7-5　电缆型号表示含义

常用电缆型号各部分的代号及含义见表 7-4。

常用电缆型号各部分的代号及含义　　　**表 7-4**

类别用途	绝　缘	内护层	特　征	外护层	派　生
N—农用电缆	V—聚氯乙烯	H—橡皮	CY—充油	0—相应的裸外护层	1—第一种
V—塑料电缆	X—橡皮	HF—非燃橡套	D—不滴流	1——级防腐	2—第二种
X—橡皮绝缘电缆	XD—丁基橡皮	L—铝包	F—分相互套	1—麻被护套	110—110kV
YJ—交联聚氯乙烯塑料电缆	Y—聚乙烯塑料	Q—铅包	P—贫油、干绝缘	2—二级防腐	120—120kV
Z—纸绝缘电缆		Y—塑料护套	P—屏蔽	2—钢带铠装麻被	150—150kV
G—高压电缆			Z—直流	3—单层细钢丝铠装麻被	0.3—拉断力 0.3t
K—控制电缆			C—滤尘器用	4—双层细钢丝麻被	1—拉断力 1t
P—信号电缆			C—重型	5—单层粗钢丝麻被	TH—湿热带
V—矿用电缆			D—电子显微镜用	6—双层粗钢丝麻被	
VC—采掘机用电缆			G—高压	9—内铠装	

续表

类别用途	绝　缘	内护层	特　征	外护层	派　生
VZ—电钻电缆			H—电焊机用	29—内钢带铠装	
VN—泥炭工业用电缆			J—交流	20—裸钢带铠装	
W—地球物理工作用电缆			Z—直流	30—细钢丝铠装	
WB—油泵电缆			CQ—充气	22—铠装加固电缆	
WC—海上探测电缆			YQ—压气	25—粗钢丝铠装	
WE—野外探测电缆			YY—压油	11—一级防腐	
X—D—单焦点X光电缆				12—钢带铠装一级防腐	
X—E—双焦点X光电缆				120—钢带铠装一级防腐	
H—电子轰击炉用电缆				13—细钢丝铠装一级防腐	
J—静电喷漆用电缆				15—细钢丝铠装级防腐	
Y—移动电缆				130—裸细钢丝铠装一级防腐	
SY—摄影等用电缆				23—细钢丝铠装二级防腐	
				59—内粗钢丝铠装	

如VLV、VV系列聚氯乙烯绝缘聚氯乙烯护套电力电缆，YJLV、YJV系列交联聚氯乙烯绝缘聚氯乙烯护套电力电缆，ZLQ、ZQ系列油浸纸绝缘电力电缆，ZLL、ZL系列油浸纸绝缘铝包电力电缆。常用的控制电缆有KLVV、K系列聚氯乙烯绝缘聚氯乙烯护套控制电缆和KXV系列橡皮绝缘聚氯乙烯护套控制电缆。

电缆头的制作就是对电缆连接处的特殊处理。电缆之间的连接头称为中间头，电缆与其他电气设备之间的连接称为终端头。

目前还有一种新型电缆称为预分支电缆，预制分支电缆将现场安装时的手工操作，移到工厂采用专用设备和工艺加工制作。运用普通电力电缆根据垂直（高层建筑竖井）或水平（住宅小区等）配电系统的具体要求和规定位置，进行分支连接而成。在现代建筑电气施工中预制分支电缆以其良好的供电可靠性和免维护等诸多特点，逐渐被众多建筑电气设计和施工单位以及使用单位所认识，越来越多的用于高层建筑电气竖井配电系统。

电缆敷设方法有以下几种：

① 埋地敷设。

将电缆直接埋设在地下的敷设方法称为埋地敷设，如图7-6所示。埋地敷设的电缆必须使用铠装及防腐层保护的电缆，裸装电缆不允许埋地敷设。一般电缆沟深度不超过0.9m，埋地敷设还需要铺砂及在上面盖砖或保护板。埋地敷设电缆的程序如下：测量画线—开挖电缆沟—铺砂—敷设电缆—盖砂—盖砖或保护板—回填土—设置标桩。

② 电缆沿支架敷设。

电缆沿支架敷设一般在车间、厂房和电缆沟内，在安装的支架上用卡子将电缆固定。电力电缆支架之间的水平距离为1m，控制电缆为0.8m。电力电缆和控制电缆一般可以同沟敷设，电缆垂直敷设一般为卡设，电力电缆卡距为1.5m，控制电缆为1.8m。

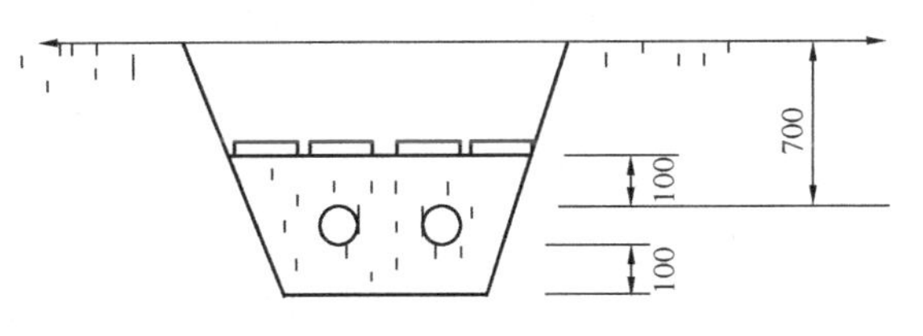

图7-6　电缆埋地敷设示意图

③ 电缆穿保护管敷设。

将保护管预先敷设好，再将电缆穿入管内，管道内径不应小于电缆外径的1.5倍。一般用钢管作为保护管。单芯电缆不允许穿钢管敷设。

④ 电缆桥架上敷设。

电缆桥架是架设电缆的一种构架，通过电缆桥架把电缆从配电室或控制室送到用电设备。电缆桥架是由托盘、梯架的直线段、弯通、附件以及支吊架等构成，如图7-7所示，是用以支承电缆的连续性刚性结构系统的总称。电缆桥架的优点是制作工厂化、系列化，质量容易控制，安装方便，安装后的电缆桥架及支架整齐美观。

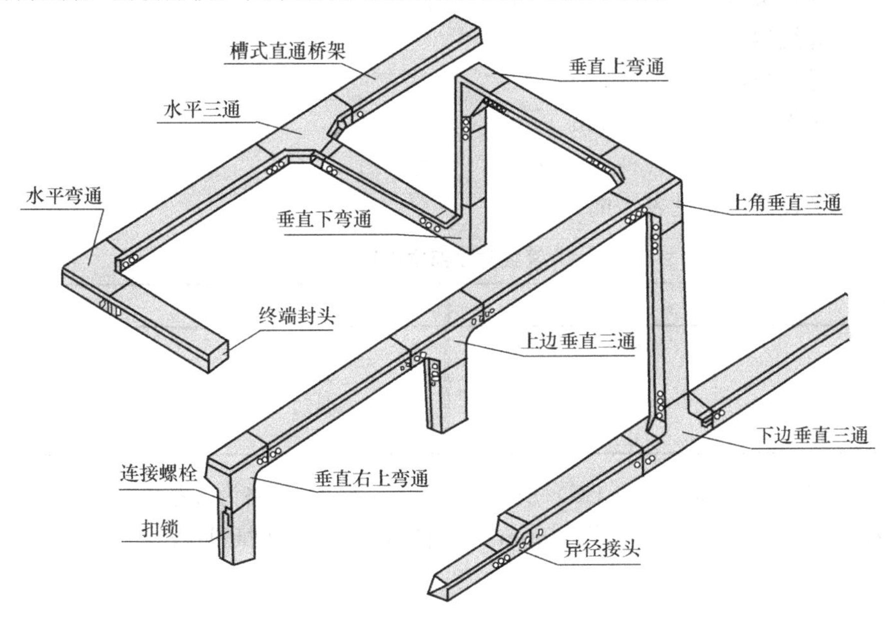

图7-7　电缆桥架示意图

3）导线

导线主要分为绝缘电线和裸导线，具有绝缘包层的电线称为绝缘导线。裸导线是没有绝缘保护层的电线。裸导线主要由铝、铜、钢等制成。可分为圆线、绞线、软接线、型线等系列产品。常用导线型号见表7-5。

常用导线型号　　表 7-5

类　　别	型号	名　　称
聚氯乙烯塑料绝缘电线（JB 666—1971）	BV	铜芯聚氯乙烯绝缘电线
	BLV	铝芯聚氯乙烯绝缘电线
	BVV	铜芯聚氯乙烯绝缘聚氯乙烯护套电缆
	BLVV	铝芯聚氯乙烯绝缘聚氯乙烯护套电缆
	BVR	铜芯聚氯乙烯绝缘软线
	BLVR	铝芯聚氯乙烯绝缘软线
	RVB	铜芯聚氯乙烯绝缘平行软线
	RVS	铜芯聚氯乙烯绝缘绞形软线
	RVV	铜芯聚氯乙烯绝缘聚氯乙烯护套软线
橡皮绝缘电线（JB 665—1965）（JB 870—1966）	BX	铜芯橡皮线
	BLX	铝芯橡皮线
	BBX	铜芯玻璃丝织橡皮线
	BBLX	铝芯玻璃丝织橡皮线
	BXR	铜芯橡皮软线
	BXS	棉纱织双绞软线
丁腈聚氯乙烯复合物绝缘软线（JB 1170—1971）	RFS	复合物绞形软线
	RFB	复合物平形软线

配电线路表示方法。

配电线路标注格式为：$a-b\ (c\times d)\ -ef$

式中，a——线路编号，如 H1、H2、H3 等；

b——导线型号，见表 7-5；

c——导线根数；

d——单根导线断面积（mm^2）；

e——敷设方式（穿管种类、管径），见表 7-2；

f——敷设部位，见表 7-6。

管线敷设部位代号　　表 7-6

中文名称	文字符号	中文名称	文字符号
梁	B	构架	R
柱	CL	顶棚	C
墙	W	吊顶	SC
地面（板）	F		

如：W1-BV-3×4-SC20-WCCC，所表示的含义为 W1 回路为 3 根断面面积为 $4mm^2$ 的铜芯聚氯乙烯绝缘导线，穿直径为 20mm 的钢管沿墙、沿顶棚暗敷设。

（3）接线盒

配电线保护管遇到下列情况之一时，中间应增设接线盒和拉线盒，且接线盒或拉线盒的位置应便于穿线。

1）一般线管有分支、转折、出线处要设接线盒。

2）规范规定接线盒间距应符合下列要求：

① 管长度每超过 30m 无弯曲；

② 管长度每超过 20m 有一个弯曲；

③ 管长度每超过15m有两个弯曲；

④ 管长度每超过8m有三个弯曲。

暗配管两个接线盒之间不允许出现四个弯。

3）垂直敷设的电线保护管遇到下列情况之一时，应增设固定导线用的拉线盒：

① 管内导线截面积为50mm²及以下，长度每超过30m；

② 管内导线截面积为70～95mm²及以下，长度每超过20m；

③ 导线截面积为120～240mm²及以下，长度每超过18m。

4. 照明器具

照明器具包括各种灯具、开关、插座及小型电器，如风扇、电铃等。

（1）灯具

照明灯具种类繁多，分类方式也较多。按功能分为装饰灯具和功能灯具两类；按电光源不同可分为白炽灯、荧光灯、高压汞灯、高压钠灯等；按安装方式分为三类，即吊式、吸顶式、壁装式。其中吊式又有线吊式、链吊式、管吊式三种方式；吸顶式又有一般吸顶式、嵌入吸顶式两种方式。

照明灯具在施工图中的标注格式为：$a-b\frac{c\times d\times e}{f}g$

式中　a——灯具数量；

b——灯具种类（可省略），灯具种类代号见表7-7；

c——每组灯光源数量；

d——每个光源额定功率；

e——光源类型，光源类型代号见表7-8；

f——安装高度；

g——安装方式，安装方式代号见表7-9。

灯具种类代号　　**表7-7**

灯具类型	代号	灯具类型	代号
花灯	H	防水防尘灯	F
吸顶灯	D	搪瓷伞罩灯	S
壁灯	B	隔爆灯	G
普通吊灯	P	柱灯	Z
荧光灯	Y	投光灯	T

光源种类代号　　**表7-8**

白炽灯	荧光灯	卤钨灯	汞灯	钠灯	金属卤素灯
B	Y	L	G	N	J

安装方式代号　　**表7-9**

安装方式		新符号	旧符号
吊式	线吊式	CP	X
	链吊式	CH	L
	管吊式	P	G

续表

安装方式		新符号	旧符号
吸顶式	一般吸顶式 嵌入吸顶式	C CR	D DR
壁装式	一般壁装式 嵌入壁装式	W WR	B BR

如：某灯具表示为 $4-H\dfrac{2\times60}{3.2}CH$，所代表的含义为 4 组花灯，每组花灯有两个 60W 的灯泡，距地 3.2m 链吊式安装。

（2）照明开关

照明开关按其安装方式可分为明装开关和暗装开关两种；按其启动方式可分为拉线开关、旋转开关、倒扳开关、按钮开关、跷板开关、触摸开关等；按其控制方式有单控开关和双控开关；按其开关面板上翘板（按钮）的数量，可分为单联、双联、三联开关等，也叫做一开、双开、三开开关等。开关离地面一般在 1.2m～1.35 m 之间，需安装在开关底盒上。

（3）插座

插座是各种移动电器的电源接取口，如台灯、电视机、电风扇、洗衣机等都使用插座。插座按按其安装方式可分为明装插座和暗装插座两种；按其面板上孔数来分可分为两孔插座、三孔插座、五孔插座；按其控制火线数可分为单相插座、三相插座；还可按额定电流分类，如三孔插座分为 10A、16A、25A。常用的家庭电器，用 10A 三孔，例如电冰箱、洗衣机、吸油烟机、常用的挂壁空调（1.5P/2P）、热水器一般需要 16A 三孔，上立柜空调 3P 的需要 20A 以上。

插座的安装高度应符合设计的规定，当设计无规定时应符合施工规范要求。插座安装高度一般为：视听设备、台灯、接线板等的墙上插座一般距地面 0.3m（客厅插座根据电视柜和沙发而定），洗衣机的插座距地面 1.2m～1.5m，电冰箱的插座为 1.5m～1.8m，空调、排气扇等的插座距地面为 1.9m～2m；厨房功能插座离地 1.1m 高。插座安装于插座底盒上。

7.1.3 建议自学资料

标准图集甘 02D6《照明装置》、《建筑电气工程施工质量验收规范》（GB 50303—2011）、《民用建筑电气设计规范》（JGJ 16—2008）等。

7.2 室内电气照明工程识图

7.2.1 电气设备安装工程施工图的组成与识图方法

1. 电气安装工程施工图的组成

按图纸的表现内容分，一般有设计说明、图纸目录、图例、设备材料表、电气平面图、电气系统图、控制原理图、二次接线图、详图、电缆表册等。

（1）设计说明、图纸目录、图例、设备材料表设计说明主要标注图中交代不清，不能表达或没有必要用图表示的要求、标准、规范、方法等，如供电电源来源、线路敷设方式、设备安装方式、施工注意事项等。根据工程规模及需要说明的内容多少，有的可以单独编制说明，有的因为内容简短，分项局部问题可以写在分项图纸内的空余处。

图纸目录是将设计图纸按顺序编排，它反映了图纸全部情况，是清点、查阅的依据。

图例是用表格形式列出图纸中使用的图形符号或文字符号的含义，以使读图者读懂图纸。除统一图例外专业图例各有不同表示，读图时应注意图例及说明。

设备材料表是以表格形式列出工程所需的材料、设备名称、规格、型号、数量、要求等。

（2）电气系统图

所谓电气系统接线，是示意性地把整个工程的供电线路用单线连接形式准确、概括的电路图，它不表示相互的空间位置关系，表示的是各个回路的名称、用途、容量以及主要电气设备、开关元件及导线规格、型号等参数。

（3）电气平面图

电气平面图是将同一层内不同安装高度的电气设备及线路都放在同一平面上来表示，在建筑平面图上标出电气设备、元件、管线、防雷接地等的规格型号、实际布置。一般大型工程都有电气总平面图，中小型工程则由动力平面图或照明平面图代替。

（4）控制原理图

控制原理图是表示电气设备及元件控制方式及其控制线路的图样，包括启动、保护、信号、联锁、自动控制及测量等。控制原理图按规定的线段和图形符号绘制而成，是二次配线和系统调试的依据。

（5）二次接线图

二次接线图是与控制原理图配套的图样。

（6）详图（大样图）

详图用来表示某一具体部位或元件的结构或具体安装方法，注明设备或部件具体图形详细尺寸，以便于安装。通常采用通用标准图集，在没有标准图可以选用并有特殊要求时，可以绘制大样图。大样图可以画在同一张图纸上，也可以另画一图或多图。

（7）电缆表册

电缆表册使用表格形式显示系统中电缆的线路编号、类别、规格、型号号、长度、起止点及保护管的规格等。该长度值只作为参考，施工时应在现场实测。电缆表册也有装在设备材料表内。

2. 电气安装工程施工图的识图方法

以上这些图纸各自的用途不同，但相互之间是有联系并协调一致的。在识读时应根据需要，将各图纸结合起来识读，以达到对整个工程或分部项目全面了解的目的。在识图过程中，注意以下几点。

（1）熟悉电气图例符号，弄清图例、符号所代表的内容。常用的电气工程图例及文字符号可参见表7-10。

（2）针对一套电气施工图，一般应先按以下顺序阅读，然后再对某部分内容进行重点识读。

1）看标题栏及图纸目录，了解工程名称、项目内容、设计日期及图纸内容、数量等。

2）看设计说明，了解工程概况、设计依据等，了解图纸中未能表达清楚的各有关事项。

3）看设备材料表，了解工程中所使用的设备、材料的型号、规格和数量。

4）看系统图，了解系统基本组成，主要电气设备、元件之间的连接关系以及它们的规格、型号、参数等，掌握该系统的组成概况。

5）看平面布置图，如照明平面图、防雷接地平面图等。了解电气设备的规格、型号、数量及线路的起始点、敷设部位、敷设方式和导线根数等。平面图的阅读可按照以下顺序进行：电源进线→总配电箱→干线→支线→分配电箱→电气设备。

6）看控制原理图，了解系统中电气设备的电气自动控制原理，以指导设备安装调试工作。

7）看安装接线图，了解电气设备的布置与接线。

8）看安装大样图，了解电气设备的具体安装方法、安装部件的具体尺寸等。

（3）抓住电气施工图要点进行识读：

1）在明确负荷等级的基础上，了解供电电源的来源、引入方式及路数。

2）了解电源的进户方式是由室外低压架空引入还是电缆直埋引入。

3）明确各配电回路的相序、路径、管线敷设部位、敷设方式以及导线的型号和根数。

4）明确电气设备、器件的平面安装位置。

（4）结合土建施工图进行阅读。

电气施工与土建施工结合得非常紧密，施工中常常涉及各工种之间的配合问题。电气施工平面图只反映了电气设备的平面布置情况，结合土建施工图的阅读还可以了解电气设备的立体布设情况。

（5）熟悉施工顺序，便于阅读电气施工图。如识读配电系统图、照明平面图时，就应首先了解以下室内配线的施工顺序。

1）根据电气施工图确定设备安装位置、导线敷设方式、敷设路径及导线穿墙或楼板的位置。

2）结合土建施工进行各种预埋件、线管、接线盒、保护管的预埋。

3）装设绝缘支持物、线夹等，敷设导线。

4）安装灯具、开关、插座及电气设备。

5）进行导线绝缘测试、检查及通电试验。

6）工程验收。

7.2.2 室内电气照明工程施工图常用图例

室内电气照明工程施工图中常用的图例见表7-10～表7-14。

配电箱图例 **表7-10**

序号	图形符号	说明
1	▭	屏、台、箱、柜一般符号
2	⬓	动力或动力照明配电箱 注：需要时符号内可标示电流种类符号

续表

序号	图　形　符　号	说　　明
3		照明配电箱（屏） 注：需要时允许涂红
4		事故照明配电箱（屏）
5		信号板、信号箱（屏）
6		多种电源配电箱（屏）

常用照明灯具图例　　**表 7-11**

序号	图形符号	说　　明
1		灯或信号灯的一般符号
2		投光灯的一般符号
3	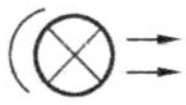	聚光灯
4		防水防尘灯
5		球形灯
6		吸顶灯
7		壁灯
8		花灯
9		弯灯
10		安全灯
11		隔爆灯

续表

序号	图形符号	说　　明
12		自带电源的事故的照明灯
13		泛光灯
14	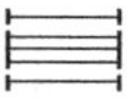	荧光灯一般符号 三管荧光灯 五管荧光灯
15		气体放电灯的辅助设备（仅用于与光源不在一起）
16		矿山灯
17		普通型吊灯

常用开关图例　　表 7-12

序号	名称	图形符号	说　　明
1	开关		开关一般符号
2	单极开关	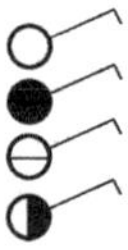	分别表示明装、暗装、密闭（防水）、防爆
3	双极开关	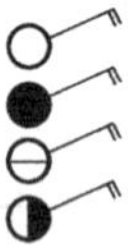	分别表示明装、暗装、密闭（防水）、防爆
4	三极开关	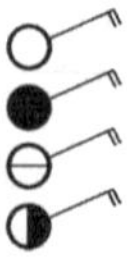	分别表示明装、暗装、密闭（防水）、防爆
5	单极拉线开关		
6	单极双控拉线开关	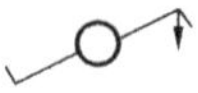	

续表

序号	名称	图形符号	说　　明
7	双控开关	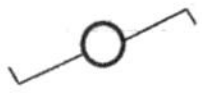	单极三线
8	带指示灯开关		
9	多拉开关		如用于不同照度控制
10	定时开关	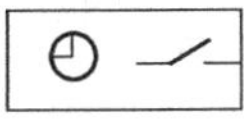	如用于延寿节能开关

常用插座图例　　**表7-13**

序号	名称	图形符号	说　　明
1	插座		插座或插孔的一般符号，表示一个极
2	单相插座		分别表示明装、暗装、密闭、(防水)、防爆
3	单相三孔插座		分别表示明装、暗装、密闭（防水）、防爆
4	三相圆孔插座		分别表示明装、暗装、密闭（防水）、防爆
5	多个插座	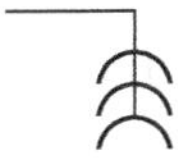	示出3个
6	带开关插座	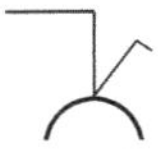	装一单极开关

配线图例 **表 7-14**

序号	图形符号	说明
1		线路一般符号，可表示线路、电路、导线、电缆、母线
2	3 n	表示导线：不标表示 2 根导线，有三条短线或标数字“3”表示 3 根导线；标字母“n”表示 n 根导线
3		向上配线
4		向下配线
5		垂直通过配线

照明工程平面图中配电线路标注格式含义以及照明灯具标注格式已在第 7.1 节中介绍，可参照进行识图。

7.2.3 室内电气照明工程施工图实例识读

1. 配电系统图识图实例

某照明系统图局部如图 7-8 所示。

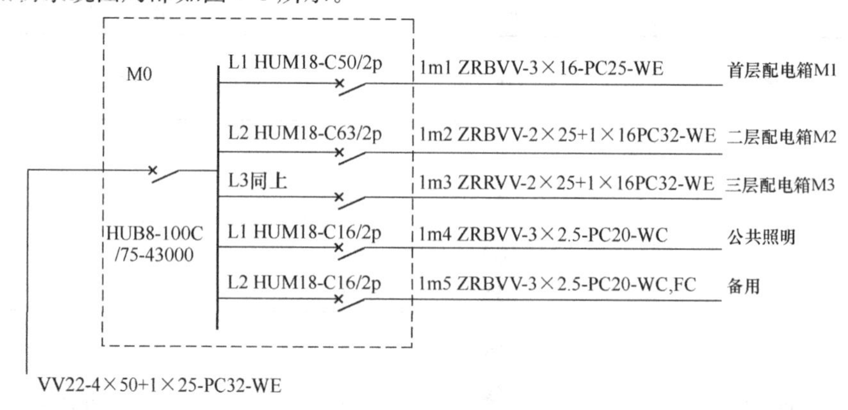

图 7-8 某局部照明系统图

通过识图可知，图 7-8 显示了照明配电箱 M0 的配电情况：

虚线框表示照明配电箱 M0，内部包括了各种电气元件；VV22－4×50＋1×25－PC32－WE 表示了配电箱的引入线为铜芯聚氯乙烯绝缘聚氯乙烯护套带铠装五芯电缆，其中 4 芯断面为 50mm^2，1 芯断面为 25mm^2，穿 PC32 管沿墙明敷；1m1～1m5 显示了配电箱的出线情况，配电箱共出线 1m1～1m5 五路，其中 1m5 为备用，其余出线所连接的电气设备如图中所示，每路出线均表明了回路编号、导线型号、敷设部位及方式等信息，如 1m1 ZRBVV－3×16－PC25－WE（首层照明配电箱 M1）表示编号为 1m1 的回路要连接首层照明配电箱 M1，其线路为 3 根阻燃型铜芯聚氯乙烯绝缘聚氯乙烯护套圆型护套线，每根断面面积为 16mm^2，穿 PC25 管沿墙明敷。

2. 照明工程图识图实例

某建筑物一层照明工程，如图 7-9、图 7-10 所示，照明配电箱规格为 500mm×

300mm×150mm，嵌入式安装，距地高度1.6m。插座为二三极普通暗插座，距地0.3m。开关为单联开关，距地1.3m。

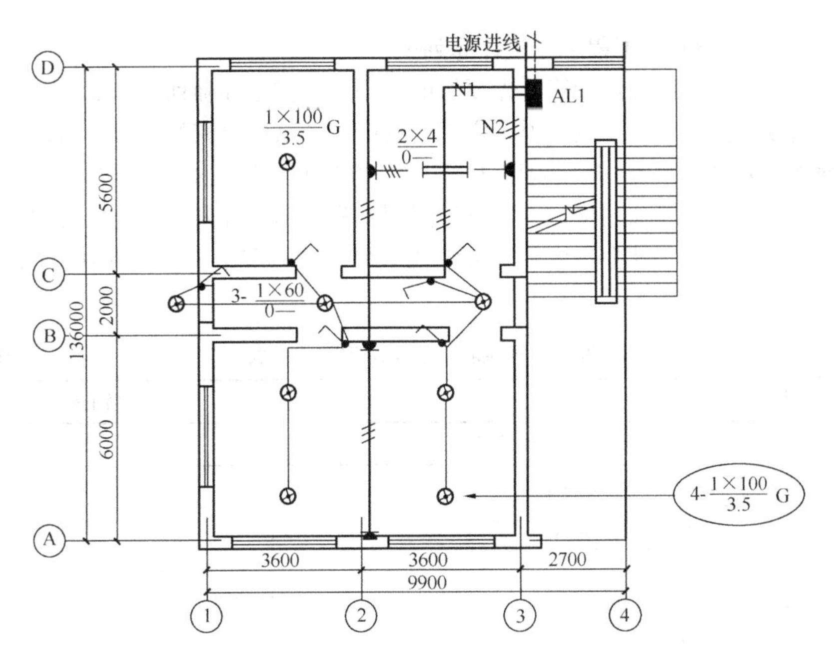

图7-9　照明平面图

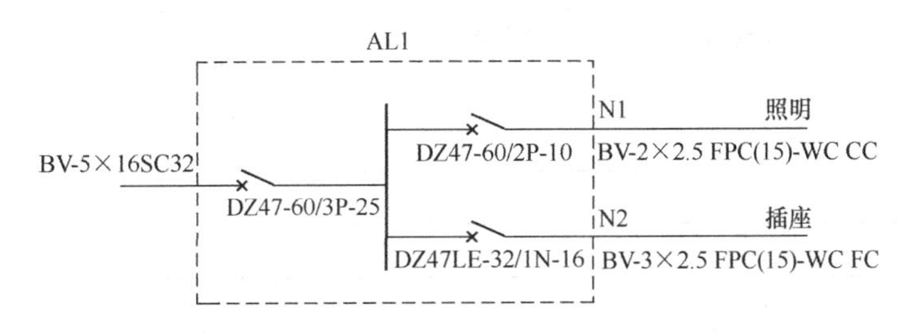

图7-10　照明系统图

识图过程如下：

AL1为照明配电箱，配电箱电源进线为BV－5×16SC32，从配电箱出来两回路N1和N2，其中N1为照明回路，线路规格为BV－2×2.5　FPC（15）－WC，从配电箱出线（2根）后沿墙暗敷，向上走到顶面，沿楼板底依次连接以下灯具：一套双管荧光灯，该灯具吸顶安装，每个光源功率为40W；五套管吊式防水防尘灯，每套灯具一个光源，每个光源功率为100W，距地安装高度3.5m；三套吸顶式防水防尘灯，每套灯具一个光源，每个光源功率为60W。灯具的开关均为单联开关，距地高度1.3m，所连接导线由顶向下敷设。回路导线根数如图7-9中标注所示。N2为插座回路，线路规格为BV-3×2.5 FPC（15）－WC，从配电箱出线（3根）后沿墙暗敷，向下走到地面，沿地面依次连接了四个插座，插座距地0.3m，所连接导线由地面向上敷设。

7.3 室内电气照明工程工程量计算方法

7.3.1 室内电气照明工程工程量计算列项

室内电气照明工程工程量计算首先要做的第一项工作是准确列项，对于初学者，可按照定额顺序列项，并注意，一般来说，定额中有的，图纸中也有的项目才可以列出（补充定额子目列项的除外），而且定额说明中指出的“已包括的”内容不能单独列项，“未包括”的须另计的内容需单独列项。室内电气照明工程选用《甘肃省安装工程预算定额》第二册电气设备安装工程，其中室内电气照明工程常用项目见表7-15室内电气照明工程常用定额项目表。

室内电气照明工程常用定额项目表　　表7-15

章名称	节名称	分项工程列项
第二章　电缆	一、电缆沟挖填、人工开挖路面	
	二、电缆沟铺砂、盖砖及移动盖板	
	三、室外电缆保护管敷设及顶管	
	四、桥架安装	1. 钢制桥架
		2. 玻璃钢桥架
		3. 铝合金桥架
		4. 组合式桥架及桥架支撑架
	五、塑料电缆槽、混凝土电缆槽安装	
	六、电缆防火涂料、堵洞、隔板及阻燃槽盒安装	
	七、电缆防腐、缠石棉绳、刷漆、剥皮	
	八、铜芯电力电缆敷设	
	九、预分支铜芯电缆敷设	
	十、电缆穿刺线夹安装	
	十一、户内干包式电力电缆头制作、安装	
	十二、户内热缩式电力电缆终端头制作、安装	
	十三、户内冷缩式电力电缆终端头制作、安装	
	十四、户外热缩式电力电缆终端头制作、安装	
	十五、户外冷缩式电力电缆终端头制作、安装	
	十六、热缩式电力电缆中间头制作、安装	
	十七、冷缩式电力电缆中间头制作、安装	
	十八、控制电缆敷设	
	十九、控制电缆头制作、安装	
第四章　控制设备及低压电器	十四、端子箱、端子板安装及端子板外部接线	
	十五、焊铜接线端子	
	十六、压铜接线端子	
	十七、压铝接线端子	

续表

<table>
<tr><th>章名称</th><th>节名称</th><th colspan="2">分项工程列项</th></tr>
<tr><td rowspan="37">第九章　配管、配线</td><td rowspan="5">一、钢管敷设</td><td colspan="2">1. 砖、混凝土结构明配</td></tr>
<tr><td colspan="2">2. 砖、混凝土结构暗配</td></tr>
<tr><td colspan="2">3. 钢模板暗配</td></tr>
<tr><td colspan="2">4. 钢结构支架配管</td></tr>
<tr><td colspan="2">5. 钢索配管</td></tr>
<tr><td rowspan="4">二、防爆钢管敷设</td><td colspan="2">1. 砖、混凝土结构明配</td></tr>
<tr><td colspan="2">2. 砖、混凝土结构暗配</td></tr>
<tr><td colspan="2">3. 钢结构支架暗配</td></tr>
<tr><td colspan="2">4. 塔器照明配管</td></tr>
<tr><td rowspan="2">三、可挠金属套管敷设</td><td colspan="2">1. 砖、混凝土结构暗配</td></tr>
<tr><td colspan="2">2. 吊棚内暗敷设</td></tr>
<tr><td rowspan="2">四、扣压式薄壁钢导管敷设</td><td colspan="2">1. 砖、混凝土结构明配</td></tr>
<tr><td colspan="2">2. 砖、混凝土结构暗配</td></tr>
<tr><td rowspan="9">五、塑料管敷设</td><td rowspan="3">1. 硬质聚氯乙烯管</td><td>(1)砖、混凝土结构明配</td></tr>
<tr><td>(2)砖、混凝土结构暗配</td></tr>
<tr><td>(3)钢索配管</td></tr>
<tr><td rowspan="3">2. 刚性阻燃管敷设</td><td>(1)砖、混凝土结构明配</td></tr>
<tr><td>(2)砖、混凝土结构暗配</td></tr>
<tr><td>(3)吊棚内敷设</td></tr>
<tr><td rowspan="3">3. 半硬质阻燃管敷设</td><td>(1)砖、混凝土结构明配</td></tr>
<tr><td>(2)砖、混凝土结构暗配</td></tr>
<tr><td>(3)埋地敷设</td></tr>
<tr><td>六、塑料线槽敷设</td><td colspan="2"></td></tr>
<tr><td>七、金属软管敷设</td><td colspan="2"></td></tr>
<tr><td>八、管内穿线</td><td colspan="2"></td></tr>
<tr><td rowspan="2">九、绝缘子配线</td><td colspan="2">1. 沿屋架、梁、柱、墙</td></tr>
<tr><td colspan="2">2. 跨屋架、梁、柱</td></tr>
<tr><td>十、塑料槽板配线</td><td colspan="2"></td></tr>
<tr><td rowspan="3">十一、塑料护套线明敷设</td><td colspan="2">1. 砖、混凝土结构</td></tr>
<tr><td colspan="2">2. 沿钢索</td></tr>
<tr><td colspan="2">3. 砖、混凝土结构粘接</td></tr>
<tr><td>十二、线槽配线</td><td colspan="2"></td></tr>
<tr><td>十三、钢索架设</td><td colspan="2"></td></tr>
<tr><td>十四、钢索拉紧装置制作安装</td><td colspan="2"></td></tr>
<tr><td>十五、动力配管混凝土地面刨沟</td><td colspan="2"></td></tr>
<tr><td>十六、接线箱安装</td><td colspan="2"></td></tr>
<tr><td>十七、接线盒安装</td><td colspan="2"></td></tr>
</table>

续表

章名称	节名称	分项工程列项
第十章　照明器具	一、普通灯具安装	1. 吸顶灯具
		2. 其他普通灯具
	二、装饰灯具安装	1. 吊式艺术装饰灯具
		2. 吸顶式艺术装饰灯具
		3. 荧光艺术装饰灯具
		4. 几何形状组合艺术灯具
		5. 标志、诱导装饰灯具
		6. 水下艺术装饰灯具
		7. 点光源艺术装饰灯具
		8. 草坪灯具
		9. 歌舞厅灯具
	三、荧光灯具安装	
	四、地埋灯安装	
	五、工厂灯及防水防尘灯安装	
	六、工厂其他灯具安装	1. 碘钨灯、投光灯
		2. 混光灯
		3. 烟囱、水塔、独立式塔架标志灯
		4. 密闭灯具
	七、医院灯具安装	
	八、庭院灯、路灯安装	1. 庭院灯安装
		2. 路灯安装
		3. 灯具附件安装
		4. 组立灯杆
	九、彩灯安装	
	十、床头柜集控板安装	
	十一、开关、按钮、插座安装	1. 开关及按钮
		2. 插座
		3. 地面插座安装
		4. 防爆插座
	十二、安全变压器、电铃、风扇安装	1. 安全变压器
		2. 电铃
		3. 门铃
		4. 风扇
	十三、盘管风机开关、请勿打扰灯、须刨插座、钥匙取电器安装	

7.3.2　室内电气照明程工程量计算方法详解

7.3.2.1　电缆

1. 电缆沟挖填

（1）计量单位：m^3。

（2）项目划分：区分电缆沟土性质。

（3）工程量计算规则：

直埋电缆的挖、填土（石）方，除特殊要求外，可按表 7-16 计算土方量，以“m^3”为计量单位。

直埋电缆的挖、填土（石）方量　　表 7-16

项目	电缆根数	
	1～2	每增一根
每米沟长挖方量（m^3）	0.45	0.153

注：1. 两根以内的电缆沟，系按上口宽度 600mm、上口宽度 400mm、深度 900mm 计算的常规土方量（深度按规范的最低标准）；
2. 每增加一根电缆，其宽度增加 170mm；
3. 以上土方量系按埋深从自然地坪起算，如设计埋深有特殊要求时，按设计深度计算。

（4）章说明：

电缆沟挖填方定额亦适用于电气管道沟等的挖填方工作。

2. 人工开挖路面

（1）计量单位：m^2。

（2）项目划分：区分路面性质、开挖深度。

（3）章说明：人工开挖路面以“m^2”为计量单位。

3. 电缆沟铺砂、盖砖

（1）计量单位：100m。

（2）项目划分：区分电缆根数。

（3）工程量计算规则：电缆沟铺砂盖砖、铺砂盖保护板均以“100m”为计量单位。

4. 电缆沟揭（盖）盖板

（1）计量单位：100m。

（2）项目划分：区分盖板长度。

（3）工程量计算规则：电缆沟盖板揭、盖定额，按每揭或每盖一次以延长米计算，如又揭又盖，则按两次计算，以“100m”为计量单位。

5. 室外电缆保护管敷设

（1）计量单位：10m。

（2）项目划分：区分管材、管径。

（3）工程量计算规则：

电缆保护管长度，除按设计规定长度计算外，遇有下列情况，应按以下规定增加保护管长度：

1）横穿道路，按路基宽度两端各增加 2m。

2）垂直敷设时，管口距地面增加2m。

3）穿过建筑物外墙时，按基础外缘以外增加1m。

4）穿过排水沟时，按沟壁外缘以外增加1m。

（4）章说明：

1）双壁波纹管安装子目也适用于埋地玻璃钢管、碳素纤维波纹管（ICC）敷设。

2）直径ϕ100以下的电缆保护管敷设执行本册配管配线章有关定额。

3）电缆保护管埋地敷设，其土方量凡有施工图注明的，按施工图计算；无施工图的，一般按沟深0.9m、沟宽按最外边的保护管两侧边缘外各增加0.3m工作面计算。

6. 室外电缆保护管顶管

（1）计量单位：根。

（2）项目划分：区分长度。

（3）工程量计算规则：室外电缆保护管顶管以“根”为计量单位。

7. 钢制桥架安装、玻璃钢桥架安装、铝合金桥架安装

（1）计量单位：10m。

（2）项目划分：区分桥架种类、规格（宽＋高）。

（3）工程量计算规则：钢制桥架安装、玻璃钢桥架安装、铝合金桥架安装以“10m”为计量单位。

（4）章说明：

1）桥架安装包括运输、组对、吊装、固定；弯通或三、四通修改、制作组对；切割口防腐，桥架开孔、上管件、隔板安装、盖板安装、接地、附件安装等工作内容。

2）桥架支撑架定额适用于立柱、托臂及其他各种支撑架的安装。本定额已综合考虑了采用螺栓、焊接和膨胀螺栓三种固定方式，实际施工中，不论采用何种固定方式，定额均不作调整。

3）玻璃钢梯式桥架和铝合金梯式桥架定额均按不带盖考虑，如这两种桥架带盖，则分别执行玻璃钢槽式桥架定额和铝合金槽式桥架定额。

4）钢制桥架主结构设计厚度大于3mm时，定额人工、机械乘以系数1.2。

5）不锈钢桥架按本章钢制桥架定额乘以系数1.1。

6）桥架隔板按设计用量计算主材费用，损耗率同桥架。

8. 组合式桥架安装

（1）计量单位：100片。

（2）项目划分：组合式桥架安装（1个项目）。

（3）工程量计算规则：组合式桥架安装以“100片”为计量单位。

9. 组合式桥架支撑架安装

（1）计量单位：100kg。

（2）项目划分：组合式桥架支撑架安装（1个项目）。

（3）工程量计算规则：组合式桥架支撑架安装以“100kg”为计量单位。

10. 塑料电缆槽、混凝土电缆槽安装

（1）计量单位：10m。

（2）项目划分：区分安装位置、规格。

（3）工程量计算规则：塑料电缆槽、混凝土电缆槽安装均以“100kg”为计量单位。

（4）章说明：宽100mm以下的金属槽盒安装，可套加强塑料槽定额，固定支架及吊杆另计。

11. 电缆防火堵洞

（1）计量单位：处。

（2）项目划分：区分堵洞位置。

（3）工程量计算规则：电缆防火堵洞以“处”为计量单位。

（4）章说明：电缆防火堵洞每处指0.25m^2以内，未包括防火涂料。

12. 电缆防火隔板

（1）计量单位：m^2。

（2）项目划分：电缆防火隔板（1个项目）

（3）工程量计算规则：电缆防火隔板以“m^2”为计量单位。

13. 电缆防火涂料

（1）计量单位：10kg。

（2）项目划分：电缆防火涂料（1个项目）。

（3）工程量计算规则：电缆防火涂料以“10kg”为计量单位。

14. 电缆阻燃槽盒

（1）计量单位：10m。

（2）项目划分：电缆阻燃槽盒（1个项目）。

（3）工程量计算规则：电缆阻燃槽盒以“10m”为计量单位。

15. 电缆防腐、缠石棉绳、刷漆、剥皮

（1）计量单位：10m。

（2）项目划分：各1个项目。

（3）工程量计算规则：电缆防腐、缠石棉绳、刷漆、剥皮均以“10m”为计量单位。

（4）章说明：电缆刷色相漆按一遍考虑。电缆缠麻层的人工可套电缆剥皮定额，另计麻层材料费。

16. 铜芯电力电缆敷设、预分支铜芯电缆敷设、控制电缆敷设

（1）计量单位：100m。

（2）项目划分：铜芯电力电缆敷设区分电缆截面，竖直通道敷设另列项；预分支铜芯电缆敷设区分芯数、截面积；控制电缆敷设区分芯数，竖直通道敷设另列项。

（3）工程量计算规则：电缆敷设按单根以延长米计算，以“100m”为计量单位。

（4）章说明：

1）电缆敷设长度应根据敷设路径的水平和垂直敷设长度，按表7-17规定增加附加长度。

2）本章的电缆敷设定额适用于10kV以下的电力电缆和控制电缆敷设。定额系按平原地区和厂内电缆工程的施工条件编制的，未考虑在积水区、水底、井下等特殊条件下的电缆敷设，厂外电缆敷设工程按本册第三章有关定额另计工地运输。

3）电缆在一般山地、丘陵地区敷设时，其定额人工乘以系数1.3。该地段所需的施工材料如固定桩、夹具等按实另计。

4）电缆敷设定额未考虑因波形敷设增加长度、弛度增加长度、电缆绕梁（柱）增加长度以及电缆与设备连接、电缆接头等必要的预留长度，该增加长度应计入工程量之内。

电缆敷设的附加长度　　表 7-17

序号	项目	预留长度（附加）	说明
1	电缆敷设驰度、波形弯度、交叉	2.5%	按电缆全长计算
2	电缆进入建筑物	2.0m	规范规定最小值
3	电绪进入沟内或吊架时引上（下）预留	1.5m	规范规定最小值
4	变电所进线、出线	1.5m	规范规定最小值
5	电力电缆终端头	1.5m	检修余量最小值
6	电缆中间接头盒	两端各留 2.0m	检修余量最小值
7	电缆进控制、保护屏及模拟盘等	高+宽	按盘面尺寸
8	高压开关柜及低压配电盘、箱	2.0m	盘下进出线
9	电缆至电动机	0.5m	从电机接线盒起算
10	厂用变压器	3.0m	从地坪起算
11	电缆绕过梁柱等增加长度	按实计算	按被绕物的断面情况计算增加长度
12	电梯电缆与电缆架固定点	每处 0.5m	规范最小值

注：电缆附加及预留的长度是电缆敷设长度的组成部分，应计入电缆长度工程量之内。

5）本章的电缆敷设按铜芯电缆考虑，铝芯电力电缆敷设按同等截面积铜芯电力电缆子目乘以系数 0.72。

6）电力电缆敷设定额均按三芯（包括三芯连地）考虑的，5 芯电力电缆敷设定额乘以系数 1.3，5 芯电力电缆乘以系数 1.6，每增加一芯定额增加 30%，以此类推。单芯电力电缆敷设按同截面电缆定额乘以 0.67。截面 400mm^2 以上至 800mm^2 的单芯电力电缆敷设按 400mm^2 电力电缆定额执行。截面 800～1000mm^2 的单芯电力电缆敷设按 400mm^2 电力电缆定额乘以系数 1.25 执行。

7）竖直通道电缆敷设时，竖井内带隔层（指竖井中每层有与主结构同层的楼板，仅留有电缆穿楼板的孔洞），不能执行竖直通道电缆定额。

8）本章电缆敷设系综合定额，已将裸包电缆、铠装电缆、屏蔽电缆等因素考虑在内，因此，凡 10kV 以下的电力电缆和控制电缆均不分结构形式和型号，一律按相应的电缆截面和芯数执行定额。

9）电缆敷设定额及其相配套的定额中均未包括主材（又称装置性材料），另按设计和工程量计算规则加上定额规定的损耗率计算主材费用。

10）预分支电缆、电缆吊头、电缆托挂器、单回路防电缆涡流固定架均按制造厂供应的成品考虑，按实际计算，定额内包含现场安装并已考虑超高因素。

11）本章定额未包括下列工作内容：隔热层、保护层的制作安装；电缆冬期施工的加温工作和在其他特殊施工条件下的施工措施费和施工降效增加费。

（5）计算要点：

电缆长度=(图示水平长度+图示垂直长度+预留长度)×(1+2.5%)，其中预留长度取定值见表 7-17。

17. 电缆穿刺线夹安装

（1）计量单位：套。

（2）项目划分：区分主电缆截面。

（3）工程量计算规则：

电缆穿刺线夹安装以“套”为计量单位。不分电缆芯数（定额已综合考虑）均以一组计算。

18. 电力电缆头制作、安装，控制电缆头制作、安装

（1）计量单位：个。

（2）项目划分：电力电缆头制作、安装区分户内和户外、电缆头种类、中间头和终端头、电压、截面积；控制电缆头制作、安装区分中间头和终端头、芯数。

（3）工程量计算规则：电缆终端及中间头均以“个”为计量单位。中间电缆头设计有图示的，按设计数量确定；设计没有规定的，发生时按实际数量计算。

（4）章说明：

本章的电力电缆头制安定额均按铜芯电缆考虑的，铝芯电力电缆头按同截面电缆头定额乘以系数 0.84，双屏蔽电缆头制作安装人工乘以系数 1.05。单芯电缆头制作安装按同电压同截面电缆头制作安装定额乘以系数 0.5，五芯以上电缆头制作安装按每增加一芯，定额增加系数 0.25。

7.3.2.2　控制设备及低压电器

1. 成套配电箱安装

（1）计量单位：台。

（2）项目划分：区分安装方式、盘面尺寸半周长（箱宽＋箱高）。

（3）工程量计算规则：成套配电箱安装以“台”为计量单位。

（4）章说明：成套配电箱安装未包括基础槽钢、角钢的制作安装，其工程量应按相应定额另行计算。

2. 端子板安装

（1）计量单位：组。

（2）项目划分：端子板安装（1 个项目）。

（3）工程量计算规则：端子板安装以“组”为计量单位。

3. 端子板外部接线

（1）计量单位：10 个。

（2）项目划分：区分有端子外部接线和无端子外部接线、导线截面积。

（3）工程量计算规则：端子板外部接线按设备盘、箱、柜、台的外部接线图计算，以“10 个”为计量单位。

4. 接线端子

（1）计量单位：10 个。

（2）项目划分：区分接线端子种类、导线截面积。

（3）工程量计算规则：接线端子以“10 个”为计量单位。

（4）章说明：本定额只适用于导线，电缆终端头制作安装定额中已包括压接线端子，不得重复计算。

（5）计算要点

1）单芯导线截面积在 $6mm^2$ 以内者，计算无端子外部接线，超过 $6mm^2$ 时，视为截面较大，计算焊（压）接线端子。

2）多芯导线截面积在 $6mm^2$ 以内者，计算有端子外部接线，超过 $6mm^2$ 时，视为截面较大，计算焊（压）接线端子。

3）接线端子的材质必须与导线材质相同。

4）计算了焊（压）接线端子之后，不得再计算有端子外部接线。

7.3.2.3 配管、配线

1. 钢管敷设、防爆钢管敷设、可挠金属套管敷设、扣压式薄壁钢导管敷设、塑料管敷设

（1）计量单位：100m。

（2）项目划分：区分敷设方式、敷设位置、管材材质、管径。

（3）工程量计算规则：各种配管应按管路“延长米”计算，以“100m”为计量单位，不扣除管路中间的接线箱（盒）、灯头盒、开关盒所占长度。

（4）章说明：

配管定额中未包括钢索架设及拉紧装置、接线箱（盒）、支架的制作安装，其工程量应另行计算。

（5）计算要点：

计算配管长度时可将配管分水平配管和竖直配管两部分计算，计算配管工程量时除了按定额区分敷设方式、敷设位置、管材材质、管径以外，为了计算条理清晰和计算配线方便，还应区分回路编号和管内穿线根数（电缆除外）。

即：某回路穿 n 根导线配管长度＝图示该配管水平段长度＋该配管竖直段长度

其中，配管水平段是指配管沿地面、顶面敷设的部分，长度从电气平面图上按比例量取得到；配管竖直段是指线管沿墙、柱引上或引下敷设部分，其长度一般应根据楼层高度和箱、柜、盘、板、开关、插座等的安装高度进行计算，如图 7-11 所示。

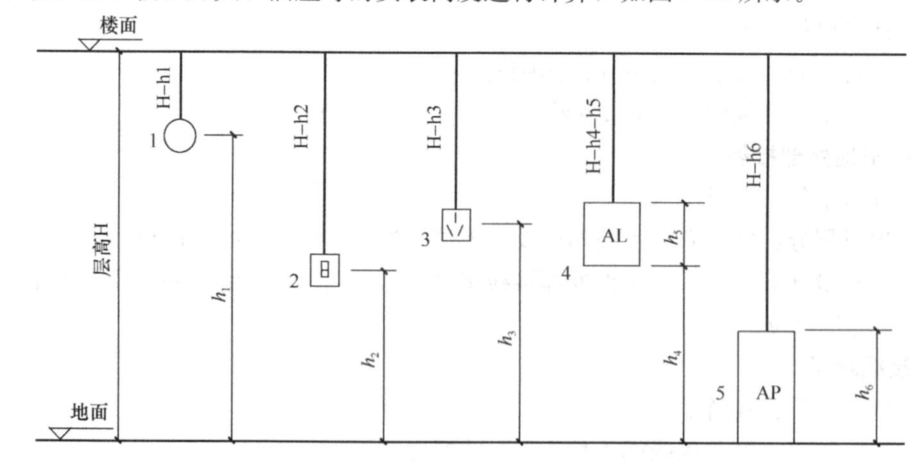

图 7-11 配管竖直段计算示意图

1—拉线开关；2—板式开关；3—插座；4—墙上配电箱；5—落地配电柜

2. 塑料线槽敷设

（1）计量单位：10m。

（2）项目划分：区分线槽断面周长。

（3）工程量计算规则：

塑料线槽敷设，按管路“延长米”计算，以“10m”为计量单位，不扣除管路中间的接线箱（盒）、灯头盒、开关盒所占长度。

3. 金属软管敷设

（1）计量单位：10m。

（2）项目划分：区分管径、每根管长。

（3）工程量计算规则：

金属软管敷设，按管路“延长米”计算，以“10m”为计量单位，不扣除管路中间的接线箱（盒）、灯头盒、开关盒所占长度。

4. 管内穿线

（1）计量单位：100m 单线。

（2）项目划分：区分线路性质、导线截面、多芯软导线区分芯数。

（3）工程量计算规则：

管内穿线按单线“延长米”计算，以“100m”为计量单位计算。多芯软导线管内穿线按线路“延长米”计算，以“100m”为计量单位计算。

（4）章说明：

1）线路分支接头线的长度已综合考虑在定额中，不得另行计算。

2）照明线路中的导线截面大于或等于 $6mm^2$ 以上时，应执行动力线路穿线相应项目。

3）灯具、明、暗开关、插座、按钮等的预留线，已分别综合在相应定额内，不另行计算。

配线进入开关箱、柜、板的预留线，如图 7-12 所示，按表 7-18 规定的长度，分别计入相应的工程量。以下各种配线同，不再赘述。

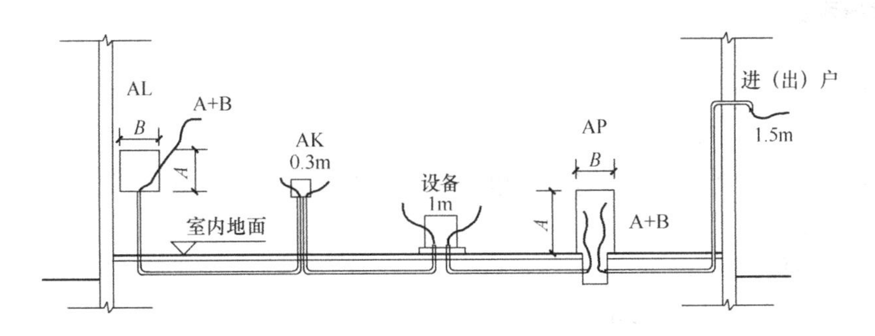

图 7-12　配线进入箱、柜板的预留线示意图

配线进入箱、柜板的预留线（每一根线）　　表 7-18

序号	项　　目	预留长度	说　明
1	各种开关箱、屏、柜、板	宽＋高	盘面尺寸
2	单独安装（无盘箱）的铁壳开关、闸刀开关、启动器、线槽进出线盒等	0.3m	从安装对象中心算起

续表

序号	项　　目	预留长度	说　明
3	由地面管子出口引至动力接线箱	1.0m	从管口计算
4	电源与管内导线连接（管内穿线与软管管口、硬母线接头）	1.5m	从管口计算
5	出户线	1.5m	从管口计算

5. 绝缘子配线

（1）计量单位：100m 单线。

（2）项目划分：区分绝缘子配线位置（沿屋架、梁、柱、墙，跨屋架、梁、柱、木结构、顶棚内、砖、混凝土结构，沿钢支架及钢索）、导线截面积。

（3）工程量计算规则：

绝缘子配线按单线“延长米”计算，以“100m”为计量单位计算。

（4）章说明：

绝缘子暗配，引下线按线路支持点至天棚下缘距离的长度计算。

6. 塑料槽板配线

（1）计量单位：100m。

（2）项目划分：区分配线位置（木结构、砖、混凝土）、导线截面、线式（二线、三线）。

（3）工程量计算规则：

塑料槽板配线按单线“延长米”计算，以“100m”为计量单位计算。

7. 塑料护套线明敷

（1）计量单位：100m。

（2）项目划分：区分导线截面、导线芯数（二芯、三芯）、敷设位置（木结构、砖混凝土结构、沿钢索）。

（3）工程量计算规则：

塑料护套线明敷按单线“延长米”计算，以“100m”为计量单位计算。

8. 线槽配线

（1）计量单位：100m 单线。

（2）项目划分：区分导线截面。

（3）工程量计算规则：

线槽配线按单线“延长米”计算，以“100m”为计量单位计算。

9. 钢索架设

（1）计量单位：100m。

（2）项目划分：区分圆钢和钢丝绳、直径。

（3）工程量计算规则：

钢索架设以“100m”为计量单位计算。

（4）章说明：

本项目未包括拉紧装置的制作、安装。

10. 钢索拉紧装置制作、安装

（1）计量单位：10 套。

（2）项目划分：区分花篮螺栓直径。

（3）工程量计算规则：

钢索拉紧装置制作、安装以“10 套”为计量单位计算。

11. 动力配管混凝土地面刨沟

（1）计量单位：10m。

（2）项目划分：区分管径。

（3）工程量计算规则：

动力配管混凝土地面刨沟按“延长米”计算，以“100m”为计量单位计算。

12. 接线箱安装

（1）计量单位：10 个。

（2）项目划分：区分安装形式（明装、暗装）、接线箱半周长。

（3）工程量计算规则：

接线箱安装以“10 个”为计量单位计算。

（4）计算要点

接线箱按图纸计算，过伸缩缝时，要有接线箱，两边各一个，共两个。另外就是图纸注明需要加的地方。

13. 接线盒安装

（1）计量单位：10 个。

（2）项目划分：区分形式（明装、暗装、钢索上）、接线盒类型。

（3）工程量计算规则：接线盒安装以“10 个”为计量单位计算。

（4）计算要点

接线盒设置情况如图 7-13 所示，接线盒数量按以下方法计算：

1）接线盒、拉线盒、灯头盒套定额中接线盒子目。接线盒数量＝灯头盒数量＋接线盒、拉线盒数量。灯头盒按图纸中灯具数量计算，接线盒、拉线盒数量按设置要求统计。

2）开关盒和插座盒套定额中开关盒子目。开关盒数量＝开关盒数量＋插座盒数量。开关盒、插座盒数量分别按图纸中开关和插座的数量统计。

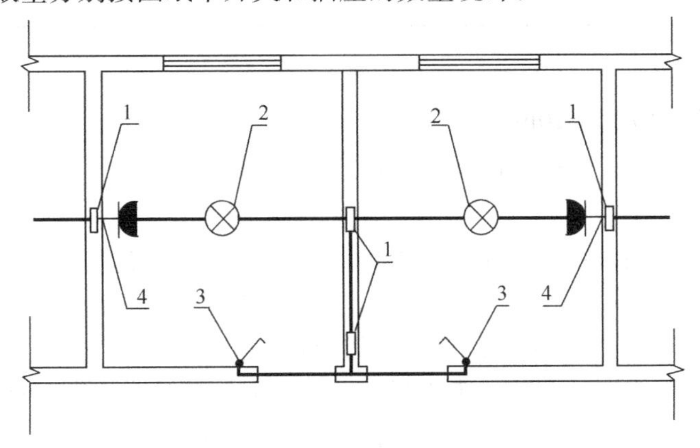

图 7-13　接线盒示意图

1—线路接线盒；2—灯头接线盒；3—开关接线盒；4—插座接线盒

7.3.2.4 照明器具

本章定额规则共性说明：

各型灯具的引导线，除注明者外，均已综合考虑在定额内，执行时不得换算。

路灯、投光灯、碘钨灯、氙气灯、烟囱或水塔指示灯，均已考虑了一般工程的高空作业因素，其他器具安装高度如超过5m，则应按定额说明中规定的超高系数另行计算。

定额内已包括利用摇表测量绝缘及一般灯具的试亮工作（但不包括调试工作）。

1. 普通灯具安装

（1）计量单位：10套。

（2）项目划分：区分灯具的种类、型号、规格。

（3）工程量计算规则：普通灯具安装以"10套"为计量单位。

（4）章说明：普通灯具安装定额适用范围见表7-19。

普通灯具安装定额适用范围　　表7-19

定额名称	灯具种类
圆球吸顶灯	材质为玻璃的螺口、卡口圆球独立吸顶灯
半圆球吸顶灯	材质为玻璃的独立的半圆球吸顶灯、扁圆罩吸顶灯、平圆型吸顶灯
方形吸顶灯	材质为玻璃的独立的矩型罩吸顶灯、方型罩吸顶灯、大口方罩吸顶灯
软线吊灯	利用软线为垂吊材料、独立的，材质为玻璃、塑料、搪瓷，形状如碗伞、平盘灯罩组成的各式软线吊灯
吊链灯	利用吊链作辅助悬吊材料、独立的，材质为玻璃、塑料罩的各式吊链灯
防水吊顶	一般防水吊灯
一般弯脖灯	圆球弯脖灯、风雨壁灯
一般墙壁灯	各种材质的一般壁灯、镜前灯
软线吊灯头	一般吊灯头
声光控座灯头	一般声控、光控座灯头
座灯头	一般塑胶、瓷质座灯头

2. 装饰灯具安装

（1）计量单位：10套、10m、m^2、台。

（2）项目划分：区分灯具的种类、规格、安装形式等。

（3）工程量计算规则：

1）吊式艺术装饰灯具的工程量，应根据装饰灯具示意图集所示，区别不同装饰物以及灯体直径和灯体垂吊长度，以"10套"为计量单位计算。灯体直径为装饰物的最大外缘直径，灯体垂吊长度为灯座底部到灯梢之间的总长度。

2）吸顶式艺术装饰灯具安装的工程量，应根据装饰灯具示意图集所求，区别不同装饰物、吸盘的几何形状、灯体直径、灯体周长和灯体垂吊长度，以"套"为计量单位计算。灯体直径为吸盘最大外缘直径；灯体半周长为矩形吸盘的半周长；吸顶式艺术装饰灯具的灯体垂吊长度为吸盘到灯梢之间的总长度。

3）荧光艺术装饰灯具安装的工程量，应根据装饰灯具示意图集所示，区别不同安装形式和计量单位计算。

① 组合灾光灯光带安装的工程量，应根据装饰灯具示意图集所示，区别安装形式、灯管数量，以“延长米”或以“10m”为计量单位计算。灯具的设计数量与定额不符合时可以按设计量加损耗量调整主材。

② 内藏组合式灯安装的工程量，应根据装饰灯具示意图集所示，区别灯具组合形式，以“延长米”或以“10m”为计量单位。灯具的设计数量与定额不符时可根据设计数量加损耗量调整主材。

③ 发光棚安装的工程量，应根据装饰灯具示意图集所示，以“m^2”为计量单位，发光、棚灯具按设计用量加损耗量计算。

④ 立体广告灯箱、荧光灯光沿的工程量，应根据装饰灯具示意图集所示，以“延长米”或以“10m”为计量单位。灯具设计用量与定额不符时，可根据设计数量加损耗调整主材。

4）几何形状组合艺术灯具安装工程量，应根据装饰灯具示意图集所示，区别不同安装形式及灯具的不同形式，以“10套”为计量单位计算。

5）标志、诱导装饰灯具安装的工程量，应根据装装饰灯具示意图集所示，区别不同安装形式，以“10套”为计量单位计算。

6）水下艺术装饰灯具的安装的工程量，应根据装饰灯具示意图集所示，区别不同安装形式，以“10套”为计算单位计算。

7）点光源艺术装饰灯具安装的工程量，应根据装饰灯具示意图集所示，区别不同安装形式、不同灯具直径，以“套为计量单位计算”。

8）草坪灯具安装的工程量，应根据装饰灯具示意图集所示，区别不同安装形，以“10套”为计量单位计算。

9）歌舞厅灯具安装的工程量，应根据装饰灯具示意图集所示，区别不同灯具形式，分别以“10套”、“10m”、“台”为计量单位计算。

（4）章说明：

1）装饰灯具安装定额适用范围见表7-20。

装饰灯具安装定额适用范围 **表7-20**

定额名称	灯　具　种　类（形式）
吊式艺术装饰灯具	不同材质、不同灯体垂吊长度、不同灯体直径的蜡烛灯、挂片灯、串珠（穗）、串棒灯、吊杆式组合灯、玻璃罩（带装饰）灯
吸顶式艺术装饰灯具	不同材质、不同灯体垂吊长度、不同灯体的串珠（穗）、串棒灯、挂片、挂碗、挂吊蝶灯、玻璃几何形状（带装饰）灯
荧光艺术装饰灯具	不同安装形式、不同灯管数量的组合荧光灯光带，不同几何组合形式的内藏组合式灯，不同几何尺寸、不同灯具形式的发光棚，不同形式的立体广告灯箱、荧光灯光沿
几何形状组合艺术灯具	不同固定形式、不同灯具形式的繁星灯、钻石星灯、礼花灯、玻璃罩钢架组合灯、凸片灯、反射挂灯、筒形钢架灯、U型组合灯、弧形管组合灯

续表

定额名称	灯　具　种　类（形式）
标志、诱导装饰灯具	不同安装形式的标志灯、诱导灯
水下艺术装饰灯具	简易形彩灯、密封形彩灯、喷水池灯、幻光型灯
点光源艺术装饰灯具	不同安装形式、不同灯体直径的筒灯、牛眼灯、射灯、轨道射灯
草坪灯具	各种立柱式、墙壁式的草坪灯
歌舞厅灯具	各种安装形式的变色转盘灯、雷达射灯、幻影转彩灯、维纳斯旋转彩灯、卫星旋转效果灯、飞蝶旋转效果灯、多头转灯、滚筒灯、频闪灯、太阳灯、雨灯、歌星灯、边界灯、射灯、泡泡发生器、迷你满天星彩灯、迷你单立（盘彩灯）、多头宇宙灯、镜面球灯、蛇光灯

2）定额中装饰灯具项目均已考虑一般工程的超高作业因素，并包括脚手架搭拆费用。

3）装饰灯具定额项目与示意图号配套使用。

3. 荧光灯具安装

（1）计量单位：10套。

（2）项目划分：区分灯具种类、灯管数量。

（3）工程量计算规则：荧光灯具安装以“10套”为计量单位。

（4）章说明：荧光灯具安装定额适用范围见表7-21。

荧光灯具安装定额适用范围　　表7-21

定额名称	灯　具　种　类
成套型荧光灯	单管、双管、三管、吊链式、吊管式、吸顶式、成套独立荧光灯

4. 地埋灯安装

（1）计量单位：10套。

（2）项目划分：区分灯具形状。

（3）工程量计算规则：地埋灯安装以“10套”为计量单位。

5. 工厂灯安装、防水防尘灯安装

（1）计量单位：10套。

（2）项目划分：区分安装形式。

（3）工程量计算规则：工厂灯及防水防尘灯安装以“10套”为计量单位。

（4）章说明：工厂灯及防水防尘灯安装定额适用范围见表7-22。

工厂灯及防水防尘灯安装定额适用范围　　表7-22

定额名称	灯　具　种　类
直杆工厂吊灯	配照(GC_1-A)、广照(GC_3-A)、深照(GC_5-A)、斜照(GC_7-A)、圆球(GC_{17}-A)、双罩(GC_{19}-A)
吊链式工厂吊灯	配照(GC_1-B)、深照(GC_3-B)、斜照(GC_5-C)、圆球(GC_7-B)、双罩(GC_{19}-A)、广照(GC_{19}-B)
吸顶式工厂灯	配照(GC_1-C)、广照(GC_3-C)、深照(GC_5-C)、斜照(GC_7-C)、双罩(GC_{19}-B)
弯杆式工厂灯	配照(GC_1-D/E)、广照(GC_3-D/E)、深照(GC_5-D/E)、斜照(GC_7-D/E)、双罩(GC_{19}-C)、局部深罩(GC_{26}-F/H)
悬挂工厂灯	配照(GC_{21}-2)、广照(GC_{23}-2)
防水防尘灯	配照(GC_9-A、B、C)、广照保护网(GC_{11}-A、B、C)、散照(GC_{16}-A、B、C、D、E、F、G)

6. 工厂其他灯具安装

（1）计量单位：10 套、（高压水银灯镇流器）10 个。

（2）项目划分：区分灯具类型、安装形式、安装高度。

（3）工程量计算规则：工厂其他灯具安装以“10 套”、“10 个”为计量单位。

（4）章说明：工厂其他安装定额适用范围见表 7-23。

工厂其他灯具安装定额适用范围　　表 7-23

定额名称	灯　具　种　类
防潮灯	扁形防潮灯（GC-31）、防潮灯（GC-32）
腰形舱顶灯	腰形舱顶灯 GC-1
碘钨灯	DW 型、220V、300～1000W
管形氙气灯	自然冷却式 220V/380V 20kW 内
投光灯	TG 型室外投光灯
高压水银灯	外附式镇流器具 125～450W
安全灯	（AOB-1、2、3）（AOC-1、2）型安全灯
防爆灯	CB C-200 型防爆灯
高压水银防爆灯	CB C-125/250 型高压水银防爆灯
防爆荧光灯	CB C-1/2 单/双管防爆型荧光灯

7. 医院灯具安装

（1）计量单位：10 套。

（2）项目划分：区分灯具类型。

（3）工程量计算规则：医院灯具安装以“10 套”为计量单位。

（4）章说明：医院灯具安装定额适用范围见表 7-24。

医院灯具安装定额适用范围　　表 7-24

定额名称	灯具种类
病房指示灯	病房指示灯
病房暗脚灯	病房暗脚灯
无影灯	3～12 孔管式无影灯

8. 庭院灯、路灯安装

（1）计量单位：10 套、灯具附件（套）、组立灯杆（根）。

（2）项目划分：区分灯具类型、路灯杆高等。

（3）工程量计算规则：

庭院灯、路灯安装以“10 套”为计量单位，灯具附件安装区分功率以“套”为计量单位，组立灯杆区分高度以“根”为计量单位。

（4）章说明：

1）工厂厂区内、住宅小区内路灯安装执行本册定额，城市道路的路灯安装执行《甘肃省市政工程消耗量定额》。

路灯安装定额范围见表 7-25。

路灯安装定额范围 表 7-25

定额名称	灯 具 种 类
大马路弯灯	臂长 1200mm 以下、臂长 1200mm 以上
庭院路灯	三火以下、七火以下

2）路灯组立杆件已包括接地极和接地母线制安及调试，不得另行计算。

9. 彩灯安装

（1）计量单位：套、钢丝绳（100m）、配线（100m）。

（2）项目划分：区分灯具类型。

（3）工程量计算规则：彩灯安装以"10 套"为计量单位，其中垂直彩灯的钢丝绳和配线以"100m"为计量单位。

10. 床头柜集控板安装

（1）计量单位：套。

（2）项目划分：区分控制位数。

（3）工程量计算规则：床头柜集控板安装以"10 套"为计量单位。

11. 开关、按钮安装

（1）计量单位：10 套。

（2）项目划分：区分开关、按钮安装形式，开关、按钮种类，开关极数以及单控与双控。

（3）工程量计算规则：开关、按钮安装以"10 套"为计量单位。

12. 插座安装

（1）计量单位：10 套。

（2）项目划分：区分电源相数、额定电流、插座形式、插座插孔个数。

（3）工程量计算规则：插座安装以"10 套"为计量单位。

13. 安全变压器安装

（1）计量单位：台。

（2）项目划分：区分安全变压器容量。

（3）工程量计算规则：安全变压器安装以"10 套"为计量单位。

14. 电铃安装

（1）计量单位：套。

（2）项目划分：区分电铃直径。

（3）工程量计算规则：电铃安装以"10 套"为计量单位。

15. 门铃安装

（1）计量单位：10 个。

（2）项目划分：区分安装形式。

（3）工程量计算规则：电铃安装以"个"为计量单位。

16. 风扇安装

（1）计量单位：台

(2) 项目划分：区分风扇种类

(3) 工程量计算规则：风扇安装以“台”为计量单位。

17. 盘管风机开关、请勿打扰灯，须刨插座、钥匙取电器、烘手器、红外线浴霸安装

(1) 计量单位：10 套、烘手器（台）

(2) 项目划分：红外线浴霸区分光源个数

(3) 工程量计算规则：

盘管风机开关、请勿打扰灯，须刨插座、钥匙取电器、红外线浴霸安装以“10 套”为计量单位，烘手器安装以“台”为计量单位。

(4) 章说明：盘管风机控制开关使用于各种类型的盘管风机控制开关（面板）。

7.4 室内电气照明工程工程量计算实例

某办公楼二层电气照明工程如图 7-14、图 7-15 所示，楼层高度均为 3.0m，配电箱 1AL 型号 PZ30-24，从厂家订购成品，箱内无端子板；配电箱尺寸为 600mm×300mm×

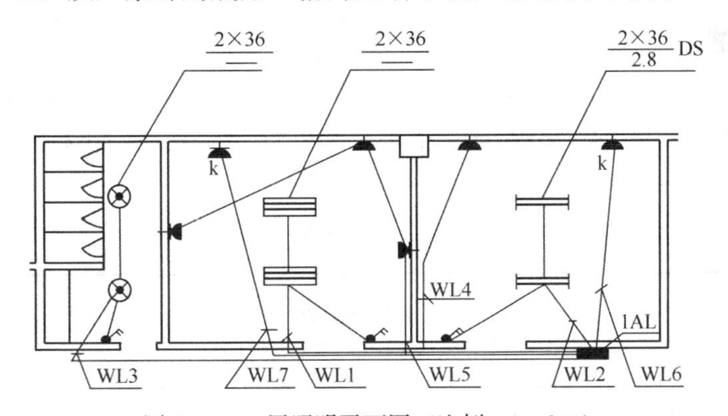

图 7-14 二层照明平面图（比例：1∶200）

进线开关型号及规格及配电箱编号	交流接触器型号及规格	相序	分支开关型号及规格	回路编号	馈电线型号规格及敷设方式	备注
NC100LS-C40/4P 1AL 暗装		L1	C65N-C10/1P	WL1	BV2×2.5 PVC20 WC CC	照明 0.12kW
		L2	C65N-C16/1P	WL2	BV2×2.5 PVC20 WC CC	照明 0.23kW
		L3	C65N-C10/1P	WL3	BV2×2.5 PVC20 WC CC	照明 0.20kW
	L1.L2.L3.N.PE	L1	C65N-C16/1P	WL4	BV3×2.5 PVC20 WC FC	插座 0.75kW
		L2	C65N-C16/2P+ VigiELM-30mA	WL5	BV3×2.5 PVC20 WC FC	插座 0.7kW
		L3	C65N-C16/2P+ VigiELM-30mA	WL6	BV3×4 PVC25 WC CC	空调插座 2kW
		L1	C65N-C16/2P+ VigiELM-30mA	WL7	BV3×4 PVC25 WC CC	空调插座 2kW
		L2	C65N-C16/1P	WL8		备用

图 7-15 二层照明系统图

180mm，底边安装高度距地面 1.5m。配电线路全部采用穿刚性阻燃管暗敷，照明回路 2～4根穿 PVC20 管，空调插座回路穿 PVC25 管，其余插座回路穿 PVC20 管，平面图中导线未表明根数，需结合系统图自行判断。其他材料及设备见表 7-26。

根据已知背景条件，列项计算电气照明工程工程量，详见表 7-27。

照明材料及设备表　　　　**表 7-26**

序号	符号	名称	型号规格	备注
1		照明配电箱	PZ30-24	嵌入式安装，600mm×300mm×180mm
2		格栅灯	2×36W	嵌入式
3		双管日光灯	2×36W	吊管安装，安装高度 2.6m
4		防水防尘灯	1×36W	吸顶安装
5		二三极普通暗插座	10A/250V	安装高度 0.3m
6	K	空调插座	16A/250V	安装高度 1.8m
7		单联单控开关	10A/250V	安装高度 1.3m
8		双联单控开关	10A/250V	安装高度 1.3m

工程量计算表　　　　**表 7-27**

序号	分项工程名称	计算部位	单位	计算式	数量
一	配电装置				
1	成套配电箱安装	600mm×300mm×180mm	台	1	1
2	无端子外部接线	$2.5mm^2$	个	2×3+3×2	12
		$4mm^2$	个	3×2	6
二	配管配线				
(一)	WL1 回路	照明回路			
1	PVC20 暗敷设	穿 2 根线	m	(8+3.6)(水平段，按比例量取得到)+(3−1.5−0.3)(竖直段，配电箱上部)	12.8
	$BV2.5mm^2$			(12.8+0.6+0.3)×2	27.4
2	PVC20 暗敷设	穿 3 根线	m	2.6(水平段，按比例量取得到)+(3−1.3)(竖直段，开关下部)	4.3
	$BV2.5mm^2$			4.3×3	12.9
(二)	WL2 回路	照明回路			
1	PVC20 暗敷设	穿 2 根线	m	2.4+2(水平段，按比例量取得到)+(3−1.5−0.3)(竖直段，配电箱上部)	5.6

续表

序号	分项工程名称	计算部位	单位	计算式	数量
	BV2.5mm^2			(5.6+0.6+0.3)×2	13
2	PVC20 暗敷设	穿 3 根线	m	3(水平段,按比例量取得到)+(3−1.3)(竖直段,开关下部)	4.7
	BV2.5mm^2			4.7×3	14.1
(三)	WL3 回路	照明回路			
1	PVC20 暗敷设	穿 2 根线	m	(13.6+2+2.4)(水平段,按比例量取得到)+(3−1.5−0.3)(竖直段,配电箱上部)	19.2
	BV2.5mm^2			(19.2+0.6+0.3)×2	40.2
2	PVC20 暗敷设	穿 3 根线	m	1.4(水平段,按比例量取得到)+(3−1.3)(竖直段,开关下部)	3.1
	BV2.5mm^2			3.1×3	9.3
(四)	WL4 回路	插座回路			
	PVC20 暗敷设	穿 3 根线	m	(4.4+2.2+3.2)(水平段,按比例量取得到)+1.5(竖直段,配电箱下部)+0.3(竖直段,插座下部)	11.6
	BV2.5mm^2			(11.6+0.6+0.3)×3	37.5
(五)	WL5 回路	插座回路			
	PVC20 暗敷设	穿 3 根线	m	(5+2.8+3.2+6)(水平段,按比例量取得到)+1.5(竖直段,配电箱下部)+0.3×5(竖直段,插座下部)	20
	BV2.5mm^2			(20+0.6+0.3)×3	62.7
(六)	WL6 回路	空调插座回路			
	PVC25 暗敷设	穿 3 根线	m	5.6(水平段,按比例量取得到)+(3−1.5−0.3)(竖直段,配电箱上部)+(3−1.8)(竖直段,插座上部)	8
	BV 4mm^2			(8+0.6+0.3)×3	26.7
(七)	WL7 回路	空调插座回路			
	PVC25 暗敷设	穿 3 根线	m	(8.4+5.8)(水平段,按比例量取得到)+(3−1.5−0.3)(竖直段,配电箱上部)+(3−1.8)(竖直段,插座上部)	16.6
	BV 4mm^2			(16.6+0.6+0.3)×3	52.5
三	接线盒				
1	接线盒暗装 (开关、插座盒)		个	3(开关盒)+6(插座盒)	9
2	接线盒安装(灯头盒)		个	6	6
四	照明器具				
1	格栅灯 2×36W		套	2	2

续表

序号	分项工程名称	计算部位	单位	计算式	数量
2	双管日光灯灯 2×36W		套	2	2
3	防水防尘灯 1×36W		套	2	2
4	二三极普通暗插座 10A/250V		套	4	4
5	空调插座 16A/250V		套	2	2
6	单联单控开关 10A/250V		套	1	1
7	双联单控开关 10A/250V		套	2	2

第 8 章　建筑防雷接地工程工程量计算

8.1　建筑防雷接地工程基本知识

雷电是一种常见的自然现象，它能产生强烈的闪光、霹雳，有时落到地面上，击毁房屋、杀伤人畜，给人类带来极大危害。特别是随着我国建筑行业的迅猛发展，高层建筑日益增多，如何防止雷电的危害，保证建筑物及设备、人身的安全，就显得更为重要了。建筑防雷接地的主要作用是将建筑物或构筑物所受雷电的袭击引入大地，使建筑物、构筑物免受雷电的破坏。

8.1.1　建筑防雷接地工程组成

根据《建筑物防雷设计规范》（GB 50057—2010）规定，建筑物根据其重要性、使用性质、发生雷电事故的可能性和后果，按防雷要求将建筑物分为第一类防雷建筑物、第二类防雷建筑物和第三类防雷建筑物。无论任何级别的防雷接地装置，一般都由三大部分构成，分别是接闪器、引下线和接地装置，如图 8-1 所示。

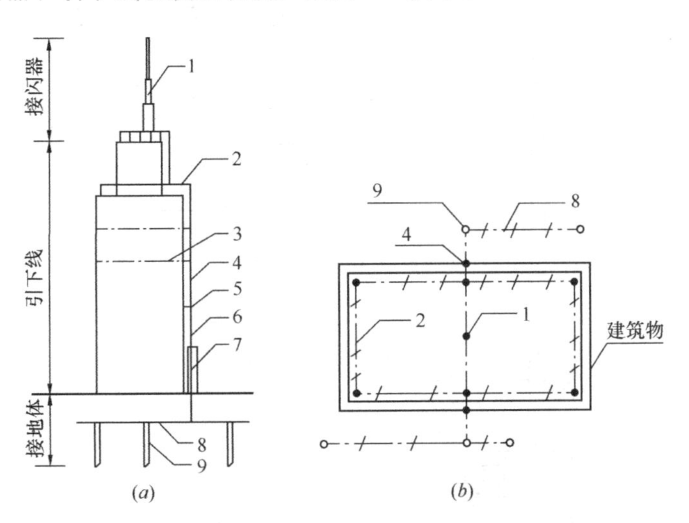

图 8-1　建筑物防雷接地工程组成示意图

1—避雷针；2—避雷网；3—避雷带；4—引下线；5—引下线卡子；6—断接卡子；7—引下线保护管；8—接地母线；9—接地极

1. 接闪器

接闪器的主要作用是接受雷击产生的电荷，由拦截闪击的接闪杆、接闪带、接闪线、接闪网以及金属屋面、金属构件等组成。通常有避雷针、避雷网、避雷带、避雷线等形式，如图 8-2～图 8-4 所示。

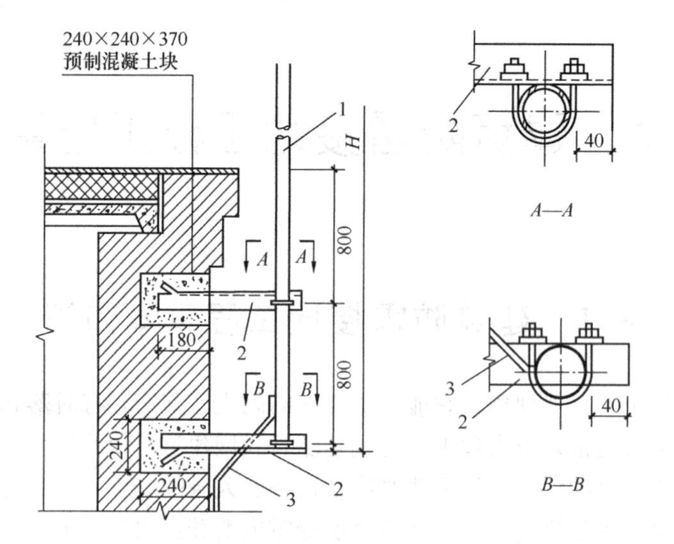

图 8-2　避雷针在山墙上安装

1—避雷针；2—支架；3—引下线

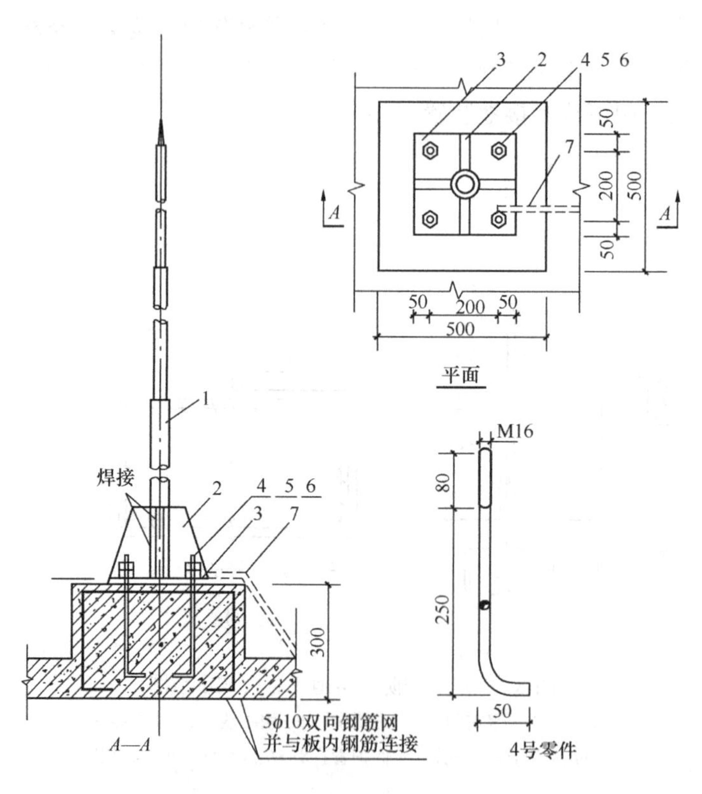

图 8-3　避雷针在山墙上安装

1—避雷针；2—肋板；3—底板；4—地脚螺栓；5—螺母；6—垫圈；7—引下线

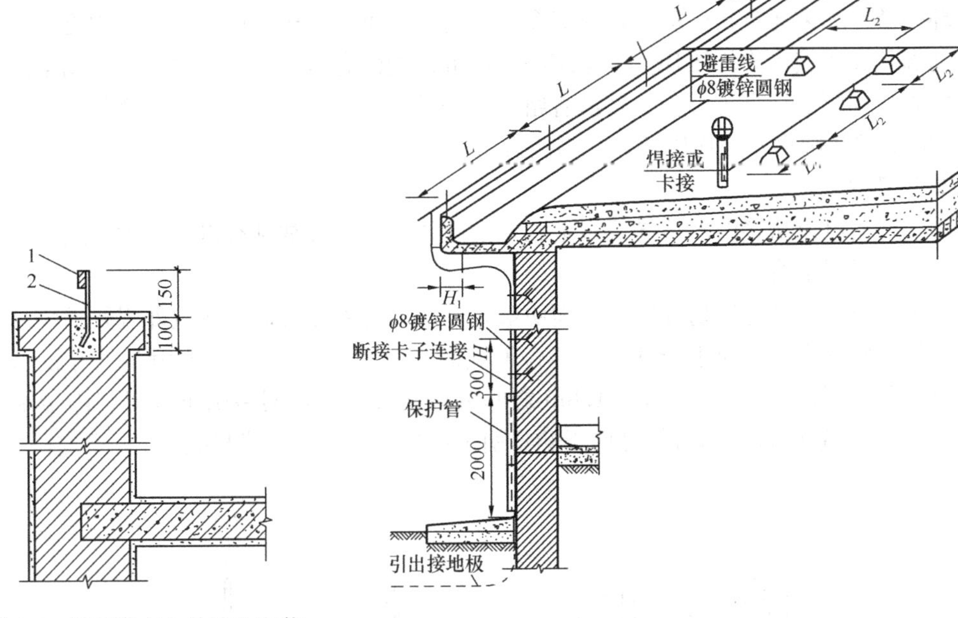

图 8-4　避雷带在女儿墙上安装

1—避雷带；2—支架

图 8-5　带挑檐屋面避雷带安装图

支架间距：$L=1m$；$L_1=0.5m$；$L_2=2m$；$H=1.5m$；$H_1=0.15m$

图 8-5 为带檐屋面避雷带安装图，图 8-6 为高层建筑暗装避雷网的安装，其原理是利用建筑物屋面板内钢筋作为接闪器，再将避雷网、引下线和接地装置三部分组成一个大铁网笼，亦称为笼式避雷网。

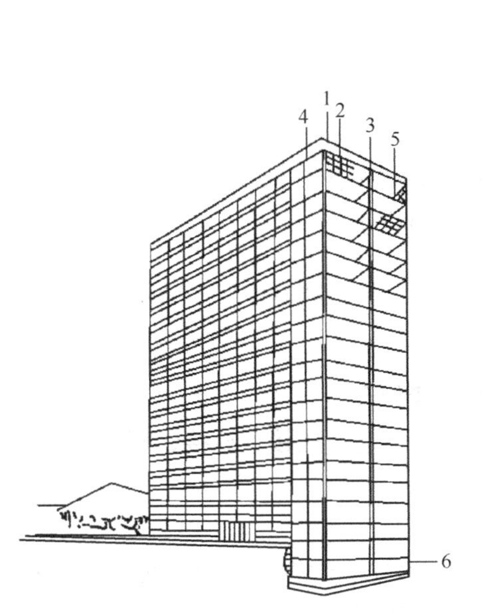

图 8-6　框架结构笼式避雷网示意图

1—女儿墙避雷带；2—屋面钢筋；3—柱内钢筋；4—外墙板钢筋；5—楼板钢筋；6—基础钢筋

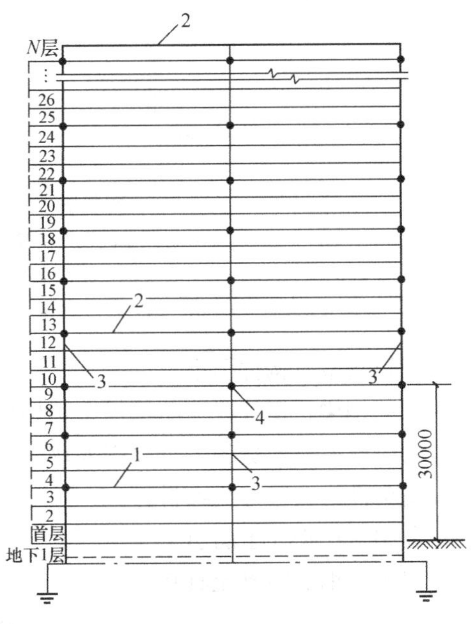

图 8-7　高层建筑物避雷带（网或均压环）引下线连接示意图

1—避雷带(网或均压环)；2—避雷带(网)；3—防雷引下线；4—防雷引下线与避雷带（网或均压环）的连接处

图 8-7 是高层建筑为防止侧向雷击和采取等电位措施。在建筑物从首层起，每三层设均压环一圈。如果建筑物全部是钢筋混凝土结构时，可将结构圈梁钢筋同柱内充当引下线的钢筋绑扎或焊接作为均压环；当建筑物为砖混结构但有钢筋混凝土组合柱和圈梁时，均压环的做法同钢筋混凝土结构。若没有组合柱和圈梁时，应每三层在建筑物外墙内敷设一圈 ϕ12mm 镀锌圆钢作为均压环，并与所有引下线连接。

2. 引下线

用于将雷电流从接闪器传导至接地装置的导体。引下线常见有以下三种形式。

（1）专设引下线

专设引下线应沿建筑物外墙外表面明敷，并经最短路径接地；建筑外观要求较高者可暗敷，但其圆钢直径不应小于 10mm，扁钢截面不应小于 80mm^2。采用多根专设引下线时，应在各引下线上距地面 0.3～1.8m 之间装设断接卡子，明装引下线时，断接卡子安装见图 8-8。设置断接卡的目的是便于测量引下线的接地电阻，供检查用。

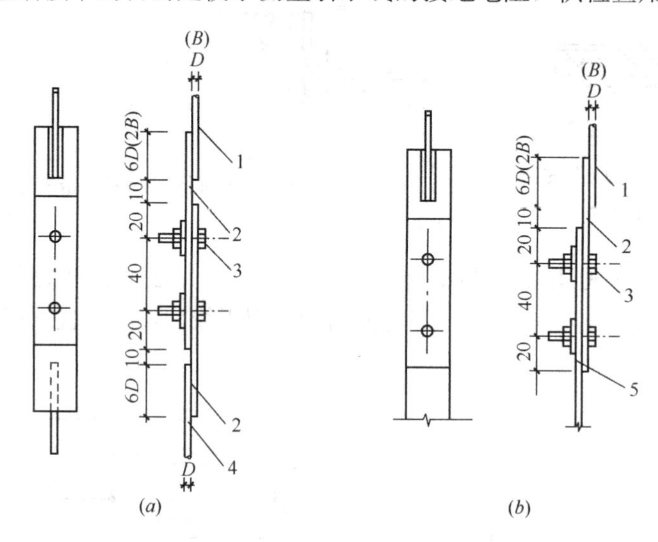

图 8-8　明装引下线时，断接卡子安装图

（a）用于圆钢连接线；（b）用于扁钢连接线

D—圆钢直径；B—扁钢宽度

1—圆钢引下线；2—扁钢－25×4；3—M8×30 镀锌螺栓；4—圆钢接地线；5—扁钢接地线

（2）建筑物金属构件引下

建筑物的钢梁、钢柱、消防梯等金属构件以及幕墙的金属立柱宜作为引下线，但其各部件之间均应连成电气贯通，可采用铜锌合金焊、熔焊、卷边压接、缝接、螺钉或螺栓连接，各金属构件可被覆有绝缘材料。

（3）利用建筑物柱主筋引下

利用建筑物钢筋混凝土柱中的主筋作为引下线，不仅节约钢材，更重要的是比较安全。因为框架结构的本身，就将梁和柱内的钢筋连成一体形成一个法拉第笼，这对平衡室内的电位和防止侧击都起到了良好的作用。

当利用混凝土内钢筋、钢柱作为自然引下线并同时采用基础接地体时，可不设断接卡，但利用钢筋作引下线时应在室内外的适当地点设若干连接板。当仅利用钢筋作引下线并采用埋于土壤中的人工接地体时，应在每根引下线上距地面不低于 0.3m 处设接地体连接板。采用埋于土壤中的人工接地体时应设断接卡，其上端应与连接板或钢柱焊接。连接板处应有明显标志。在易受机械损伤之处，地面上 1.7m 至地面下 0.3m 的一段接地线应采用暗敷或采用镀锌角钢、改性塑料管或橡胶管等加以保护。

3. 接地装置

接地装置是接地体和接地线的总和，用于传导雷电流并将其流散入大地。

（1）接地体

接地体是指埋入土壤中或混凝土基础中作散流用的导体。接地体主要分为自然接地体和人工接地体两类。

1）自然接地体。

建筑物中各类直接与大地接触的金属构件、金属井管、钢筋混凝土建筑物的基础、金属管道和设备等用来兼作接地的金属导体称为自然接地体。如图 8-9、图 8-10 所示。

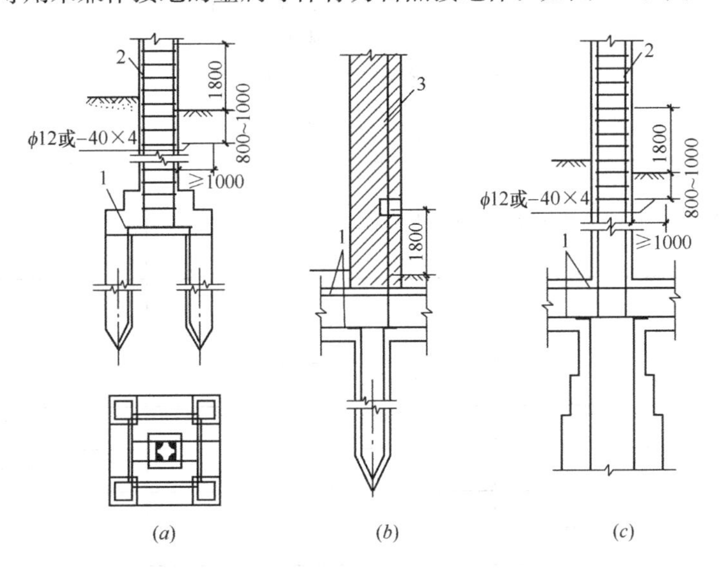

图 8-9 钢筋混凝土桩基础接地体

（a）独立式桩基；（b）方桩基础；（c）挖孔桩基础

1—承台钢筋；2—柱内作引下线的主筋；3—引下线

2）人工接地体。

如图 8-10 中所示接地极，埋入地中专门用作接地金属导体称为人工接地体，埋于土壤中的人工垂直接地体宜采用热镀锌角钢、钢管或圆钢；埋于土壤中的人工水平接地体宜采用热镀锌扁钢或圆钢。人工钢质垂直接地体的长度宜为 2.5m，其间距以及人工水平接地体的间距宜为 5m，当受地方限制时可适当减小。地网四角的连接处应埋设垂直接地体。接地系统中的水平接地体一般采用热镀锌扁钢，水平接地体应与垂直接地体焊接连通。人工接地体在土壤中的埋设深度不应小于 0.5m，并宜敷设在当地冻土层以下，其距墙或基础不宜小于 1m。接地体宜远离由于烧窑、烟道等高温影响使土壤电阻率升高的地方。在钢材制品埋设中，又分垂直安装接地体和水平安装接地体两种。人工接地体的材料、结构和最小尺寸参照表 8-1 确定。

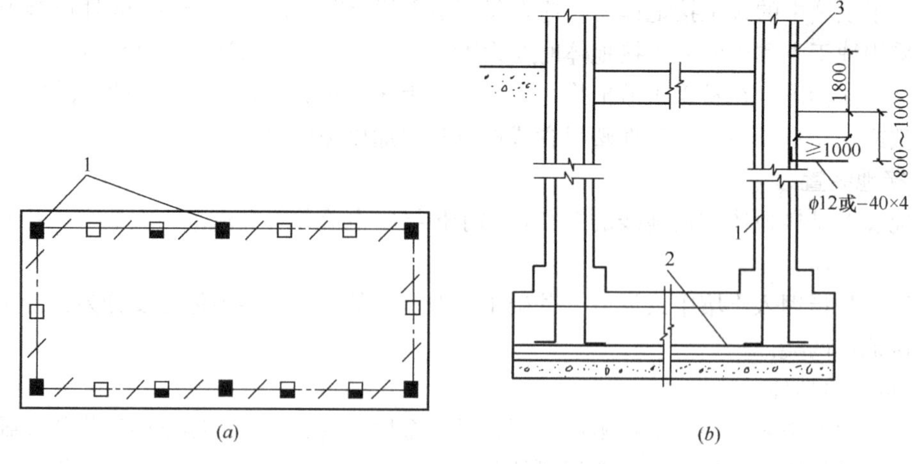

图 8-10　钢筋混凝土板式基础接地体

（a）平面图；（b）基础安装

1—柱内作引下线的主筋；2—基础底板钢筋

接地体的材料、结构和最小尺寸　　表 8-1

材料	结构	最小尺寸			备注
		垂直接地体直径（mm）	水平接地体（mm^2）	接地板（mm）	
铜、镀锡铜	铜绞线	—	50	—	每股直径 1.7mm
	单根圆铜	15	50	—	—
	单根扁铜	—	50	—	厚度 2mm
	铜管	20	—	—	壁厚 2mm
	整块铜板	—	—	500×500	厚度 2mm
	网格铜板	—	—	600×600	各网格边截面 25mm×2mm，网格网边总长度不少于 4.8m
热镀锌钢	圆钢	14	78	—	—
	钢管	20	—	—	壁厚 2mm
	扁钢	—	90	—	厚度 3mm
	钢板	—	—	500×500	厚度 3mm
	网格钢板	—	—	600×600	各网格边截面 30mm×3mm，网格网边总长度不少于 4.8m
	型钢	$290mm^2$（截面）3mm（厚度）	—	—	可采用 50mm×50mm×300 角钢
裸钢	钢绞线	—	70	—	每股直径 1.7mm
	圆钢	—	78	—	—
	扁钢	—	75	—	厚度 3mm
外表面镀铜的钢	圆钢	14	50	—	镀铜厚度至少 250μm，铜纯度 99.9%
	扁钢	—	90（厚 3mm）	—	
不锈钢	圆形导体	15	78	—	—
	扁形导体	—	100	—	厚度 2mm

人工接地体的安装顺序为：

① 加工接地体。

垂直接地体多使用角钢或钢管，一般应按设计所提数量和规格进行加工。通常情况下，在一般土壤中采用角钢接地体，在坚实土壤中采用钢管接地体，应将打入地下的一端加工成尖形。为了防止将钢管或角钢打劈，可用圆钢加工一种护管帽套入钢管端，或用一块短角钢（约长 10cm）焊在接地角钢的一端。

② 挖沟。

接地装置需埋于地表层以下，一般接地体顶部距地面不应小于 0.5m。一般沟深为0.8～1m，沟的上部宽 0.6m，底部宽 0.4m，沟的中心线与建筑物或构筑物的距离不宜小于 2m。

③ 敷设接地体。

沟挖好后应尽快敷设接地体，以防止塌方。接地体一般采用手锤打入地中，接地体与地面应保持垂直，防止接地体与土壤产生间隙，增加接地电阻，影响散流效果。

（2）接地线

接地线是指从引下线断接卡或换线处至接地体的连接导体；或从接地端子、等电位联结带至接地体的连接导体。接地线应与水平接地体的截面相同。接地装置埋在土壤中的部分，其连接宜采用放热焊接，当采用通常的焊接方法时，应在焊接处做防腐处理。室内接地线、接地母线遇有障碍（如建筑物伸缩缝、沉降缝等）需跨越时相连接的连接线，或利用金属构件、金属管道作为接地线时需要焊接的连接线称为接地跨接线。防雷接地线应该形成一个闭合回路后接地，在断线处应采用接地跨接线，凡用螺栓或铆钉连接的接地网中的地方，都应焊接接地跨接线，跨接线一般采用扁钢和圆钢。接地跨接按－40×4 扁钢考虑，采用开孔连接，管件跨接利用法兰盘连接螺栓，钢轨利用鱼尾板固定螺栓，平行管道采用焊接进行综合考虑。图 8-11、图 8-12 为接地线过伸缩缝的跨接做法。

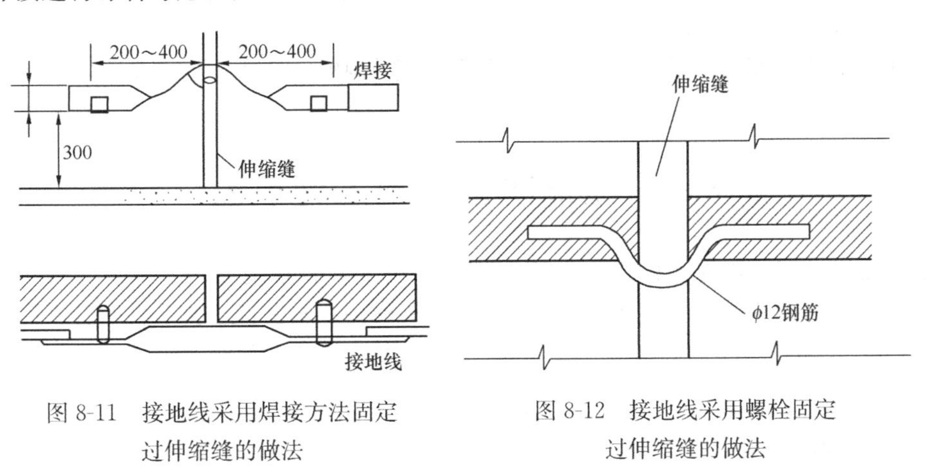

图 8-11　接地线采用焊接方法固定过伸缩缝的做法

图 8-12　接地线采用螺栓固定过伸缩缝的做法

构架接地是按户外钢结构或混凝土结构接地来考虑的，每处接地跨接包括了 4m 以内的水平接地。钢铝窗接地采用 8 号圆钢，一端和窗连接，一端和圈梁主筋连接。

等电位联结是将建筑物中各电气装置和其他装置外露的金属及可导电部分与人工或自然接地体同导体连接起来以达到减少电位差，称为等电位联结。等电位联结有总等电位联结、局部等电位联结和辅助等电位联结。

总等电位联结（MEB）：总等电位联结作用于全建筑物，它在一定程度上可降低建筑物内间接接触电击的接触电压和不同金属部件间的电位差，并消除自建筑物外经电气线路和各种金属管道引入的危险故障电压的危害。它应通过进线配电箱近旁的接地母排（总等电位联结端子板）将下列可导电部分互相连通：进线配电箱的 PE（PEN）母排；公用设施的金属管道，如上水、下水、热力、燃气等管道；建筑物金属结构；如果设置有人工接地，也包括其接地极引线。住宅楼做总等电位联结后，避免接地故障引起的电气火灾事故和人身电击事故，同时也是防雷安全所必需。因此，在建筑物的每一电源进线处，一般设有总等电位联结端子板，由总等电位联结端子板与进入建筑物的金属管道和金属结构构件进行连接。

局部等电位联结（LEB）：在一局部场所范围内将各可导电部分连通，称作局部等电位联结。它可通过局部等电位联结端子板将下列部分互相连通：PE 母线或 PE 干线；公用设施的金属管道；建筑物金属结构。浴室被国际电工标准列为电击危险大的特殊场所。在我国浴室内的电击事故也屡屡发生，造成人身伤害，这是因为人在淋浴时遍体湿透，人体阻抗大大下降，沿金属管道传导来的较小电压即可引起电击伤亡事故，因此在卫生间做局部等电位联结可使卫生间处于同一电位，防止出现危险的接触电压，有效的保证了人身安全。进行卫生间内局部等电位联结时，应将金属给水排水管、金属浴盆、金属采暖管和地面钢筋网通过等电位联结线在局部等电位联结端子板处连接在一起，当墙为混凝土墙时，墙内钢筋网也宜与等电位联结线连通；金属地漏、扶手、浴巾架、肥皂盒等孤立之物可不作连接。局部等电位联结端子板应采取螺栓连接，设置在方便检测的位置，以便拆卸进行定期检测；等电位联结线采用 BVR-1×4mm^2 导线，在地面内和墙内穿塑料管暗敷，等电位联结线及端子板宜采用铜质材料。

辅助等电位联结（SEB）：在导电部分间，用导线直接连通，使其电位相等或相近，称作辅助等电位联结。

8.1.2 建议自学资料

标准图集甘 012D12《防雷与接地工程》、《建筑物防雷设计规范》（GB 50057—2010）等。

8.2 建筑防雷接地工程识图

某住宅建筑防雷接地工程如图 8-13～图 8-17 所示，该住宅建筑防雷接地接闪器、引下线（2 根）、接地母线、接地体均采用－25×4 的扁钢。避雷带、引下线均需镀锌或做防

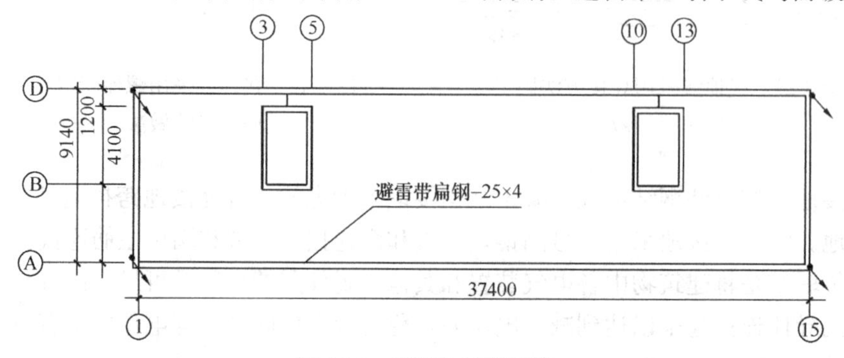

图 8-13 屋面防雷平面图

腐处理，引下线在地面上 1.7m 至地面下 0.3m 一段，用 ϕ50mm 硬塑料管保护。其接地电阻不大于 10Ω，施工后达不到要求时，可增设接地极。

识读过程如下：

图 8-13、图 8-14、图 8-15 表明，该住宅建筑设置的接闪器采用－25×4 的扁钢避雷带，避雷带沿屋面四周及屋面凸起部位顶面四周敷设，支持卡子间距为 1m。在① 轴和②轴墙上分别敷设两根－25×4 的扁钢作为引下线，引下线支架间距 1.5m。引下线在距室外地面 1.8m 处设置断接卡子。

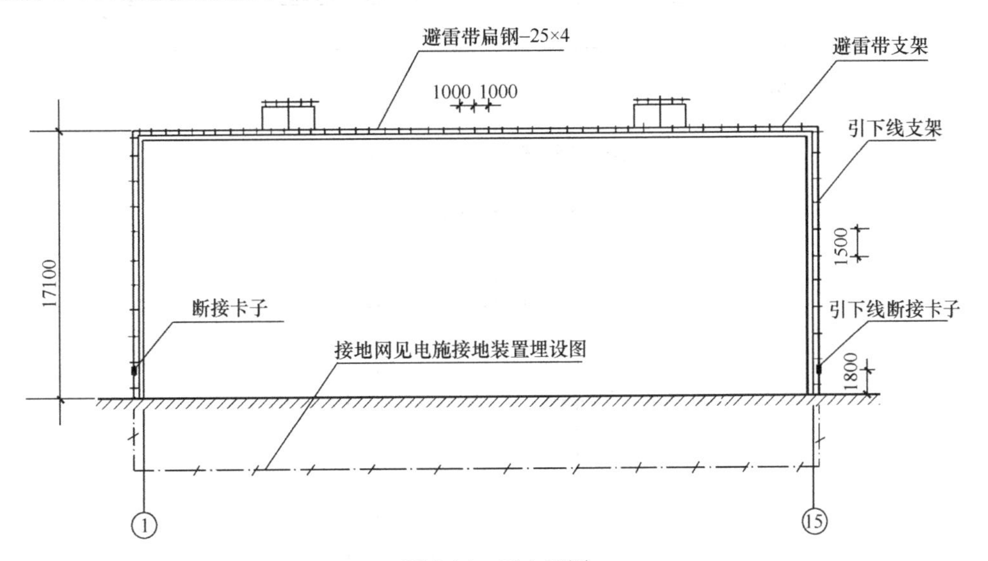

图 8-14　正立面图

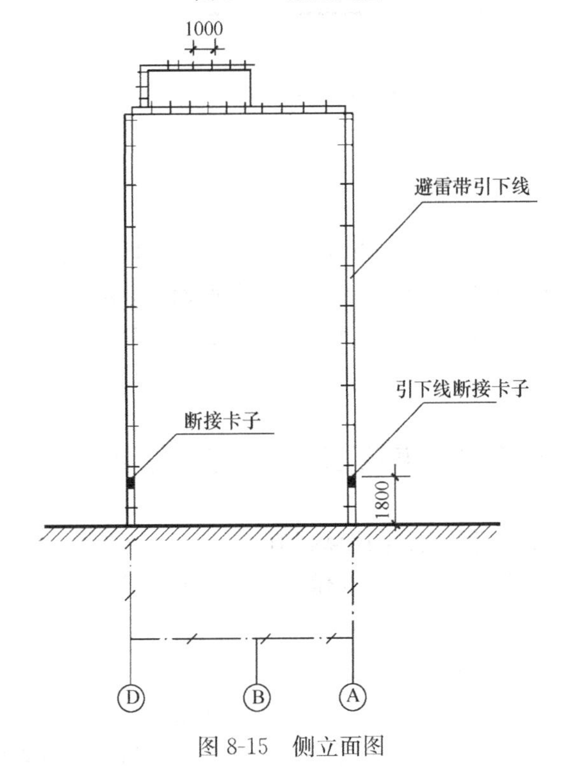

图 8-15　侧立面图

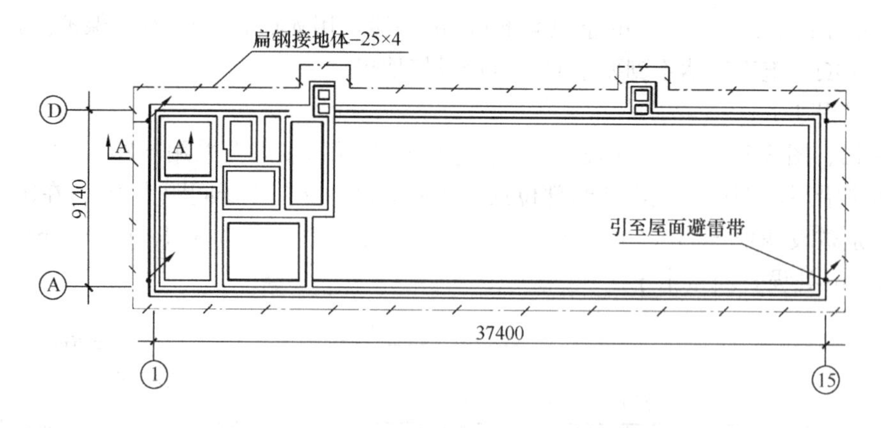

图 8-16　接地装置埋设图

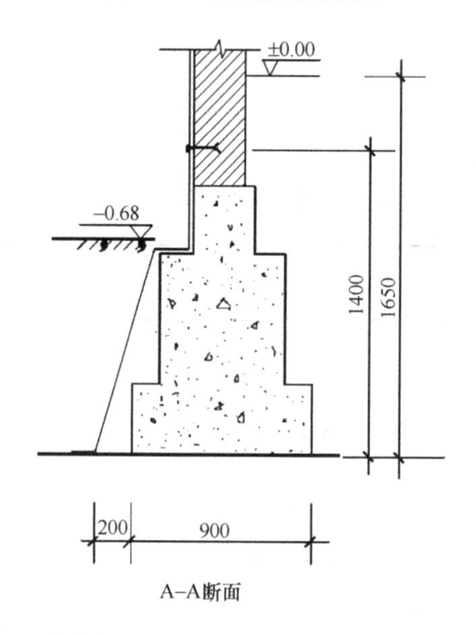

图 8-17　A-A 剖面图

图 8-16、图 8-17 表明，引下线在断接卡子处连接接地母线，接地母线也为－25×4 扁钢，接地母线在－0.680m 标高处开始向外，至埋设深度为室外地坪以下 1.65m，距基础中心距离为 0.65m 处连接接地体，接地体采用－25×4 扁钢作水平接地体，绕建筑物一周埋设。

8.3　建筑防雷接地工程工程量计算方法

8.3.1　建筑防雷接地工程工程量计算列项

建筑防雷接地工程工程量计算首先要做的第一项工作是准确列项，对于初学者，可按照定额顺序列项，并注意，一般来说，定额中有的，图纸中也有的项目才可以列出（补充定额子目列项的除外），而且定额说明中指出的“已包括的”内容不能单独列项，“未包括”的须另计的内容需单独列项。建筑防雷接地工程选用《甘肃省安装工程预算定额》第二册　电气设备安装工程，其中建筑防雷接地工程常用项目见表 8-2 建筑防雷接地工程常用定额项目表。

建筑防雷接地工程常用定额项目表 表8-2

章名称	节名称	分项工程列项
第五章 防雷及接地装置	一、接地极（板）制作、安装	
	二、接地母线敷设	
	三、接地跨接线安装	
	四、避雷针制作、安装	1. 避雷针制作
		2. 避雷针安装
		3. 独立避雷针安装
	五、接地测试版制作安装	
	六、电子设备防雷装置安装	
	七、半导体少长针消雷装置安装	
	八、避雷引下线敷设	
	九、避雷网安装	

8.3.2 建筑防雷接地工程工程量计算方法详解

说明：本章定额不适用于采用爆破法施工敷设接地线、安装接地极，也不包括高土壤电阻率地区采用换土或化学处理的接地装置及接地电阻的测定工作。

1. 接地极（板）制作、安装

（1）计量单位：接地极（根）、接地板（块）、接地模块（个）、埋设降阻剂（100kg）。

（2）项目划分：接地极、接地板区分材质，接地模块区分规格。

（3）工程量计算规则：

1）接地极制作安装以“根”为计量单位，其长度按设计长度计算，设计无规定时，每根长度按2.5m计算。若设计有管帽时，管帽另按加工件计算。

2）接地板制作安装以“块”为计量单位。

3）接地模块安装以“个”为计量单位。

4）降阻剂埋设以“100kg”为计量单位。

（4）章说明：

1）接地装置采用铜包钢材料时，执行本章中同规格的相应项目。

2）利用基础底板钢筋网作接地极时，钢筋网交叉处需电气焊接的按设计数量执行柱主筋与圈梁钢筋焊接定额。

2. 接地母线敷设

（1）计量单位：10m。

（2）项目划分：区分材质、敷设位置、截面面积。

（3）工程量计算规则：

接地母线敷设，按设计长度以“m”为计量单位计算工程量。其长度按施工图设计水平和垂直规定长度另加3.9%附加长度（包括转弯、上下波动、避绕障碍物、搭接头所占长度）计算。计算主材费时应另增加规定的损耗率。

（4）章说明：

1）户外接地母线敷设定额系按自然地坪和一般土质综合考虑的，包括地沟的挖填工作和夯实工作，执行本定额时不应再计算土方量。如遇有土方、矿渣、积水、障碍物等情况时可另行计算。

2）电缆支架的接地线安装应执行“户内接地母线敷设”定额。

3. 接地跨接线安装

（1）计量单位：处、10处。

（2）项目划分：区分具体的接地项目。

（3）工程量计算规则：

1）接地跨接线以“处”为计量单位，按规程规定凡需作接地跨接线的工程内容，每跨接一次按一处计算。

2）户外配电装置构架均需接地，每副构架按“一处”计算。

3）钢铝窗接地以“10处”为计量单位，按设计规定的金属窗数进行计算。

（4）章说明：

本节包括内容有接地跨接线、构架接地、钢铝窗接地、卫生间等电位联结、玻璃幕墙跨接地线。

4. 等电位接地端子箱安装、等电位接地接线盒安装

（1）计量单位：个、10个。

（2）项目划分：各1个子目。

（3）工程量计算规则：

等电位接地端子箱安装以“个”为计量单位，等电位接地接线盒安装以“10个”为计量单位。

（4）章说明：

等电位接地端子箱适用于半周长小于0.5m的接地端子箱，等电位接地接线盒适用于100mm×100mm以下的等电位接地接线盒安装。

5. 避雷针制作、避雷针安装

（1）计量单位：根。

（2）项目划分：区分材质、长度。

（3）工程量计算规则：

避雷针的加工制作，以“根”为计量单位，长度、高度、数量均按设计规定。

6. 避雷针安装

（1）计量单位：根、拉线安装（组）、独立避雷针（基）。

（2）项目划分：区分安装位置、针长。

（3）工程量计算规则：

避雷针的安装，以“根”为计量单位，独立避雷针安装以“基”为计量单位。长度、高度、数量均按设计规定。避雷针拉线安装（3根拉线）以“组”为计量单位。

（4）章说明：

1）独立避雷针的加工制作应执行本册“一般铁构件”制作定额或按成品计算。

2）安装在墙上的避雷针支架，其制作根据图纸设计另行计算。

3）避雷针的安装已考虑了高空作业因素。

7. 电子设备防雷装置安装

（1）计量单位：个。

（2）项目划分：区分种类。

（3）工程量计算规则：

电子设备防雷装置安装以“个”为计量单位。

（4）章说明：

电子设备避雷器安装适用于各类电子设备（强、弱电、通信、建筑智能化、自动化仪表）的避雷器安装，亦适用于各类电子设备的浪涌保护器安装，具体范围见表 8-3。

电子设备避雷器适用范围 **表 8-3**

名　称	适　用　范　围
电子设备避雷器	中长波通信站天馈避雷器、短波通信站避雷器、超短波通信站避雷器、微波通信站避雷器、无线寻呼发信站避雷器、卫星地球站避雷器、新结构超短波避雷器、移动电话基站避雷器、共用天线避雷器、干线电路避雷器、大功率天馈避雷器、计算机信号避雷器、组合型调制解调器避雷器、组合型计算机信号避雷器、程控电话信号避雷器、户用天线避雷器、电视摄像头避雷器、云台控制报警信号音频对讲信号避雷器、传真机避雷器、接口双绞线防雷器、同轴线防雷器、地极保护器、防雷箱、单机电源避雷器、直流电源避雷器、隔离避雷器、立柱型优化避雷器

8. 半导体少长针消雷装置安装

（1）计量单位：套。

（2）项目划分：区分安装高度。

（3）工程量计算规则：

半导体少长针消雷装置安装以“套”为计量单位。

（4）章说明：

本项目已考虑了高空作业因素。

9. 避雷引下线敷设

（1）计量单位：10m。

（2）项目划分：区分引下线引下方式。

（3）工程量计算规则：

利用建筑物内主筋作接地引下线安装以“10m”为计量单位，每一柱子内按焊接两根主筋考虑，如果焊接主筋数超过两根时，可按比例调整。

（4）章说明：

利用铜绞线作接地引下线时，配管、穿铜绞线执行本册第九章配管配线定额中同规格的相应项目。

10. 断接卡子制作安装

（1）计量单位：10 套。

（2）项目划分：断接卡子（1 个项目）。

（3）工程量计算规则：

断接卡子制作安装以“10套”为计量单位，按设计规定装设的断接卡子数量计算。

11. 避雷网安装

（1）计量单位：10m、混凝土块制作（10块）。

（2）项目划分：区分敷设方式。

（3）工程量计算规则：

1）避雷网敷设，按设计长度以“10m”为计量单位计算工程量。其长度按施工图设计水平和垂直规定长度另加3.9%附加长度（包括转弯、上下波动、避绕障碍物、搭接头所占长度）计算。计算主材费时应另增加规定的损耗率。

2）均压环敷设以“10m”为计量单位，主要考虑利用圈梁内主筋作均压环接地连线，焊接按两根主筋考虑，超过两根时，可按比例调整。长度按设计需要作均压接地的圈梁中心线长度，以延长米计算。

（4）章说明：

1）本节内容包括沿混凝土块敷设、沿折板支架敷设、利用圈梁钢筋均压环敷设。

2）建筑物屋顶的防雷接地装置应执行“避雷网安装”定额。

3）防雷均压环安装定额是按利用建筑物圈梁内主筋作为防雷接地连接线考虑的。如果采用单独扁钢或圆钢明敷作均压环时，可执行“户内接地母线敷设”定额。

8.4 建筑防雷接地工程工程量计算实例

某住宅建筑防雷接地工程如图8-18所示，该工程避雷网均采用—25×4镀锌扁钢，沿混凝土块敷设，Ⓒ～Ⓓ轴/③～④轴部分标高为24m，其余部分标高均为21m。每一引下线离室外地坪1.8m处设一断接卡子，设计室外地坪标高为－0.300m。户外接地母线均采用—40×4镀锌扁钢，埋深0.7m。接地极采用L50×50×5镀锌角钢制作，L=2.5m。

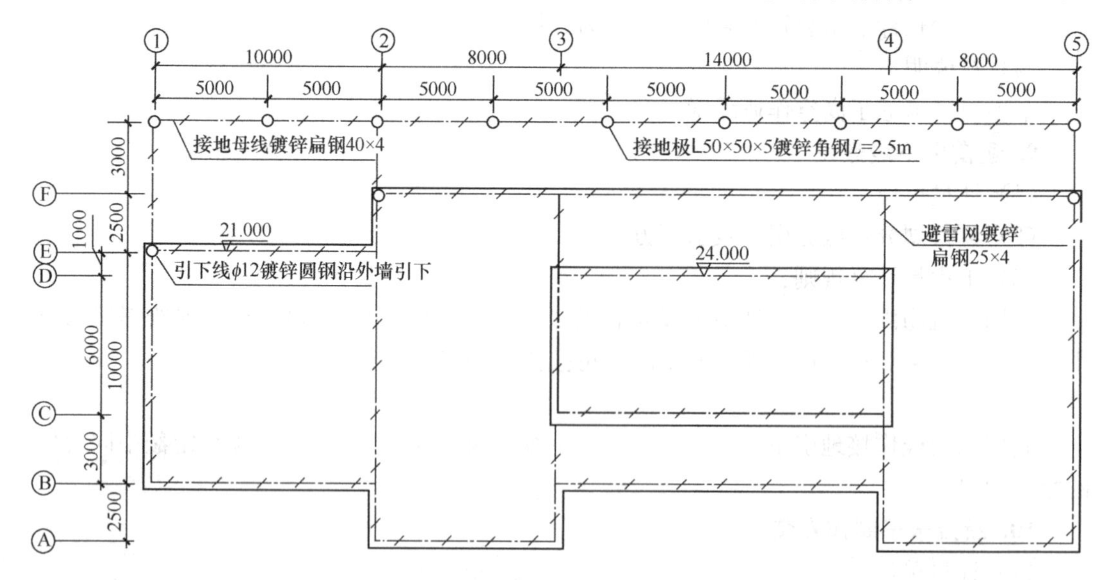

图8-18 某建筑防雷接地工程

根据已知背景条件，列项计算建筑防雷接地工程工程量，详见表8-4。

工 程 量 计 算 表　　　　**表 8-4**

序号	分项工程名称	计算部位	单位	计算式	数量
1	避雷网沿混凝土块敷设－25×4		m	[(2.5+10+2.5)×4+10+(10+8+14+8)×2+14×2](避雷网水平周长)+[(24－21)×4](竖直段)×(1+3.9%)(敷设增加长度)	197.41
2	混凝土块制作		块	[(2.5+10+2.5)×4+10+(10+8+14+8)×2+14×2](避雷网水平周长)÷1(混凝土块间距)	178
3	Φ12 镀锌圆钢沿外墙引下		m	[21－(1.8－0.3)]×3	58.5
4	断接卡子制作安装		套	3	3
5	接地母线为－40×4 镀锌扁钢		m	[(10+8+14+8)+(3+2.5)+3+3](水平段)+[(0.7+1.8)×3](竖直段)×(1+3.9%)(敷设增加长度)	61.30
6	L50×50×5 镀锌角钢接地极，L=2.5m		根	9	9

第9章　刷油、防腐蚀、绝热工程工程量计算

9.1　刷油、防腐蚀、绝热工程基本知识

9.1.1　除锈工程

除锈在刷油、防腐蚀工程中是一项重要工序，除锈结果的好坏直接关系到刷油、防腐层的效果，尤其对于涂层，其与基体的机械性粘合和附着，直接影响着涂层的破坏、剥落和脱层。设备、管道、金属结构在刷油、防腐蚀施工后，能否起到对其的保护作用，以及保护作用时间的长短，均与除锈有密切关系。

1. 除锈的方法

除锈的目的是除净金属表面锈蚀和杂质、增加金属表面的粗糙程度、增强漆膜或防腐蚀层与表面的粘结强度。除锈的方法主要有：手工（或人工）除锈、半机械（或电动工具）除锈、化学除锈、机械喷砂除锈、除锈剂除锈等。

（1）手工（或人工）除锈

手工除锈方法是采用砂布（砂纸）、铲刀、手把钢丝刷子以及手锤等简单工具，以擦磨、铲、刷、敲的方式将金属表面上的锈蚀及杂质除掉，达到除锈的目的。这种方法除锈质量差，施工简单，一般适用于设备、管道外表面、金属结构刷油工程和无法再采用机械除锈的二次除锈部位。

（2）半机械（或电动工具）除锈

半机械除锈方法是采用电（风动）动刷轮或各式除锈机进行的除锈。这种除锈方法的除锈质量比手工除锈好，施工方便，一般适用于不易使用喷砂（或喷丸）除锈的刷油及防腐蚀工程，其除锈效率比人工除锈高。

（3）化学除锈

化学除锈又叫做酸洗除锈，是将浓度较低的无机酸刷涂或喷涂在金属表面上，使锈蚀及油脂等杂质被酸溶蚀掉而达到除锈目的的一种除锈方法。适用于小面积除锈或结构复杂及无法采用机械除锈的刷油及防腐蚀工程，其除锈质量比手工除锈好，效率高。

（4）机械喷砂除锈

机械喷砂除锈又叫做机械喷射除锈，是采用机械的方法以无油压缩空气为动力将干燥的石英砂、河砂或者金刚砂喷射到金属表面上，达到除净锈蚀及一切杂质的除锈方法，此种方法适用于大面积、除锈质量要求较高的防腐蚀工程，其除锈效率比半机械除锈效率高。机械喷砂除锈有干法和湿法两种方式。干法除锈的特点是效率高、质量标准高、污染性大、材料来源方便；湿法除锈特点是效率高、质量好、无污染，但是除锈后容易产生新的锈蚀。

(5) 抛丸除锈

抛丸除锈技术是目前国际上对各种机器零部件进行表面清理、强化、光饰、去毛刺的一种先进工艺之一，与喷砂和喷丸除锈相类似。抛丸的原理是用电动机带动叶轮体旋转(直接带动或用 V 形皮带传动)，靠离心力的作用，将直径约在 0.2～3.0mm 的弹丸(有铸钢丸、钢丝切丸、不锈钢丸等不同类型)抛向工件的表面，使工件的表面达到一定的粗糙度，使工件变得美观，或者改变工件的焊接拉应力为压应力，提高工件的使用寿命。通过提高工件表面的粗糙度，也提高了工件后续喷漆的漆膜附着力。抛丸这种工艺几乎用于机械的大多数领域，如修造船、汽车零部件、飞机部件、枪炮坦克表面、桥梁、钢结构、玻璃、钢板型材、管道内外壁防腐甚至道路表面等行业。

(6) 除锈剂除锈

除锈剂除锈是近年来发展起来的一项新的除锈技术，它主要适用于无法采用其他除锈方法进行除锈的防腐蚀工程，如列管结构的设备的内壁及管束除锈等。此种除锈方法随着除锈剂质量的不稳定，除锈质量也不太稳定，因此在采用除锈剂除锈时，必须严格控制除锈剂质量及施工程序。

2. 锈蚀类别划分

金属表面的锈蚀一般划分为微锈、轻锈、中锈、重锈四个类别，具体分类标准见表 9-1 金属表面锈蚀类别表。

锈蚀类别的划分　　**表 9-1**

类别	锈蚀情况	类别	锈蚀情况
微锈	氧化皮完全紧附、仅有少量锈点	中锈	氧化皮部分破裂脱落，呈堆粉状，除锈后肉眼见到腐蚀小凹点
轻锈	部分氧化皮开始破裂脱落，红锈开始发生	重锈	氧化皮大部分脱落，呈片状锈层或凸起的锈斑，除锈后出现麻点或麻坑

3. 金属表面除锈质量等级及适用工程

(1) 除锈质量等级标准见表 9-2。

除锈质量等级标准表　　**表 9-2**

级别	标　准
Sa3 级（一级）	彻底除掉金属表面上的油脂、氧化皮、锈蚀产物等一切杂物，表面无任何可见残留物，呈现均一的金属本色，并有一定的粗糙度
Sa25 级（二级）	完全除掉金属表面上的油脂、氧化皮、锈蚀产物等一切杂物，残存的锈斑、氧化皮等引起轻微变色的面积，在任何 100mm×100mm 面积上不得超过 5%
Sa2 级（三级）	完全除去金属表面上的油脂、疏松氧化皮、浮锈等杂物，紧附的氧化皮、点蚀锈坑或旧漆等斑点残留物的面积，在任何 100mm×100mm 的面积上不得超过 1/3
Sa1 级（四级）	除去金属表面上的油脂、铁锈、氧化皮等杂物，允许有紧附的氧化皮、锈蚀产物或旧漆存在

(2) 不同除锈质量级别适用的工程见表 9-3。

除锈级别及适用工程　　表 9-3

除锈级别	涂层及防腐蚀工程
Sa3 级	金属喷镀、衬胶化工设备内壁防腐蚀涂层
Sa25 级或 Be 级	搪铅、衬玻璃钢、树脂胶泥衬耐酸砖、板，化工设备内壁防腐涂料，化工大气防腐蚀材料软聚氯乙烯粘接衬里
Sa2 级（或 F1 级、St3 级）	硅结胶泥衬耐酸砖、板，油基、沥青基或焦油基涂料
Sa1 级（或Sa2级）	衬铅、衬软聚氯乙烯板

9.1.2 刷油工程

刷油工程中常用的施工方法有刷涂、喷涂、浸涂、淋涂及电泳涂装法五种。比较普及的方法是刷涂和喷涂。

1. 刷涂

刷涂是最常用的涂漆方法。这种方法可用刷子、刮刀、砂纸、细铜丝端和棉纱头等简单工具进行施工。但施工质量在很大程度上取决于操作者的熟练程度，工效较低。

2. 喷涂

喷涂是用喷枪将涂料喷成雾状液，在被涂物面上分散沉积的一种涂覆法。它的优点是工效高，施工简易，涂膜分散均匀，平整光滑。但涂料的利用率低，施工中必须采取良好的通风和安全预防措施。对施工现场上的漆雾用抽风机抽去为宜。一般干燥快的涂料，才能适合于喷涂施工，否则，会发生涂膜流挂和厚薄不均的缺点。喷涂一般分为高压无空气喷涂和静电喷涂。

（1）高压无空气喷涂

这种方法是利用加压泵把涂料加压到 10～15MPa 的压力，然后通过一特殊的喷嘴小孔（0.15～0.8mm）喷出，当高压漆流离开喷嘴到达大气中后，就立刻剧烈膨胀，粉碎成细雾，并带有足够的能量喷到工件表面上。优点是工效高，效率比一般喷涂法高十余倍，漆膜的附着力也较强。这种方法适用于大面积施工和喷涂高黏度的涂料。

（2）静电喷涂

静电喷涂是一种利用高电位的静电场（电压高至 100kV）进行喷涂的方法，使从喷枪喷出的漆雾，通过此静电场，使漆粒带电。在漆粒群与被涂工件之间的静电引力作用下，漆粒群冲向工件表面。其优点是漆雾的弹回力小，大大降低了漆雾的飞散损失，提高漆的利用率。

3. 电泳涂装

电泳涂装法是一种新的涂漆方法，适用于水性涂料。以被涂物件的金属表面作阳极，以盛漆的金属容器作阴极。将被涂物件沉浸于漆液中，在电极其所带的水，透过沉积的涂膜向电泳相反的方向扩散，使物面涂上含水分不大的涂膜。此方法的优点是涂料的利用率高，施工工效高，涂层质量好，任何复杂的工件均能涂得均匀的涂膜。

9.1.3 防腐蚀工程

防腐蚀是指在碳钢管道、设备、型钢支架和水泥砂浆表面喷涂防锈漆、粘贴耐腐蚀材料和涂抹防腐蚀面层，以抵御腐蚀物质的侵蚀。防腐蚀工程是避免管道和设备腐蚀损失，减少使用昂贵的合金钢，杜绝生产中的泄漏和保证设备正常连续运转及安全生产的重要手段。

防腐，有内防腐和外防腐之分，安装工程中的管道、设备、管件、阀门等，除采取外防腐措施防止锈蚀外，有些工程还要按照使用的要求，采用内防腐措施，涂刷防腐材料或用防腐材料衬里，附着于内壁，与腐蚀材料隔开。因此，也可以说防腐蚀工程是根据需要对除锈、刷油、衬里、绝热等工程的综合处理。

9.1.4 绝热工程

绝热工程是指在生产过程中，为了保持正常生产的最佳温度范围和减少热载体（如过热蒸汽、饱和水蒸气、热水和烟气等）和冷载体（如液氨、液氮、冷冻盐水和低温水等）在输送、贮存和使用过程中热量和冷量的散失浪费，提高热、冷效率，降低能源消耗和产品成本，因而对设备和管道所采取的保温和保冷措施。

绝热工程按用途可以分为保温、加热保温和保冷三种。其中，保温结构组成为保温层→保护层→识别层；保冷结构组成为保冷（温）层→防潮层→保护层→识别层。

1. 保温（冷）层

保温（冷）层的材质有膨胀珍珠岩类、普通玻璃棉类、超细玻璃棉类、石棉类、硅藻土类、泡沫混凝土类、硅酸铝纤维类、泡沫塑料等。施工方法有人工捆扎法、机械喷涂法、浇注法、刮涂法等。

2. 保护层

保护层根据所用的材料不同、施工方法不同，可以分为以下三类：

(1) 涂抹式保护层。属于这类的保护层有沥青胶泥和石棉水泥砂浆等，其中石棉水泥砂浆是最常用的一种。

(2) 金属保护层。属于这类的保护层有黑铁皮、镀锌薄钢板、铅皮、聚氯乙烯复合钢板和不锈钢板等。

(3) 毡、布类保护层。属于这类的保护层有油毡、玻璃布、塑料布、白布和帆布等。

3. 防潮层

常用防潮层材料有不燃性玻璃布复合铝箔、阻燃塑料布、难燃性夹筋双层铝箔、阻燃性夹筋单层铝箔、三元乙丙橡胶防水卷材、沥青胶以及防水玻璃布等。

9.2 刷油、防腐蚀、绝热工程工程量计算方法

9.2.1 刷油、防腐蚀、绝热工程工程量计算列项

民用建筑中的刷油、防腐蚀、绝热工程通常是附属于建筑给排水工程、采暖工程、消防工程、燃气工程和电气工程的。刷油、防腐蚀、绝热工程可按照定额顺序列项，并注意，一般来说，定额中有除图纸中有的项目才可以列出（补充定额子目列项的除外），而且定额说明中指出的“已包括的”内容不能单独列项，“未包括”的须另计的内容需单独列项。刷油、防腐蚀、绝热工程选用《甘肃省安装工程预算定额》第十一册 刷油、防腐蚀、绝热工程，民用建筑中的刷油、防腐蚀、绝热工程常用项目见表9-4民用建筑中的刷油、防腐蚀、绝热工程工程常用定额项目表。

刷油、防腐蚀、绝热工程常用定额项目表 **表 9-4**

<table>
<tr><th>章名称</th><th>节名称</th><th>分项工程列项</th></tr>
<tr><td rowspan="13">第一章
除锈工程</td><td rowspan="4">一、手工除锈</td><td>管道</td></tr>
<tr><td>设备</td></tr>
<tr><td>一般钢结构（包括吊、支、托架，梯子，栏杆，平台）</td></tr>
<tr><td>H 型钢结构（包括高度或宽度大于 400mm 的型钢及 H 型钢制钢结构）</td></tr>
<tr><td>二、动力机具除锈</td><td>金属面</td></tr>
<tr><td rowspan="4">三、喷射除锈</td><td>管道</td></tr>
<tr><td>设备</td></tr>
<tr><td>一般钢结构</td></tr>
<tr><td>H 型钢结构</td></tr>
<tr><td rowspan="3">四、抛丸除锈</td><td>管道</td></tr>
<tr><td>一般钢结构</td></tr>
<tr><td>H 型钢结构</td></tr>
<tr><td>五、化学除锈</td><td>金属表面</td></tr>
<tr><td rowspan="10">第二章
刷油工程</td><td>一、管道刷油</td><td></td></tr>
<tr><td>二、设备与矩形管道刷油</td><td></td></tr>
<tr><td>三、金属结构刷油</td><td></td></tr>
<tr><td>四、铸铁管、暖气片刷油</td><td></td></tr>
<tr><td>五、灰面刷油</td><td></td></tr>
<tr><td>六、玻璃布、白布面刷油</td><td></td></tr>
<tr><td>七、麻布面、石棉布面刷油</td><td></td></tr>
<tr><td>八、玛琋脂面刷油</td><td></td></tr>
<tr><td>九、喷漆</td><td></td></tr>
<tr><td>十、气柜刷油</td><td></td></tr>
<tr><td rowspan="6">第三章
防腐涂料工程</td><td>一、管道防腐蚀</td><td></td></tr>
<tr><td>二、设备与矩形管道刷油</td><td></td></tr>
<tr><td>三、金属结构刷油</td><td></td></tr>
<tr><td>四、金属油罐内壁刷防静电涂料</td><td></td></tr>
<tr><td>五、涂料聚合一次</td><td></td></tr>
<tr><td>六、管道防腐胶带缠绕</td><td></td></tr>
<tr><td colspan="3">第四章　手工糊衬及橡胶、塑料板衬里工程（本章未展开列项）</td></tr>
<tr><td colspan="3">第五章　耐酸砖、板衬里工程（本章未展开列项）</td></tr>
<tr><td rowspan="3">第六章
绝热工程</td><td>一、硬质瓦块安装</td><td></td></tr>
<tr><td>二、泡沫玻璃瓦块安装</td><td></td></tr>
<tr><td>三、泡沫玻璃板（设备）安装</td><td></td></tr>
</table>

续表

章名称	节名称	分项工程列项
第六章 绝热工程	四、纤维类制品（管壳）安装	
	五、纤维类制品（板）安装	
	六、泡沫塑料瓦块安装	
	七、泡沫塑料板安装	
	八、毡类制品安装	
	九、棉席（被）类制品安装	
	十、纤维类散装材料安装	
	十一、聚氨酯泡沫喷涂发泡保温安装	
	十二、橡塑类制品（管壳）安装	
	十三、橡塑类制品（板）安装	
	十四、硅酸盐类涂抹材料安装	
	十五、复合硅酸铝绳安装	
	十六、防潮层、保护层安装	
	十七、防火涂料	
	十八、金属保温盒、托盘、钩钉制作安装	
	十九、地暖供热保温层、保护层安装	
第七章　阴极保护及牺牲阳极（本章未展开列项）		

9.2.2　刷油、防腐蚀、绝热工程工程量计算详解

9.2.2.1　除锈工程

1. 手工除锈、动力工具除锈、喷射除锈、抛丸除锈、化学除锈

（1）计量单位：m^2、(一般钢结构）t。

（2）项目划分：区分除锈方法、除锈部位、锈蚀程度等，具体见表。

（3）工程量计算规则：

1）除一般钢结构除锈工程量以“t”为单位计算以外，其余除锈以“m^2”为计量单位计算。

2）管道除锈工程量

$$S=\pi DL$$

式中　π——圆周率；

D——管道直径；

L——管道长，不扣除各种管件、阀门、管口凹凸部分所占的长度。

3）设备除锈按表面积计算，不扣除人孔、管口所占面积，人孔、管口所占面积也不再另行计算。

4）散热器除锈工程量 S=每片散热器散热面积（见表 9-5）×散热器片数。

铸铁散热器散热面积 **表 9-5**

铸铁散热器	散热面积 S（m^2·片$^{-1}$）	铸铁散热器	散热面积 S（m^2·片$^{-1}$）
长翼型（大 60）	1.2	四柱 813	0.28
长翼型（小 60）	0.9	四柱 760	0.24
圆翼型 D80	1.8	四柱 640	0.20
圆翼型 D50	1.5	M132	0.24
二柱	0.24		

（4）章说明：

1）本章定额适用于金属表面的手工、动力工具、干喷除锈机、化学除锈工程。

2）各种管件、阀门及设备上人孔管口凹凸部分的除锈已综合考虑在定额内。

3）手工、动力工具除锈分轻、中、重三种，区分标准为：

轻锈：部分氧化皮开始破裂脱落，红锈开始发生。

中锈：氧化皮部分破裂脱落，呈堆粉状，除锈后用肉眼能见到腐蚀小凹点。

重锈：氧化皮大部分脱落，呈片状锈层或凸起的锈斑，除锈后出现麻点或麻坑。

本章定额不包括除微锈（标准：氧化皮完全紧附，仅有少量锈点），发生时按轻锈定额乘以下系数 0.2。

4）喷射除锈标准：

Sa3 级：除净金属表面上的油脂、氧化皮、锈蚀产物等一切杂物，呈现均一的金属本色，并有一定的粗糙度，

Sa2.5 级：完全除去金属表面的油脂、氧化皮、锈蚀产物等一切杂物，可见的阴影条纹、斑痕等残留物不得超过单位面积的 5%。

Sa2 级：除去金属表面的油脂、锈皮、松疏氧化皮、浮锈等杂物，允许有附紧的氧化皮。

喷射除锈按 Sa2.5 级标准确定。若变更级别标准，如按 Sa3 级则人工、材料、机械乘以系数 1.1，按 Sa2 级或 Sa1 级则人工、材料、机械乘以 0.9。

5）普通钢板通风管道除锈，圆形风管执行管道除锈相关子目，矩形风管除锈执行设备除锈相关子目。

6）因施工需要发生的二次除锈，应另行计算。

7）镀锌铁皮需刷油时，其表面除尘及油污执行轻锈定额乘以系数 0.2。

8）截面高度或宽度大于 400mm 以上的型钢执行 H 型钢制钢结构除锈子目。

9）当铸铁管为承插口铸铁管时，工程量计算可按同规格外径计算后另加 8%的承口除锈量。

9.2.2.2 刷油工程

（1）计量单位：m^2、(一般钢结构)t。

（2）项目划分：区分刷油部位、油漆种类、刷油遍次等，具体见表。

（3）工程量计算规则：

1）除一般钢结构刷油工程量以“t”为单位计算以外，其余刷油以“m^2”为计量单位计算。

2）管道刷油工程量　　　$S=\pi DL$

式中 π——圆周率；

D——管道直径；

L——管道长，不扣除各种管件、阀门、管口凹凸部分所占的长度。

3）设备刷油按表面积计算，不扣除人孔、管口所占面积，人孔、管口所占面积也不再另行计算。

4）散热器刷油工程量 S＝每片散热器散热面积×散热器片数

（4）章说明：

1）本章定额不包括除锈工作内容。

2）各种管件、阀门及设备上人孔管口凹凸部分的刷油已综合考虑在定额内。

3）如采用本定额未包括的新品种油漆，按物理性质相近的项目执行定额。

4）本章定额是按安装地点就地刷（喷）油漆考虑的，如安装前管道集中刷油，人工乘以系数0.7（暖气片除外）。

5）本章刷油定额主材可以换算，但人工和其他材料消耗量不变。

6）标志色环等零星刷油，执行本章定额相应项其人工乘以系数2.0。

7）截面高度或宽度大于400mm以上的型钢执行H型钢制钢结构相应的刷油子目。

8）当铸铁管为承插口铸铁管时，工程量计算可按同规格外径计算后另加8%的承口刷油量。

9.2.2.3 防腐蚀涂料工程

（1）计量单位：m^2、(一般钢结构)t。

（2）项目划分：区分涂刷部位、防腐蚀油漆涂料种类、涂刷遍次等。

（3）工程量计算规则：

1）除一般钢结构防腐蚀涂料工程量以“t”为单位计算以外，其余防腐蚀涂料以“m^2”为计量单位计算。

2）管道防腐蚀涂料工程量

$$S=\pi DL$$

式中 π——圆周率；

D——管道直径；

L——管道长，不扣除各种管件、阀门、管口凹凸部分所占的长度。

3）设备防腐蚀涂料按表面积计算，不扣除人孔、管口所占面积，人孔、管口所占面积也不再另行计算。

（4）章说明：

1）本章定额不包括除锈工作内容。

2）各种管件、阀门及设备上人孔管口凹凸部分的防腐已综合考虑在定额内。

3）本定额不包括热固化内容，应按相应定额另行计算。

4）本章防腐涂料聚合是采用蒸汽及红外线间接聚合考虑的，如采用其他方法，应按施工方案另行计算。

5）防腐涂料配合比与实际设计配合比不同时，可根据设计要求进行配比材料换算，其人工、机械消耗量不变。

6）如采用本定额未包括的新品种涂料，按物理性质相近的项目执行定额。

7）本章定额除管道加强防腐（石油沥青防腐和环氧煤沥青防腐）按集中加强防腐外，其余均按安装地点就地刷（涂）各种防腐涂料考虑，如安装前管道集中刷防腐涂料，人工乘以系数0.7。

8）本章定额过氯乙烯涂料是按照喷涂施工方法考虑的，其他涂料均按刷涂考虑，若发生喷涂施工时，人工乘以系数0.3，材料乘以系数1.16，增加喷涂机。

9）截面高度或宽度大于400mm以上的型钢执行H型钢制钢结构相应的防腐子目。

9.2.2.4 绝热工程

1. 绝热层安装

（1）计量单位：m^3。

（2）项目划分：区分绝热层材质、绝热部位、绝热管道及设备规格等。

（3）工程量计算规则：

1）绝热层安装工程量以“m^3”为计量单位。

2）设备筒体或管道绝热工程量计算式：

$$V=\pi\times(D+1.033\delta)\times1.033\delta\times L$$

式中 D——设备筒体或管道外径；

1.033——调整系数；

δ——绝热层厚度；

L——设备筒体长度或管道延长米。

3）伴热管道绝热工程量计算式：

$$V=\pi\times(D'+1.033\delta)\times1.033\delta\times L$$

式中 D'——伴热管道综合值，具体为：

① 单管伴热或双管伴热（管径相同，夹角小于90°时）：

$$D'=D_{主}+d_{伴}+(10\sim20\text{mm})$$

② 双管伴热（管径相同，夹角小于90°时）：

$$D'=D_{主}+1.5d_{伴}+(10\sim20\text{mm})$$

③ 双管伴热（管径不同，夹角小于90°时）：

$$D'=D_{主}+d_{伴大}+(10\sim20\text{mm})$$

1.033——调整系数；

δ——绝热层厚度；

L——设备筒体长度或管道延长米；

D'——伴热管道综合值；

$D_{主}$——主管道直径；

$d_{伴}$——伴热管道直径；

$d_{伴大}$——伴热管道直径（伴热管管径不同，取大管直径）；

（10～20mm）——主管道与伴热管道之间的间隙。

4）设备封头绝热、防潮和保护层工程量计算式：

$$V=[(D+1.033\delta)/2]^2\times\pi\times1.033\delta\times1.5\times N$$

式中 D——管道直径；

δ——绝热层厚度；

N——封头个数。

5）阀门绝热工程量计算式：

$$V = \pi(D + 1.033\delta) \times 2.5D \times 1.033\delta \times 1.05 \times N$$

式中　D——管道直径；

δ——绝热层厚度；

N——阀门个数。

6）法兰绝热工程量计算式：

$$V = \pi(D + 1.033\delta) \times 1.5D \times 1.033\delta \times 1.05 \times N$$

式中　D——管道直径；

δ——绝热层厚度；

N——法兰个数。

7）弯头绝热工程量计算式：

$$V = \pi(D + 1.033\delta) \times 1.5D \times 2\pi \times 1.033\delta \times N/B$$

式中　D——管道直径；

δ——绝热层厚度；

N——弯头个数；

B——取定值：90°弯头，$B=4$；45°弯头，$B=8$。

8）拱顶罐封头绝热工程量计算式：

$$V = 2\pi r \times (h + 1.033\delta) \times 1.033\delta$$

式中　r——封头半径；

h——封头高度；

δ——绝热层厚度。

（4）章说明：

1）本章定额适用于设备、管道、通风管道的绝热工程。

2）依据《工业设备及管道绝热工程施工规范》（GB 50126—2008）要求，保温厚度大于 100mm、保冷厚度大于 80mm 时应分层施工，工程量分层计算，分别套用相应厚度定额。若设计要求保温厚度小于 100mm、保冷厚度小于 80mm，也需分层施工时，工程量也分层计算，分别套用相应厚度定额。

3）仪表管道绝热工程，应执行本章定额相应项目。

4）管道绝热工程，除法兰、阀门外，其他管件均已考虑在内，设备绝热工程除法兰、人孔外，其封头已考虑在内，矩形管道绝热工程其法兰、加固框已考虑在内。

5）绝热工程中：

① 硬质材料：包括珍珠岩制品、泡沫玻璃类制品等。

② 纤维类制品：包括矿棉、岩棉、玻璃棉、超细玻璃棉、泡沫岩棉类制品、硅酸铝纤维制品等。

③ 泡沫类制品：包括聚苯乙烯泡沫塑料、聚氨酯泡沫塑料等。

④ 毡（毯）类制品：包括岩棉毡、矿棉毡、玻璃棉毡等。

6）管道外径大于 1020mm 时，套用卧式设备绝热相应定额子目。

7）聚氨酯泡沫塑料发泡工程，是按现场直喷无模具考虑的，若采用有模具浇注法施工，其模具制作安装应依据施工方案另行计算。

8）矩形管道绝热需要加防雨坡度时，其人工、材料、机械应另行计算。

9）设备和管道绝热均按现场安装后绝热施工考虑，若先绝热后安装时，其人工乘以系数 0.9。

10）卷材安装应执行相同材质的板材安装项目，其人工、绑扎线用量不变，但卷材用量损耗率为 3.1%。

2. 防潮层、保护层安装

(1) 计量单位：m^2。

(2) 项目划分：区分防潮层、保护层材质、防潮保护部位、防潮层、保护层规格等。

(3) 工程量计算规则：

1）防潮层、保护层以"m^2"为计量单位。

2）设备筒体或管道绝热层外防潮层和保护层工程量计算式：

$$S = \pi \times (D + 2.1\delta + 0.0082) \times L$$

式中 D——设备筒体或管道外径；

2.1——调整系数；

δ——绝热层厚度；

L——设备筒体长度或管道延长米；

0.0082——捆扎线直径或钢带厚。

3）设备封头绝热外防潮层和保护层工程计算式：

$$S = [(D + 2.1\delta)/2]^2 \times \pi \times 1.5 \times N$$

式中 D——管道直径；

δ——绝热层厚度；

N——封头个数。

4）阀门绝热层外防潮层和保护层工程计算式：

$$S = \pi(D + 2.1\delta) \times 2.5D \times 1.05 \times N$$

式中 D——管道直径；

δ——绝热层厚度；

N——阀门个数。

5）法兰绝热层外防潮层和保护层工程计算式：

$$S = \pi(D + 2.1\delta) \times 1.5D \times 1.05 \times N$$

式中 D——管道直径；

δ——绝热层厚度；

N——法兰个数。

6）弯头层外防潮层和保护层工程计算式：

$$S = \pi(D + 2.1\delta) \times 1.5D \times 2\pi \times N/B$$

式中 D——管道直径；

δ——绝热层厚度；

N——弯头个数；

B——取定值：90°弯头，$B=4$；45°弯头，$B=8$。

7）拱顶罐封头绝热层外防潮层和保护层工程计算式：

$$S = 2\pi r(h + 2.1\delta)$$

式中　r——封头半径；

h——封头高度；

δ——绝热层厚度。

（4）章说明：

1）采用铝皮保护层时，执行金属薄板保护层相应子目，主材可以换算。

2）保护层镀锌薄钢板厚度大于 0.8mm 时，其人工乘系数 1.2。

3）卧式设备保护层安装，其人工乘系数 1.05。

4）采用不锈钢薄钢板作保护层安装，执行本章定额金属保护层相应项目，其人工乘系数 1.25，钻头消耗量乘以系数 2.0，机械乘系数 1.15。

3. 防火涂层

（1）计量单位：m^2、（一般钢结构）t。

（2）项目划分：区分涂刷部位、耐火极限、涂料厚度。

（3）工程量计算规则：除一般钢结构防火涂层工程量以“t”为单位计算以外，其余防火涂层以“m^2”计算。

4. 金属保温盒制作安装

（1）计量单位：m^2。

（2）项目划分：区分材质、安装部位。

（3）工程量计算规则：

金属保温盒制作安装以“m^2”为计量单位。

5. 保温托盘制作安装

（1）计量单位：t。

（2）项目划分：托盘制作安装（1 个项目）。

（3）工程量计算规则：保温托盘制作安装以“t”为计量单位。

6. 保温钩钉制作安装

（1）计量单位：100 个、（钢钩钉制作安装）t。

（2）项目划分：区分种类。

（3）工程量计算规则：钢钩钉制作安装以“t”为计量单位，塑料钉、铝钉粘接安装以“100 个”为计量单位。

7. 地暖供热保温层安装、保护层安装

（1）计量单位：m^2。

（2）项目划分：保温层区分保温板厚度、保护层区分材质。

（3）工程量计算规则：地暖供热保温层、保护层安装按设计实铺面积以“m^2”为计量单位。

（4）章说明：本项目仅适用于地暖供热的地面保温、保护层安装。

8. 地暖供热边界保温带敷设

（1）计量单位：m。

（2）项目划分：区分保温带宽度。

（3）工程量计算规则：地暖供热边界保温带敷设按设计边界长度以“m”为计量单位。

（4）章说明：本项目仅适用于地暖供热的地面地暖供热边界保温带敷设。

9.3 刷油、防腐蚀、绝热工程工程量计算实例

见本书第5.4节所示采暖工程，该工程中刷油、防腐蚀、绝热工程做法为：地沟内管道除锈后刷防锈漆两遍，50mm厚岩棉管壳保温，外缠玻璃丝布，外刷沥青漆两遍；地沟内支架刷防锈漆两遍；地上室内管道、管支架、散热器除锈后刷防锈漆两遍、银粉漆两遍。计算本工程除锈、刷油防腐蚀、绝热工程工程量。

采暖工程量计算数据见表9-6（摘自表5-5）。

工程量计算表　　表9-6

序号	分项工程名称	计算部位	单位	计算式	数量
1	管道汇总	地下管道　*DN*70		1.8+1.2+2+0.8+1.8	7.6
		*DN*50		1.6	1.6
		*DN*40		6.6	6.6
		*DN*32		12.6	12.6
		*DN*25		6.6+11.82	18.42
		*DN*20		4.7	4.7
		地上管道　*DN*70		11.3+10.8	22.1
		*DN*50		4.7	4.7
		*DN*40		6.3	6.3
		*DN*32		12.9	12.9
		*DN*25		6.6+11.82	18.42
		*DN*20		1.3+37.01+23.64+4.23+21.49+4.23+3.95+5.77+5.77+3.95	111.34
2	管道支架汇总	地下管支架	kg	2.09+3.95+1.29+2.09	9.42
		地上管支架	kg	4.31+2.16+0.71+1.40	8.58
3	供暖器具	铸铁柱形散热器	片	15+13+13+16+12+11+11+14+12+11+11+14+15+13+13+16+16+14+14+18+13+12+12+14+13+12+12+14+16+14+14+18	416

根据已知背景条件，列项计算除锈、刷油防腐蚀、绝热工程工程量，见表9-7。

工程量计算表　　表9-7

序号	分项工程名称	计算部位	单位	计算式	数量
一	管道除锈、刷油防腐、绝热				
1	地下管道				
(1)	除锈		m^2	套用公式 $S=\pi DL$，代入相应管径和长度 3.14×0.07×7.6+3.14×0.05×1.6+3.14×0.04×6.6+3.14×0.032×12.6+3.14×0.025×18.42+3.14×0.02×4.7	5.76
(2)	刷第一遍防锈漆		m^2	同除锈工程量	5.76
(3)	刷第二遍防锈漆		m^2	同除锈工程量	5.76
(4)	50mm厚岩棉管壳保温		m^3	套用公式 $V=\pi(D+1.033\delta)\times1.033\delta\times L$，代入相应管径和长度。 3.14×(0.07+1.033×0.05)×1.033×0.05×7.6+3.14×(0.05+1.033×0.05)×1.033×0.05×1.6+3.14×(0.04+1.033×0.05)×1.033×0.05×6.6+3.14×(0.032+1.033×0.05)×1.033×0.05×12.6+3.14×(0.025+1.033×0.05)×1.033×0.05×18.42+3.14×(0.02+1.033×0.05)×1.033×0.05×4.7	0.74
(5)	玻璃丝布 保护防潮层			套用公式 $S=\pi(D+2.1\delta+0.0082)\times L$，代入相应管径和长度。 3.14×(0.07+2.1×0.05+0.0082)×7.6+3.14×(0.05+2.1×0.05+0.0082)×1.6+3.14×(0.04+2.1×0.05+0.0082)×6.6+3.14×(0.032+2.1×0.05+0.0082)×12.6+3.14×(0.025+2.1×0.05+0.0082)×18.42+3.14×(0.02+2.1×0.05+0.0082)×4.7	21.63
(6)	刷第一遍沥青漆			同玻璃丝布保护防潮层工程量	21.63
(7)	刷第二遍沥青漆			同玻璃丝布保护防潮层工程量	21.63
2	地上管道				
(1)	除锈		m^2	套用公式 $S=\pi DL$，代入相应管径和长度 3.14×0.07×22.1+3.14×0.05×4.7+3.14×0.04×6.3+3.14×0.032×12.9+3.14×0.025×18.42+3.14×0.02×111.34	16.12
(2)	刷第一遍防锈漆		m^2	同除锈工程量	16.12
(3)	刷第二遍防锈漆		m^2	同除锈工程量	16.12
二	管道支架除锈、刷油防腐				
1	地下管支架				

续表

序号	分项工程名称	计算部位	单位	计算式	数量
(1)	除锈		kg	*DN*32 以上管支架重量：同管支架工程量，见表 9-6，为 9.42kg *DN*32 以内管支架重量经计算为 8kg	17.42
(2)	刷第一遍防锈漆		kg	同除锈工程量	17.42
(3)	刷第二遍防锈漆		kg	同除锈工程量	17.42
2	地上管支架				
(1)	除锈		kg	*DN*32 以上管支架重量：同管支架工程量，见表 9-6，为 8.58kg *DN*32 以内管支架重量经计算为 36kg	44.58
(2)	刷第一遍防锈漆		kg	同除锈工程量	44.58
(3)	刷第二遍防锈漆		kg	同除锈工程量	44.58
(4)	刷第一遍银粉漆		kg	同除锈工程量	44.58
(5)	刷第一遍银粉漆		kg	同除锈工程量	44.58
三	散热器除锈、刷油防腐				
(1)	除锈		m^2	416×0.28	116.48
(2)	刷第一遍防锈漆		m^2	同除锈工程量	116.48
(3)	刷第二遍防锈漆		m^2	同除锈工程量	116.48
(4)	刷第一遍银粉漆		m^2	同除锈工程量	116.48
(5)	刷第二遍银粉漆		m^2	同除锈工程量	116.48

参考文献

[1] 甘肃省住房和城乡建设厅. 甘肃省安装工程预算定额(第二册 电气设备安装工程)DBJD25-45-2013. 北京：中国建材工业出版社，2013.

[2] 甘肃省住房和城乡建设厅. 甘肃省安装工程预算定额(第四册 给水排水、采暖、消防、燃气管道及器具安装工程). DBJD25-45-2013. 北京：中国建材工业出版社，2013.

[3] 甘肃省住房和城乡建设厅. 甘肃省安装工程预算定额(第六册 通风空调安装工程)DBJD25-45-2013. 北京：中国建材工业出版社，2013.

[4] 甘肃省住房和城乡建设厅. 甘肃省安装工程预算定额(第十一册 刷油、防腐蚀、绝热工程)DBJD25-45-2013. 北京：中国建材工业出版社，2013.

[5] 甘肃省住房和城乡建设厅. 甘肃省建筑安装工程费用定额暨造价管理文件汇编. 北京：中国建材工业出版社，2013.

[6] 甘肃省建设工程造价管理总站及管理协会. 安装工程预结算. 甘肃省建设工程造价专业人员培训教材，2005.

[7] 李君宏、张晓敏. 安装工程计量与计价. 北京：中国建筑工业出版社，2010.

[8] 张秀德、管锡珺. 安装工程定额与预算. 北京：中国电力出版社，2004.

[9] 李社生、曲玉凤. 工程图识读. 北京：科学出版社，2004.

[10] 景星蓉. 建筑设备安装工程预算. 北京：中国建筑工业出版社，2008.

[11] 尹贻林. 2009 版全国造价工程师执业资格考试应试指南——工程造价案例分析. 北京：中国计划出版社，2009.

[12] 苗曙光、王斌. 安装工程造价答疑解惑与经验技巧. 北京：中国建筑工业出版社，2009.